B.I.-Hochschultaschenbuch
Band 731

Grundlagen und Anwendungen der Maxwellschen Theorie II

Ein Repetitorium

von
Prof. Dr. Ingo Wolff
Universität Duisburg

2., vollständig überarbeitete Auflage

BI

Wissenschaftsverlag
Mannheim/Leipzig/Wien/Zürich

Die Deutsche Bibliothek – CIP-Einheitsaufnahme

Wolff, Ingo:
Grundlagen und Anwendungen der Maxwellschen Theorie:
ein Repetitorium / von Ingo Wolff. – Mannheim; Leipzig;
Wien; Zürich: BI-Wiss.-Verl.
2. – 2., vollst. überarb. Aufl. – 1992
  (BI-Hochschultaschenbuch; Bd. 731)
    ISBN 978-3-540-62179-9   ISBN 978-3-642-48822-1 (eBook)
    DOI 10.1007/978-3-642-48822-1
NE: GT

Gedruckt auf säurefreiem Papier
mit neutralem pH-Wert (bibliotheksfest)

ISBN 978-3-540-62179-9

VORWORT ZUR ZWEITEN AUFLAGE

Nach langer Zeit des Wartens liegt nun auch die überarbeitete Fassung des zweiten Bandes des Repetitoriums zur Maxwell'sche Theorie vor. In der Überarbeitung des zweiten Bandes wurden zwar auch, wie beim ersten Band, die grundlegenden Aufgaben zu den verschiedenen Kapiteln beibehalten, die einleitenden Texte sowie die Texte zu den Aufgaben wurden jedoch in erheblichem Umfang neu geschrieben und vom Stoff her ergänzt. Dabei hatte der Autor stets das Problem, die einleitenden Kapitel im Sinne eines Repetitoriums kurz zu halten, aber dennoch die notwendigen Informationen korrekt zu vermitteln. Hoffentlich ist dies gelungen.

Frau Stüsser, Aachen hat auch den zweiten Band geschrieben, die Bilder gezeichnet und die vielfachen Korrekturdurchläufe mit Geduld ertragen. Der Autor ist ihr zu großem Dank verpflichtet.

Duisburg, März 1992   I. Wolff

VORWORT ZUR ERSTEN AUFLAGE

Der zweite Band ist nach der gleichen Konzeption wie der erste aufgebaut. Damit gilt grundsätzlich das im Vorwort zum ersten Band Gesagte auch hier. Am Ende dieses Bandes ist eine Zusammenstellung der gesamten Literatur vorhanden. Da der in beiden Bänden gebrachte Stoff in der Gesamtdarstellung sowie in den Einzelheiten als bekannt angesehen werden darf, wurde auch im zweiten Band, wie im ersten und wie in allen Lehrbüchern üblich, auf besondere Kennzeichnung einzelner Literaturhinweise verzichtet. Sind Literaturstellen weiterführender Bücher zittiert, so sind sie in eckigen Klammern mit der Numerierung des Literaturverzeichnisses angegeben.

Herr Dipl.-Ing. G. Fünfig hat sich große Mühe beim Korrekturlesen des Manuskriptes gemacht. Ich danke ihm für viele interessante Diskussionen und Verbesserungsvorschläge. Herr cand.ing. Spangenberger war mir eine große Hilfe beim Schreiben der Gleichungen. Hierfür sei ihm herzlich gedankt.

Aachen, Oktober 1968 I. Wolff

KAPITEL IV STATIONÄRE STRÖMUNGSFELDER

IV.1 DIE STROMDICHTE

In der Elektrostatik (Kapitel III, Teil I) wurden Ladungen untersucht, die sich in einem Gleichgewichtszustand befanden, das heißt, die Ladungen waren zeitlich und räumlich unveränderlich. Hier soll nun die Bewegung elektrisch geladener Teilchen in einem leitenden Medium untersucht werden. Dabei soll zunächst vorausgesetzt werden, daß die Bewegung der geladenen Teilchen mit konstanter, von der Zeit unabhängiger Geschwindigkeit unter dem Einfluß eines eingeprägten, elektrostatischen Feldes auftritt. Damit werden alle zur Beschreibung dieses Zustands eingeführten Felder von der Zeit unabhängig sein. Die Felder beschreiben einen Beharrungszustand und werden als stationär bezeichnet. Der stationäre Zustand ist stets mit einer Energieänderung verknüpft; im betrachteten Fall der stationären Strömungsfelder wird elektrische Energie in Wärmeenergie überführt.

Um die Begriffe des stationären Strömungsfeldes einzuführen, wird von folgenden Überlegungen ausgegangen: Betrachtet wird ein geladener Plattenkondensator, der zunächst mit einem Dielektrikum gefüllt sei, das keine Leitfähigkeit ($\kappa = 0$) besitzt (Abb.136). Die Elektroden des Kondensators seien auf $\pm\,|Q|$ aufgeladen. Die Ladungen auf den Elektroden des Kondensators bewirken, daß auf die beiden Platten des Kondensators eine Kraft ausgeübt wird. Eine entsprechende Kraft wird auch auf ein elektrisch geladenes Teilchen zwischen den Elektroden ausgeübt (vgl. Aufgabe 6, Kapitel III.14.1, Teil I).

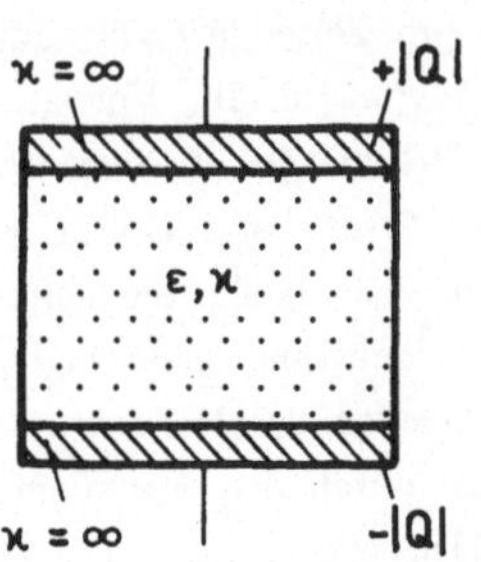

Abb.136: Geladener Plattenkondensator.

Besitzt das Dielektrikum zwischen den Elektroden eine Leitfähigkeit κ, das heißt, existieren in ihm frei bewegliche Ladungsträger, so werden sich diese Ladunsgträger solange unter dem Einfluß der auftretenden Kraft auf die Elektroden des Kondensators zu bewegen, bis die Ladungen auf den Elektroden sich ausgeglichen haben und der Kondensator ungeladen ist. Bei diesem Experiment können die folgenden Eigenschaften festgestellt werden:

1. Das elektrische Feld zwischen den Elektroden des Kondensators nimmt ab und verschwindet schließlich,

2. während des Ausgleichvorgangs tritt in der Umgebung des Plattenkondensators ein Magnetfeld auf und

3. das leitende Material zwischen den Elektroden des Kondensators erwärmt sich.

Das heißt, zwischen den Elektroden des Kondensators hat eine Ladungsbewegung stattgefunden, die durch die elektrische Stromstärke i beschrieben werden soll. Die elektrische Stromstärke ist ein Maß für die Abnahme der Ladung der Elektroden pro Zeiteinheit,

$$i = -\frac{dQ}{dt} , \qquad\qquad\qquad\qquad (IV.1.1)$$

das heißt, je größer der Ladungstransport pro Zeiteinheit zwischen den Elektroden ist, umso mehr wird die Ladung auf den Elektroden abgebaut. Gleichzeitig ist die Strömstärke i die Ladung pro Zeiteinheit, die durch den Querschnitt des leitfähigen Materials transportiert wird. Ihr Vorzeichen und seine Abhängigkeit von dem physikalischen Prozeß des Ladungstransports wird am Ende dieses Abschnitts diskutiert. Der Strom ist im oben beschriebenen Experiment noch eine Funktion der Zeit, das heißt, die auftretenden Felder sind nicht stationär. Ein stationärer Feldzustand kann dadurch erzwungen werden, daß die Ladung auf den Elektroden des Kondensators konstant gehalten wird. Das heißt, die Ladung, die durch den Strom im leitenden Material ausgeglichen wird, muß von außen wieder auf die Elektroden des Kondensators gebracht werden. Dies ist z. B. mit Hilfe einer elektrischen Quelle möglich, die weiter unten behandelt werden soll. Unter diesen Voraussetzungen bleibt die Ladung auf den Elektroden konstant; damit liegt zwischen den Elektroden des Kondensators eine konstante, eingeprägte Spannung, die eine konstante, eingeprägte elektrostatische Feldstärke erzeugt. Im Verbindungsdraht zwischen der Quelle und den Elektroden tritt ein Ladungstransport auf, der durch die Stromstärke i (durch den Querschnitt des Leiters pro Zeiteinheit transportierte Ladung) nach Gl.(IV.1.1) beschrieben wird.

Tritt in einem leitenden Material ein elektrostatisches Feld sowie ein zeitlich konstanter, räumlich verteilter elektrischer Strom auf, so wird dieser Feldzustand als stationäres Strömungsfeld bezeichnet.

Eine atomistische Deutung des elektrischen Strömungsvorgangs ist der makroskopischen Elektrodynamik, die eine Feldtheorie ist, fremd. Zur Beschreibung des Strömungsvorgangs wird deshalb ein Vektorfeld $\vec{S}$ definiert, so daß die elektrische Stromstärke i der Fluß dieses Vektorfeldes $\vec{S}$ durch die Fläche A im Innern des Leiters ist:

$$i = \iint\limits_{A} \vec{S} \cdot \vec{n}\ dA \ , \qquad\qquad (IV.1.2)$$

mit $\vec{n}$ dem Flächennormalen-Einheitsvektor auf der Fläche A.
Das Vektorfeld $\vec{S}$ wird als elektrische Stromdichte bezeichnet, sie ist dem Betrag nach gleich der elektrischen Stromstärke pro Flächeneinheit, die durch eine Fläche senkrecht zur Stromrichtung tritt,

$$|\vec{S}| = \lim_{\Delta A \to 0} \frac{\Delta i}{\Delta A} = \frac{d i}{dA} \ . \qquad\qquad (IV.1.3)$$

Die Richtung der Stromdichte sei gleich der Richtung der Ladungsbewegung positiver Ladungsträger. Ist $\vec{S}$ ein stationäres Strömungsfeld, so ist i = I eine zeitunabhängige Stromstärke (Gleichstrom).

Nach diesen Festlegungen kann eine eindeutige Aussage über das Vorzeichen der Stromstärke i nach Gl.(IV.1.2) gemacht werden. $\vec{S}$ ist ein Vektor in Richtung der Ladungsträgerbewegung, beschrieben durch die Ladungsträgergeschwindigkeit $\vec{v}$, falls positive Ladungsträger transportiert werden. Das heißt, es gilt $\vec{S} = \alpha \vec{v}$ mit positivem Proportionalitätsfaktor α. $\vec{S}$ weist in Gegenrichtung zur Ladungsträgerbewegung, d. h. $\vec{S} = \alpha \vec{v}$ mit negativem α, falls negative Ladungsträger bewegt werden. Die Stromstärke i hängt in ihrem Vorzeichen somit sowohl von der Richtung des Stromdichtevektors $\vec{S}$ als auch von der Richtung des willkürlich wählbaren Flächennormalenvektors $\vec{n}$ ab. Es können insgesamt vier Fälle unterschieden werden (Abb.137).

a)   Der Stromdichtevektor zeigt in Richtung der Ladungsträgerbewegung positiver Ladungsträger und der Flächennormalenvektor ist parallel zu $\vec{S}$. Dann werden postive Ladungsträger in Richtung des Flächenormalenvektors transportiert, die Stromstärke i ist nach Gl.(IV.1.2) eine positive Größe.

b)   Der Stromdichtevektor $\vec{S}$ zeigt in Richtung der Ladungsträgerbewegung positiver Ladungsträger, $\vec{n}$ in Gegenrichtung. Dann ist i nach Gl.(IV.1.2) eine negative Größe. Es wird eine positive Ladung in Gegenrichtung zum Flächennormalenvektor, oder, was dasselbe ist, negative Ladung in Richtung des Flächennormalenvektors transportiert.

c)   Der Stromdichtevektor zeigt in Gegenrichtung zum Vektor der Ladungsträger-Geschwindigkeit, d. h. in Richtung von $\vec{v}$ werden negative Ladungsträger transportiert. Zeigt der Flächenormalenvektor in Richtung des Stromdichtevektors, so werden negative Ladungen in Gegenrichtung zu $\vec{n}$, oder, was dasselbe ist, positive Ladungen in Richtung von $\vec{n}$ transportiert; i ist positiv.

d)   Zeigt der Stromdichtevektor in Gegenrichtung der Ladungsträgerbewegung ($\vec{S} = \alpha \vec{v}$, $\alpha < 0$) und zeigt $\vec{n}$ in Gegenrichtung von $\vec{S}$, so werden negative Ladungen in Richtung von $\vec{n}$ transportiert; i ist negativ.

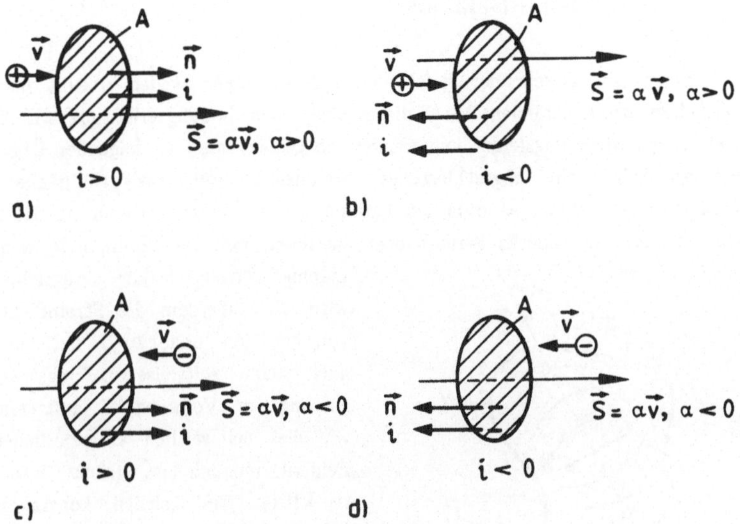

Abb.137: Zur Definition des Bezugspfeils der Stromstärke i.

Zur eindeutigen Festlegung des Vorzeichens der skalaren Größe Stromstärke wird ein Bezugspfeil (Zählpfeil, kein Vektor) in Richtung des (willkürlich gewählten) Normaleneinheitsvektors $\vec{n}$ eingeführt (Abb.137). Die Stromstärke i ist dann positiv, wenn positive Ladungen in Richtung des Bezugspfeils (Abb.137a)) oder negative Ladungen in Gegenrichtung zum Bezugspfeil (Abb.137c)) transportiert werden. Die Stromstärke ist negativ, wenn positive Ladungen in Gegenrichtung zum Bezugspfeil (Abb.137b)) oder wenn negative Ladungen in Richtung des Bezugspfeils (Abb.137d)) transportiert werden.

Es ist ein Gesetz der Erfahrung, daß Ladungen weder erzeugt noch vernichtet werden können. Wird dieses Gesetz der Ladungserhaltung auf die stationären Strömungsfelder angewendet, so gelangt man zu folgender Überlegung: Wird ein abgeschlossenes Volumen V mit der Hüllfläche A (Abb.138) betrachtet, so muß die Ladung, die auf einer Seite in die Hülle eintritt, auf der anderen Seite wieder austreten, weil im Volumen V keine Ladung erzeugt oder vernichtet wird. Da außerdem die Stromdichte von der Zeit unabhängig ist, kann auch keine zeitweise Ladungsspeicherung im Volumen V auftreten, wie dies bei zeitlich veränderlichen Feldern möglich ist (siehe Kapitel VII.1). Ein zeitlich konstanter Strom, der in das Volumen eintritt und nicht wieder austritt, würde zu

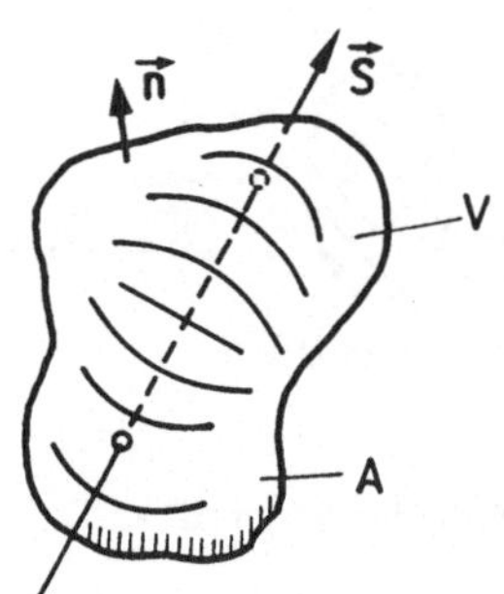

Abb.138:   Fluß der Stromdichte durch
eine geschlossene Hülle.

einer unendlich großen Ladungsanhäufung im Innern der Hülle A führen, was nicht möglich ist. Das heißt aber, daß das Flächenintegral über eine geschlossene Fläche

$$\phi = \oiint_A \vec{S} \cdot \vec{n} \ dA$$

für stationäre Strömungsfelder $\vec{S}$ immer verschwindet:

$$\oiint_A \vec{S} \cdot \vec{n} \ dA = 0 \ . \tag{IV.2.1}$$

Damit ergeben sich die folgenden Feldgleichungen zur Beschreibung des stationären Strömungsfeldes: Die auftretende elektrische Feldstärke ist ein elektrostatisches Feld und gehorcht den Feldgleichungen der Elektrostatik:

$$\oint_C \vec{E} \cdot d\vec{s} = 0 \, , \qquad \text{rot}\vec{E} = \vec{0} \, ,$$

$$\text{Rot}\vec{E} = \vec{0} \, , \qquad \vec{E} = -\text{grad}\varphi \, , \qquad \varphi = - \int_{P_0}^{P} \vec{E} \cdot d\vec{s} \, . \qquad (IV.2.2)$$

Hinzu kommen die Feldgleichungen für die elektrische Stromdichte $\vec{S}$:

$$\oiint_A \vec{S} \cdot \vec{n} \ dA = 0 \, , \qquad \text{div}\vec{S} = 0 \, , \qquad \text{Div}\vec{S} = 0 \, . \qquad (IV.2.3)$$

Dabei folgt die zweite Bedingung sofort aus Gl.(IV.2.1) unter Verwendung des Gaußschen Satzes. Die dritte Bedingung, die auch aus Gl.(IV.2.1) folgt, falls diese auf eine geschlossene Fläche angewendet wird, die eine Grenzfläche zwischen zwei elektrisch verschiedenen Materialien einschließt, sagt aus, daß die Normalkomponente der elektrischen Stromdichte an Grenzflächen stetig ist (vgl. Kapitel IV.3).

Weiter oben wurde bereits angegeben, daß ein stationäres Strömungsfeld (z. B. im Kondensator, Abb.136) nur dann auftritt, wenn eine Quelle von außen dafür sorgt, daß die Ladung auf den Elektroden bzw. die Spannung zwischen den Elektroden des Kondensators konstant bleibt. Es wird eine galvanische Quelle (Abb.139) betrachtet. Die galvanische Quelle besteht im Prinzip aus einer elektrolytischen Lösung und zwei eingetauchten Elektroden, die unendlich gut leitend ($\kappa = \infty$) sein sollen. Aufgrund der chemischen Vorgänge im Elektrolyten, auf die hier nicht näher eingegangen werden soll, tritt z. B. im Leerlauffall (Abb.139) zwischen den Elektroden eine Spannung U_0 auf. Mit der Spannung U_0 ist eine elektrische Feldstärke $\vec{E}$ zwischen den Elektroden verknüpft.

Es gilt:

$$U_0 = \int_1^2 \vec{E} \cdot d\vec{s} = \text{const.} \, .$$

(IV.2.4)

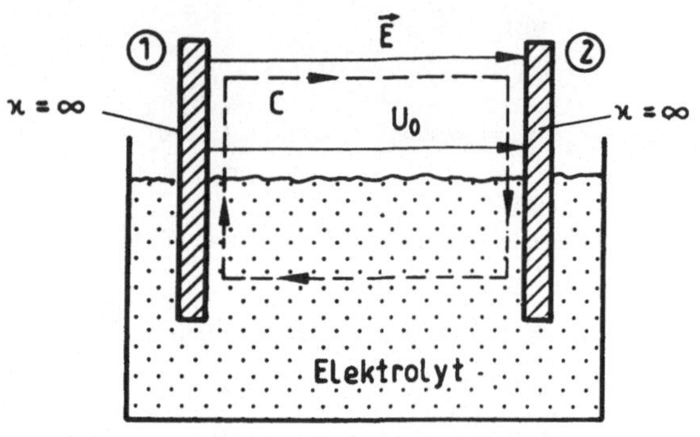

Abb.139: Galvanische Quelle.

Eine Quelle wird als ideal bezeichnet, wenn die Spannung U_0 zwischen ihren Elektroden unabhängig vom Belastungszustand der Quelle, d. h. unabhängig von der Größe der Ladung, die der Quelle entzogen wird, und unabhängig von der Zeit ist. Unter dieser Voraussetzung ist die Spannung U_0 konstant und wird als Urspannung bezeichnet. Gleichzeitig erzeugt eine ideale Quelle eine eingeprägte elektrische Feldstärke zwischen ihren Elektroden. Für diese elektrische Feldstärke gilt, da sie ein elektrostatisches Feld beschreibt,

$$\oint_C \vec{E} \cdot d\vec{s} = 0 \, ,$$

(IV.2.5)

gleichgültig, ob der Integrationsweg ganz im Außenbereich oder Innenbereich der Quelle verläuft oder ob der Weg teilweise im Außenbereich und teilweise innerhalb der Quelle verläuft (vgl. Abb.139).

Wie die Erfahrung zeigt, kann in einem metallischen Leiter der Zusammenhang zwischen der treibenden Kraft, die die Ladungen bewegt: der elektrische Feldstärke $\vec{E}$, und der elektrischen Stromdichte $\vec{S}$ durch einen linearen Zusammenhang ausgedrückt werden, daß heißt, es gilt:

$$\vec{S} = \kappa\vec{E} = \frac{1}{\rho}\,\vec{E}\;. \tag{IV.2.6}$$

Die Gleichung sagt aus, daß Stromdichte und Feldstärke in einem (homogenen, isotropen, unbewegten) Medium proportional zueinander sind und die gleiche Richtung besitzen. κ ist die Leitfähigkeit des Materials, ρ der spezifische Widerstand. Die Leitfähigkeit κ bzw. der spezifische Widerstand ρ sind im allgemeinen keine konstanten Größen, sondern z. B. stark von der Temperatur abhängig[1]. Der Zusammenhang Gl.(IV.2.6) gilt ferner nur in einem bestimmten Feldstärkebereich und z. B. nicht in Gasen, aber weitgehend auch in Halbleitern.

Betrachtet wird ein System von Linienleitern, das sich aus der Hintereinanderschaltung mehrerer zylindrischer Systeme mit abschnittsweise konstantem Querschnitt ergibt (Abb.140). Wird an eine Kette solcher Linienleiter eine Spannungsquelle der zeitlich konstanten Urspannung U_0 angelegt, so wird in den einzelnen Linienleitern ein zeitlich konstantes und, abgesehen von den Übergangsstellen, räumlich konstantes Strömungsfeld auftreten. Die Stromstärke im ν-ten Leiter habe den Wert I_ν. Die Übergangsstellen werden als ideal angesehen, das heißt, eine Feldstörung soll dort nicht auftreten bzw. vernachlässigbar klein sein. Wird ein Integrationsweg durch die Quelle und die Leiter gelegt und das Gesetz Gl.(IV.2.5) auf diesen Kreis angewendet, so gilt wegen $\vec{S} = \kappa\vec{E}$:

---

[1] Da die Größe ρ für verschiedene physikalische Größen verwendet wird (Raumladungsdichte, zylindrische Radialkoordinate, spezifischer Widerstand), wird in diesem Buch vornehmlich die Leitfähigkeit κ verwendet.

$$\oint_C \vec{E} \cdot d\vec{s} = \sum_{\nu=1}^{n} \int_{C_\nu} \vec{E}_\nu \cdot d\vec{s} + \overset{①}{\underset{②C_{quelle}}{\int}} \vec{E} \cdot d\vec{s} = \sum_{\nu=1}^{n} \int_{C_\nu} \frac{\vec{S}_\nu}{\kappa_\nu} \cdot d\vec{s}_\nu - U_0 = 0 \, ,$$

$$\sum_{\nu=1}^{n} \pm I_\nu \int_{C_\nu} \frac{ds_\nu}{\kappa_\nu A_\nu} = \sum_{\nu=1}^{n} \pm I_\nu R_\nu = U_0 \, .$$

$$U_0 = \sum_{\nu=1}^{n} \pm R_\nu I_\nu \, . \qquad\qquad (IV.2.7)$$

(Anmerkung: Die Stromstärken I_ν ($\nu = 1,2,...,n$) im Stromkreis nach Abb.140 sind zwar alle gleich groß, doch wurde hier mit Rücksicht auf spätere Berechnungen allgemeinerer Netzwerke jeder Strom getrennt gekennzeichnet.)

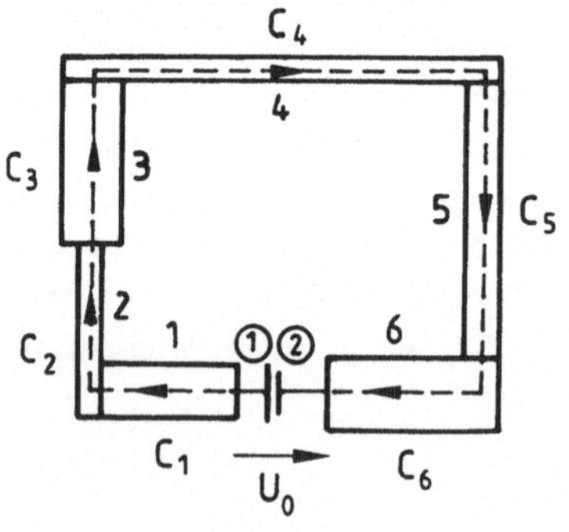

Abb.140: Stromkreis.

Vorausgesetzt für die Ableitung von Gl.(IV.2.7) ist, daß die Stromdichte über der Leiterlänge und dem Querschnitt der Leiterabschnitte konstant ist, so daß ihr Absolutbetrag überall im ν-ten Leiter durch den Quotienten I_ν/A_ν ersetzt werden kann, falls A_ν der Querschnitt des ν-ten Leiters ist. Leiter mit dieser Eigenschaft sollen als Linienleiter bezeichnet werden.

Die Größe

$$R_\nu = \frac{U_\nu}{I_\nu} = \int\limits_{C_\nu} \frac{d s_\nu}{\kappa_\nu A_\nu} \qquad\qquad (IV.2.8)$$

ist der elektrische Widerstand des ν-ten Linienleiters. Er ist gleich dem Quotienten aus der Spannung U_ν am Leiter und der Stromstärke I_ν durch den Leiterquerschnitt. Für die Stromstärken in Gl.(IV.2.7) muß jeweils ein positiver oder negativer Wert eingeführt werden. Die Wahl über das Vorzeichen kann erst nach Einführen eines Zählpfeilsystems für die Ströme getroffen werden. Dabei sei festgelegt, daß die Stromstärke positiv gezählt wird, falls ihr Zählpfeil in die Richtung des Integrationsweges zeigt und negativ, falls Zählpfeil und Umlaufsinn der Integrationsrichtung entgegengesetzt gerichtet sind (vgl. auch die Diskussion zum Vorzeichen der Stromstärke in Kapitel IV.1 und identifiziere die Richtung des Bezugspfeils mit der Richtung des willkürlich eingeführten Flächennormalenvektors $\vec{n}$ in Kapitel IV.1). Die abgeleitete Beziehung Gl.(IV.2.7) wird auch als Kirchhoff'sche Maschenregel bezeichnet.

Wird eine Verzweigung von Linienleitern mit jeweils konstantem Querschnitt betrachtet (Abb.141) und das Gesetz der Ladungserhaltung Gl.(IV.2.1) auf die in Abb.141 eingezeichnete Hülle angewendet, so gilt:

$$\oiint\limits_{A} \vec{S}\cdot\vec{n}\ dA = \sum_{\mu=1}^{m} \pm I_\mu = 0 \ . \qquad\qquad (IV.2.9)$$

Das heißt, die Summe aller Stromstärken der Ströme, die durch die Hülle A fließen, muß den Wert null ergeben. Dabei ist die Stromstärke je nach ihrer Zählpfeilrichtung positiv oder negativ zu werten. Es wird vereinbart, daß eine Stromstärke, deren Bezugspfeil aus der Hülle herausweist und damit in Richtung des nach außen weisenden Flächennormalenvektors $\vec{n}$ zeigt, positiv zu werten ist. Zeigt der Bezugspfeil der Stromstärke dagegen in das Volumen, das von der Hülle umschlossen wird, so wird er negativ gezählt. Das abgeleitete Gesetz Gl.(IV.2.9) wird als Kirchhoff'sche Knotenregel für ein System von Linienleitern bezeichnet. Mit Hilfe der Knoten- und Maschenregel ist es möglich, eine beliebige Zusammenschaltung mehrerer Linienleiter zu berechnen.

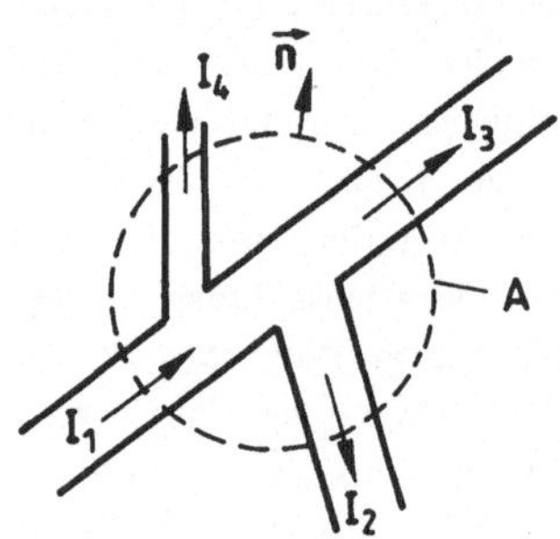

Bei der Bewegung geladener Teilchen durch ein leitendes Material wird, wie die Erfahrung zeigt, elektrische Energie in Wärmeenergie überführt. Es soll die Energie berechnet werden, die pro Zeiteinheit in Wärmeenergie überführt wird. Dazu wird ein beliebiger leitender Körper betrachtet, durch den ein Strom der Stromstärke I fließt. Die

Abb.141: Stromverzweigung.

Potentialdifferenz längs dieses Körpers sei gleich der (zeitlich konstanten) Spannung U. Dann ist die Arbeit, die vom elektrischen Feld geleistet wird, um eine Ladung von der Querschnittsfläche 1 zur Querschnittsfläche 2 durch den Körper zu transportieren (Abb.142):

$$\text{Arbeit} = W = \int_1^2 \vec{F} \cdot d\vec{s} = Q \int_1^2 \vec{E} \cdot d\vec{s} = QU \; . \tag{IV.2.10}$$

Das heißt, vom elektrischen Feld wird die Arbeit pro Zeiteinheit (Leistung)

$$P = \frac{d}{dt} W = U \frac{dQ}{dt} = UI \tag{IV.2.11}$$

aufgebracht und in Wärme umgesetzt.

Es wird ein differentiell kleines Volumenelement dV mit der Querschnittsfläche dA senkrecht zur Stromrichtung und der Länge ds (Abb.142) betrachtet. Es wird angenommen, daß die Stromdichte die Richtung der Achse
des Elements, beschrieben durch den Flächennormalen-Einheitsvektor $\vec{n}$ bzw.
den Längenvektor $\vec{ds}$, besitzt. Dann ist die Spannung zwischen den Enden
des Leiterelements:

$$dU = \varphi_1 - \varphi_2 = d\varphi = \vec{E}\cdot\vec{ds} = \frac{\vec{E}\cdot\vec{S}}{|\vec{S}|}\, ds \ . \tag{IV.2.12}$$

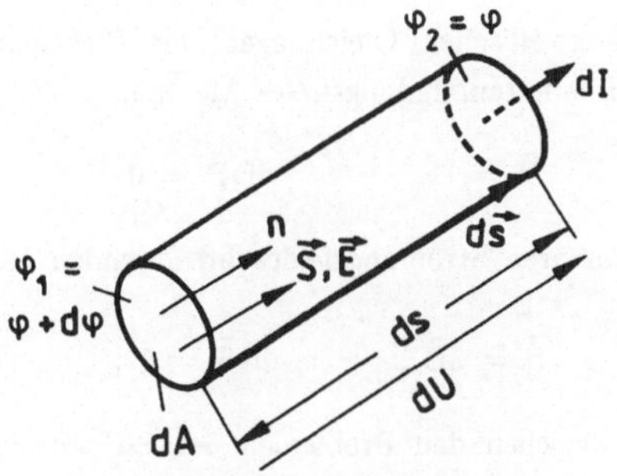

Abb.142: Element eines Leiters.

Die letzte Erweiterung konnte vorgenommen werden, weil Stromdichtevektor $\vec{S}$ und Linienelement $\vec{ds}$ parallel zueinander vorausgesetzt waren. Die
gesamte Stromstärke dI durch das Widerstandselement ist

$$dI = \vec{S}\cdot\vec{n}\ dA \ , \tag{IV.2.13}$$

so daß die gesamte im Volumen dV umgesetzte Leistung

$$dP = dU\ dI = \frac{\vec{E}\cdot\vec{S}}{|\vec{S}|}\, ds\ (\vec{S}\cdot\vec{n})\ dA = \vec{E}\cdot\vec{S}\ ds\ dA = \vec{E}\cdot\vec{S}\ dV \tag{IV.2.14}$$

ist. Die letzte Umformung konnte wiederum ausgeführt werden, weil $\vec{n}$ und
$\vec{S}$ dieselbe Richtung besitzen. Damit ergibt sich für die pro Volumeneinheit
umgesetzte Leistung (Leistungsdichte) p:

$$p = \lim_{\Delta V \to 0} \frac{\Delta P}{\Delta V} = \frac{dP}{dV} = \vec{E}\cdot\vec{S} \ , \qquad\qquad\qquad \text{(IV.2.15)}$$

da das Produkt $dV = dA\ ds$ gleich dem Volumen des betrachteten Leiterelements ist. Die gesamte in einem Volumen der Größe V umgesetzte Leistung ist dann:

$$P = \iiint\limits_V p\,dV = \iiint\limits_V \vec{E}\cdot\vec{S}\,dV = \iiint\limits_V \kappa\vec{E}^2\,dV = \iiint\limits_V \frac{\vec{S}^2}{\kappa}\,dV \ . \qquad \text{(IV.2.16)}$$

Werden die Maxwell'schen Gleichungen der Elektrostatik (siehe Kapitel III.3, Teil I) für ein raumladungsfreies Medium

$$\mathrm{rot}\vec{E} = \vec{0} \ , \qquad \vec{D} = \epsilon\vec{E} \ , \qquad \mathrm{div}\vec{D} = 0 \qquad\qquad \text{(IV.2.17)}$$

mit denen des stationären Strömungsfeldes im leitenden Medium verglichen:

$$\mathrm{rot}\vec{E} = \vec{0} \ , \qquad \vec{S} = \kappa\vec{E} \ , \qquad \mathrm{div}\vec{S} = 0 \ , \qquad\qquad \text{(IV.2.18)}$$

so zeigt sich, daß zwischen den Problemen der Elektrostatik und denen des stationären Strömungsfeldes eine Dualität besteht. So können die Feldberechnungen der Elektrostatik auf die des stationären Strömungsfeldes übertragen werden, falls nur die formalen Vertauschungen

$$\vec{S} \longleftrightarrow \vec{D} \qquad \text{und} \qquad \kappa \longleftrightarrow \epsilon$$

in den berechneten Ausdrücken vorgenommen werden.

IV.3   DIE GRENZBEDINGUNGEN

Im stationären Strömungsfeld gelten für die elektrische Feldstärke $\vec{E}$ die schon in Kapitel III.4, Teil I abgeleiteten Grenzbedingungen. Das heißt, auch im stationären Strömungsfeld ist die Tangentialkomponente der elektrischen Feldstärke an Grenzschichten zweier elektrisch verschiedener Medien stetig.

Um das Grenzschichtverhalten der Stromdichte $\vec{S}$ zu bestimmen, wird eine Grenzfläche zwischen zwei Medien mit den Leitfähigkeiten κ_1 und κ_2 betrachtet (Abb.143). In die Grenzschicht wird eine geschlossene Fläche z.B. in Form eines Quaders gelegt und auf die geschlossene Fläche das Gesetz Gl.(IV.2.1) angewendet. Unter der Voraussetzung, daß das Problem als ebenes Problem aufgefaßt werden kann, das heißt, daß kein Strom durch die Deckelflächen des Quaders tritt, gilt dann für kleine Flächen A_ν ($\nu = 1,2,3,4$):

$$(\vec{S}_1 \cdot \vec{n}_1)A_1 + (\vec{S}_2 \cdot \vec{n}_2)A_2 + (\vec{S}_1 \cdot \vec{n}_3)\frac{A_3}{2} +$$

$$+ (\vec{S}_1 \cdot \vec{n}_4)\frac{A_4}{2} + (\vec{S}_2 \cdot \vec{n}_3)\frac{A_3}{2} + (\vec{S}_2 \cdot \vec{n}_4)\frac{A_4}{2} = 0 \ . \qquad \text{(IV.3.1)}$$

Wird der Grenzübergang "A_3, A_4 gegen null" ausgeführt, d. h. wird eine beliebig flache geschlossene Fläche betrachtet, so wird auch bei gekrümmter Grenzfläche $A_1 = A_2 = A$ werden, und es kann eine Aussage über die Felder in der Grenzschicht gemacht werden:

$$(\vec{S}_2 \cdot \vec{n}_2) + (\vec{S}_1 \cdot \vec{n}_1) = 0 \ ,$$

$$\vec{n}_{12} \cdot (\vec{S}_2 - \vec{S}_1) = 0 \ . \qquad \text{(IV.3.2)}$$

$\vec{n}_{12}$ ist der Flächennormlen-Einheitsvektor auf der Grenzschicht, der vom Gebiet I ins Gebiet II weist.

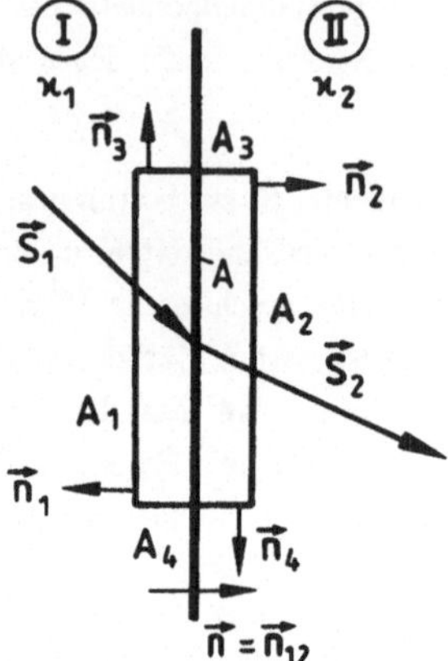

Abb.143: Grenzschicht.

Damit gilt für die Stromdichte an einer Grenzschicht zweier verschiedener Leiter die Grenzbedingung:

$$\mathrm{Div}\,\vec{S} = \vec{n}_{12}\cdot(\vec{S}_2 - \vec{S}_1) = 0 \quad .\,(\text{IV}.3.3)$$

Das heißt: An einer Grenzschicht zwischen zwei Materialien mit verschiedenen Leitfähigkeiten κ_1, κ_2 ist die Normalkomponente der Stromdichte stetig oder, was dasselbe ist, die Flächendivergenz der Stromdichte ist null.

In einem entsprechenden Rechengang, wie er in Kapitel III.4, Teil I für das Brechungsgesetz des elektrostatischen Feldes angegeben wurde, kann das Brechungsgesetz für ein stationäres Strömungsfeld berechnet werden. Unter Verwendung des Dualitätsprinzips (siehe Kapitel IV.2) für die elektrische Erregung $\vec{D}$ und die Stromdichte $\vec{S}$ kann sofort das Gesetz für die Einfall- und Ausfallwinkel α_1 und α_2 (Abb.144)

$$\frac{\tan\alpha_1}{\tan\alpha_2} = \frac{\kappa_1}{\kappa_2} \qquad (\text{IV}.3.4)$$

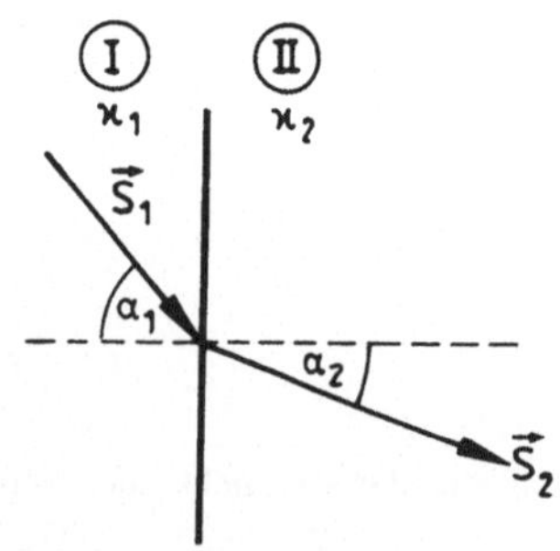

Abb.144: Zum Brechungsgesetz.

angegeben werden. Auch hier können zwei Grenzfälle unterschieden werden: Ist $\kappa_1 \gg \kappa_2$, so verlaufen die Feldlinien im Material I nahezu parallel zur Grenzschicht, ist aber $\kappa_2 \gg \kappa_1$, so stehen die Feldlinien im Material I fast senkrecht auf der Grenzschicht. Äquivalente Aussagen gelten für das Material II.

IV.4   FELD- UND WIDERSTANDSBERECHNUNGEN

1. AUFGABE

Gegeben ist eine planparallele Elektrodenanordnung mit dem Plattenabstand 2d und der Plattenfläche A (Abb.145). Zwischen den Elektroden

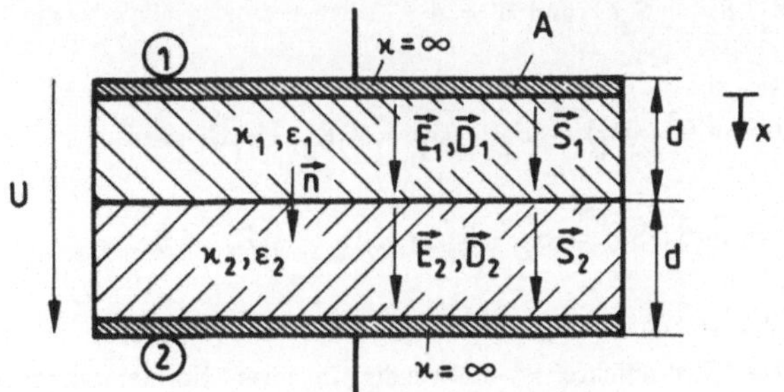

Abb.145: Elektrodenanordnung.

($\kappa = \infty$) befinden sich zwei verschiedene Materialien mit den Permittivitäten ϵ_1, ϵ_2 und den Leitfähigkeiten κ_1, κ_2. Die Materialien haben jeweils die Dicke d und den Querschnitt A. Man berechne die elektrische Feldstärke, die elektrische Erregung sowie die elektrische Stromdichte zwischen den Elektroden, wenn an den Elektroden die konstante Spannung U anliegt.

<u>Lösung</u>

Das Feld zwischen den Elektroden wird als ideal angesehen, das heißt, ein eventuell auftretendes Streufeld an den Kanten der Anordnung soll nicht berücksichtigt werden. Dann gilt für das Linienintegral der elektrischen Feldstärke von der ersten Elektrode zur zweiten Elektrode mit $\vec{E}_1 = E_1\vec{e}_x$ und $\vec{E}_2 = E_2\,\vec{e}_x$:

$$\int_1^2 \vec{E}\cdot d\vec{s} = E_1 d + E_2 d = U \ .$$

An der Grenzschicht zwischen den beiden Materialien gelten die Grenzbedingungen für die elektrische Erregung und die elektrische Stromdichte nach Gl.(III.4.3), Teil I und Gl.(IV.3.3) mit $\vec{D}_1 = D_1\vec{e}_x$, $\vec{D}_2 = D_2\vec{e}_x$ und $\vec{S}_1 = S_1\vec{e}_x$, $\vec{S}_2 = S_2\vec{e}_x$ und $\vec{n} = \vec{e}_x$:

$$\text{Div}\vec{D} = \vec{n}\cdot(\vec{D}_2\text{-}\vec{D}_1) = D_2 - D_1 = \epsilon_2 E_2 - \epsilon_1 E_1 = \sigma \ ,$$

$$\text{Div}\vec{S} = \vec{n}\cdot(\vec{S}_2\text{-}\vec{S}_1) = S_2 - S_1 = \kappa_2 E_2 - \kappa_1 E_1 = 0 \ .$$

Beide Felder stehen aus Symmetriegründen immer senkrecht auf der Grenzschicht. Die Stromdichte ist notwendig in ihrer Normalkomponente stetig und damit in beiden Materialien gleich groß:

$$\vec{S}_2 = \vec{S}_1, \qquad \kappa_2\vec{E}_2 = \kappa_1\vec{E}_1 \ .$$

Wird dieser Zusammenhang in die oben stehende Gleichung für die Spannung U eingesetzt, so kann die elektrische Feldstärke in den einzelnen Bereichen berechnet werden:

$$E_1 d + E_1\,\frac{\kappa_1}{\kappa_2}\,d = U \ ,$$

$$E_1 = \frac{U}{d + \frac{\kappa_1}{\kappa_2}\, d} = \frac{U}{d}\, \frac{\kappa_2}{\kappa_1 + \kappa_2}\ .$$

Entsprechend folgt für E_2:

$$E_2 = \frac{U}{d}\, \frac{\kappa_1}{\kappa_1 + \kappa_2}\ .$$

Aus der elektrischen Feldstärke läßt sich die elektrische Erregung bestimmen:

$$D_1 = \epsilon_1 E_1 = \frac{U}{d}\, \frac{\epsilon_1 \kappa_2}{\kappa_1 + \kappa_2}\ ,$$

$$D_2 = \epsilon_2 E_2 = \frac{U}{d}\, \frac{\epsilon_2 \kappa_1}{\kappa_1 + \kappa_2}\ .$$

Wird an der Grenzschicht zwischen den beiden Materialien die Differenz der Normalkomponenten der elektrischen Erregung, die hier gleich der Differenz der Absolutbeträge der Erregungen ist, berechnet, so zeigt sich, daß in der Grenzschicht eine Flächenladungsdichte σ der Größe

$$\sigma = D_2 - D_1 = \frac{U}{d}\, \frac{\epsilon_2 \kappa_1 - \epsilon_1 \kappa_2}{\kappa_1 + \kappa_2}$$

vorhanden ist. Das heißt, in der Grenzschicht zwischen zwei leitfähigen Dielektrika (z. B. Halbleitermaterialien), in denen ein stationäres Strömungsfeld existiert, tritt im allgemeinen eine Flächenladungsdichte σ auf. Die Flächenladungsdichte verschwindet, falls

$$\epsilon_2 \kappa_1 - \epsilon_1 \kappa_2 = 0 \qquad \text{bzw.} \qquad \frac{\epsilon_1}{\epsilon_2} = \frac{\kappa_1}{\kappa_2}$$

ist. Erfüllen die Materialparamter der Materialien diese Bedingung, so ist auch die Normalkomponente der elektrischen Erregung in der Grenzschicht stetig.

2. AUFGABE

Eine Elektrodenanordnung aus zwei Elektroden beliebiger Gestalt (Abb.146) besitzt zwischen ihren Elektroden ($\kappa = \infty$) ein homogenes, isotropes Dielektrikum mit der Permittivität ϵ. Man berechne die Kapazität C des Kondensators, wenn bekannt ist, daß der Widerstand zwischen den Elektroden derselben Elektrodenanordnung mit einem homogenen, isotropen Material der Leitfähigkeit κ den Wert R besitzt.

<u>Lösung:</u>

Definitionsgemäß ist der Widerstand zwischen zwei Elektroden gegeben als der Quotient aus der Spannung U zwischen den Elektroden 1 und 2 und der Stromstärke I, die von der ersten Elektrode zur zweiten übertritt:

$$R = \frac{U}{I} \, .$$

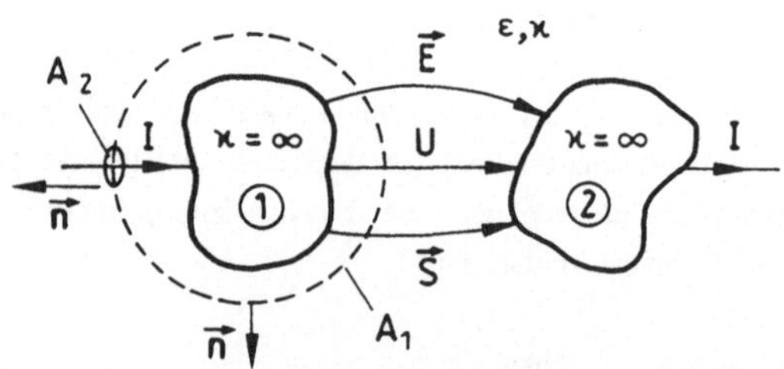

Abb.146: Elektrodenanordnung.

Die Spannung zwischen den Elektroden läßt sich als das Linienintegral über die elektrische Feldstärke von der ersten zur zweiten Elektrode darstellen. Zur Berechnung der Stromstärke, die von einer Elektrode zur anderen übertritt, wird eine Integrationshülle um eine der beiden Elektroden gelegt. Das Integral über diese Hülle und die Stromdichte ergibt, falls die Hülle abgeschlossen ist, nach Gl.(IV.2.1):

$$\oint_A \vec{S} \cdot \vec{n}\ dA = 0\ .$$

Wird ein technisches System zweier Elektroden betrachtet, so muß den Elektroden über z.B. einen dünnen Draht Ladung (Stromstärke I) zugeführt werden (Abb.146), damit sich zwischen den Elektroden ein stationäres Strömungsfeld ausbilden kann. Wird unter diesen Voraussetzungen das Hüllenintegral betrachtet, so gilt:

$$\iint_{A_1} \vec{S} \cdot \vec{n}\ dA + \iint_{A_2} \vec{S} \cdot \vec{n}\ dA = \iint_{A_1} \vec{S} \cdot \vec{n}\ dA - I = 0\ ,$$

$$\iint_{A_1} \vec{S} \cdot \vec{n}\ dA = I\ .$$

Das Integral über die Fläche A_2 ist gleich der negativen Stromstärke I, weil Stromdichtevektor $\vec{S}$ und Flächennormalenvektor $\vec{n}$ auf der Fläche A_2 entgegengesetzt zueinander gerichtet sind (Abb.146). Wird der Querschnitt des Zuführungsdrahtes A_2 beliebig klein gemacht, so wird A_1 in erster Näherung gleich der gesamten geschlossenen Hülle um die Elektrode, d. h. es gilt:

$$\oint_{A_1} \vec{S} \cdot \vec{n}\ dA \approx I\ .$$

Der kleine Kreis am Hüllenintegral soll andeuten, daß nicht die gesamte Hülle als Integrationsfläche zu wählen ist. Mit diesen Zusammenhängen und unter Berücksichtigung von Gl.(IV.2.8) gilt dann für den Widerstand R:

$$R = \frac{U}{I} = \frac{\int\limits_1^2 \vec{E}\cdot d\vec{s}}{\oiint\limits_{A_1} \vec{S}\cdot\vec{n}\ dA} = \frac{\int\limits_1^2 \vec{E}\cdot d\vec{s}}{\oiint\limits_{A_1} \kappa\vec{E}\cdot\vec{n}\ dA} .$$

Die Kapazität des Kondensators, der durch die Elektroden und das Dielektrikum nach Abb.146 gebildet wird, berechnet sich nach Gl.(III.12.1), Teil I:

$$C = \frac{Q}{U} = \frac{\oiint\limits_A \vec{D}\cdot\vec{n}\ dA}{\int\limits_1^2 \vec{E}\cdot d\vec{s}} = \frac{\oiint\limits_A \epsilon\vec{E}\cdot\vec{n}\ dA}{\int\limits_1^2 \vec{E}\cdot d\vec{s}} .$$

Hierin ist A die gesamte geschlossene Integrationshülle um die Elektrode 1. Da das Dielektrikum und das leitende Material als homogen und isotrop (ϵ = const., κ = const.) vorausgesetzt waren, folgt durch Produktbildung:

$$RC = \frac{\epsilon}{\kappa} .$$

Dabei wurde die Fläche A_1 näherungsweise gleich der gesamten Fläche A gesetzt. Das heißt, das Produkt aus Widerstand und Kapazität einer Elektrodenanordnung ist immer unabhängig von den geometrischen Abmessungen der Elektroden, es ist nur von den gewählten Materialparametern abhängig. Für die Kapazität C folgt also:

$$C = \frac{\epsilon}{\kappa}\,\frac{1}{R} .$$

3. AUFGABE

Gegeben sind zwei konzentrische Kugelelektroden mit dem Radius der Innenelektrode r_i und dem Innenradius der Außenelektrode r_a ($r_a > r_i$). Zwischen den als unendlich gut leitend ($\kappa = \infty$) angesehenen Kugelelektroden
befindet sich ein Material der Leitfähigkeit κ. Gesucht ist die Feldverteilung
im leitenden Material sowie der elektrische Widerstand zwischen den beiden
Elektroden, wenn der Innenelektrode ein Strom der Stromstärke I zugeführt
wird, der an der Außenelektrode wieder abgenommen wird.

<u>Lösung:</u>

Der Innenelektrode des Kugelwiderstandes wird von außen über einen dünnen Draht Ladung (Stromstärke I) zugeführt. Der Zuführungsdraht sei so
dünn (Querschnittsfläche A_2), daß er die Symmetrie des Kugelwiderstandes
und des sich ausbildenden Feldes nicht stören soll (Abb.147). Das sich ausbildende Stromdichtefeld zwischen den Elektroden wird dann aus Symmetriegründen rein radiale Richtung besitzen. Ferner wird der Absolutbetrag
des Feldes nur von der radialen Koordinate r abhängen. Wird eine geschlossene Integrationshülle im leitenden Material um die Innenelektrode gelegt, so ergibt sich nach Gl.(IV.2.1):

$$\oint\!\!\!\oint_{A} \vec{S}\cdot\vec{n}\ dA = \oint\!\!\!\oint_{A_1} \vec{S}\cdot\vec{n}\ dA - I = 0 \ ,$$

$$\oint\!\!\!\oint_{A_1} \vec{S}\cdot\vec{n}\ dA = I \ .$$

Dabei ist A_1 die nahezu geschlossene, kugelförmige Integrationshülle, die
nur an der Stelle des beliebig dünnen Zuführungsdrahtes noch offen ist.

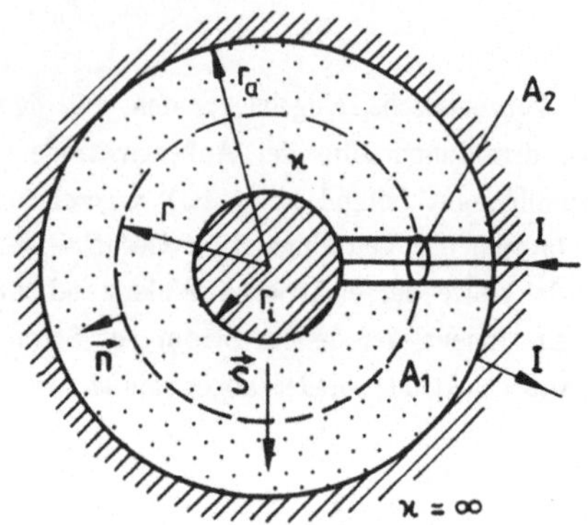

Abb.147: Kugelwiderstand.

Aufgrund der Symmetrieeigenschaften des Feldes sind der Flächennormalen-Einheitsvektor $\vec{n}$ und der Stromdichtevektor $\vec{S}$ parallel zueinander. Diese Symmetrieeigenschaften sollen auch durch den Zuführungsdraht nicht geändert werden. Ferner ist der Absolutbetrag des Stromdichtevektors auf der Integrationshülle (Radius der kugelförmigen Hülle sei r) konstant, so daß sich das oben stehende Integral mit $\vec{S} = S\vec{e}_r$ folgendermaßen schreiben läßt:

$$\oiint_{A_1} \vec{S} \cdot \vec{n} \; dA \approx \oiint_A \vec{S} \cdot \vec{n} \; dA = \oiint_A S \; dA = S \, 4\pi r^2 = I \; .$$

Damit ergibt sich für den Betrag der Stromdichte (näherungsweise):

$$S = \frac{I}{4\pi r^2} \; .$$

Da die Richtung der Stromdichte gleich der radialen Richtung ist, gilt vektoriell:

$$\vec{S} = \frac{I}{4\pi r^2} \frac{\vec{r}}{r} = \frac{I}{4\pi r^3} \vec{r} \ .$$

Aus der Stromdichte $\vec{S}$ errechnet sich die elektrische Feldstärke im leitenden Material zu:

$$\vec{E} = \frac{1}{\kappa} \vec{S} = \frac{I}{4\pi\kappa r^3} \vec{r} \ .$$

Nach den Berechnungen der Aufgabe 2 dieses Kapitels kann der Widerstand zwischen zwei beliebig gestalteten Elektroden aus

$$R = \frac{\int_1^2 \vec{E}\cdot d\vec{s}}{\oiint_A \kappa \vec{E}\cdot \vec{n} \ dA}$$

bestimmt werden. Wird das Linienintegral berechnet, so ergibt sich mit $d\vec{s} = d\vec{r}$:

$$\int_1^2 \vec{E}\cdot d\vec{s} = \int_1^2 \frac{I}{4\pi\kappa r^3} \vec{r}\cdot d\vec{r} = \int_{r_i}^{r_a} \frac{I}{4\pi\kappa r^2} \ dr = \frac{I}{4\pi\kappa} \frac{r_a - r_i}{r_a r_i} \ .$$

Da das Flächenintegral im Nenner des Ausdrucks für den Widerstand näherungsweise gleich der Stromstärke I ist, folgt für den Widerstand zwischen den Elektroden:

$$R = \frac{\int_1^2 \vec{E}\cdot d\vec{s}}{I} = \frac{r_a - r_i}{4\pi\kappa r_a r_i} \ .$$

Der Widerstand R zwischen den Elektroden kann auch berechnet werden, wenn man sich den gesamten Widerstand aus kleinen Leiterelementen aufgebaut denkt. Abb.148 zeigt ein solches Leiterelement im Kugelkoordinatensystem (vgl. Kapitel I.16c, Teil I).

2 Wolff A

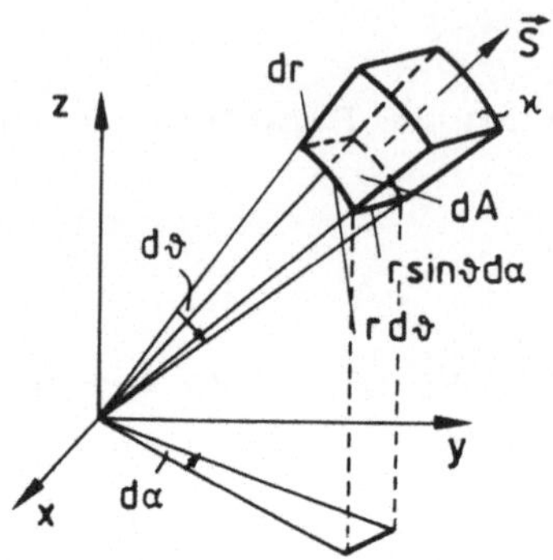

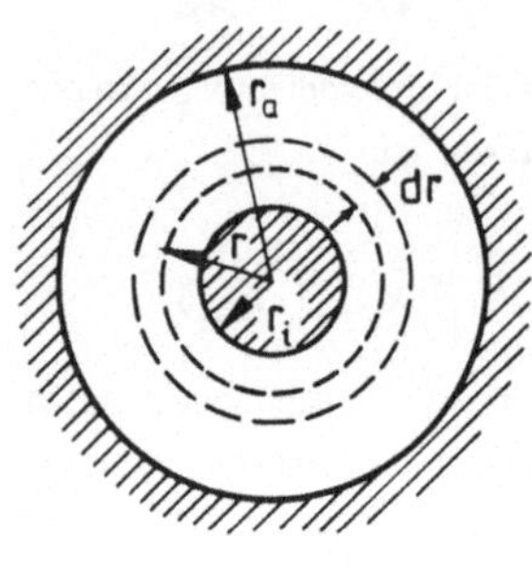

Abb.148: Leiterelement.

Abb.149: Zur Berechnung des Widerstandes.

Die Stromdichte $\vec{S}$ tritt in diesem Leiterelement senkrecht durch die Querschnittsfläche der Größe

$$dA = r^2\sin\vartheta \ d\vartheta d\alpha \ .$$

Der Widerstand dieses Elements ist damit nach Gl.(IV.2.8)

$$dR = \frac{dr}{\kappa dA} \ .$$

Wird der Widerstand einer Kugelschicht der Dicke dr (Abb.149) berechnet, so gilt nach denselben Überlegungen wie oben:

$$dR = \frac{dr}{\kappa A(r)}$$

mit A(r) der Oberfläche der Kugelschicht:

$$A(r) = \int_0^{2\pi}\int_0^{\pi} r^2\sin\vartheta \ d\vartheta d\alpha = 4\pi r^2 \ .$$

Der Widerstand der Kugelschicht ist also:

$$dR = \frac{dr}{\kappa 4\pi r^2} \; .$$

Der gesamte Widerstand zwischen der Innenelektrode $(r = r_i)$ und der Außenelektrode $(r = r_a)$ ergibt sich dann als das Integral

$$R = \int\limits_{r_i}^{r_a} \frac{dr}{\kappa 4\pi r^2} = \frac{1}{4\pi\kappa} \left[-\frac{1}{r} \right]_{r_i}^{r_a} = \frac{r_a - r_i}{4\pi\kappa r_a r_i} \; .$$

4. AUFGABE

Ein Kugelerder $(\kappa = \infty)$ vom Radius r_0 befindet sich in der Tiefe h $(h \gg r_0)$ unter der Erdoberfläche in einem leitenden Erdmaterial mit der Leitfähigkeit κ. Die Leitfähigkeit der Luft über der Erdoberfläche (Abb.150) sei gleich null.

a. Man berechne und skizziere das Stromdichtefeld, das sich ausbildet, falls der Kugelerder mit einem Strom der Stromstärke I belastet wird.

b. Man berechne den Verlauf der elektrischen Feldstärke längs der Erdoberfläche und gebe die Gleichung der Feldlinien an.

c. Wie groß ist der Übergangswiderdstand des Erders, das heißt der Widerstand zwischen dem Kugelerder und einer im unendlich fernen Punkt angenommenen Gegenelektrode?

<u>Lösung:</u>

Das sich ausbildende Stromdichtefeld $\vec{S}$ wird in der Umgebung des Kugelerders einen rein radialen Verlauf besitzen, das heißt, die Störung des Feld-

2*

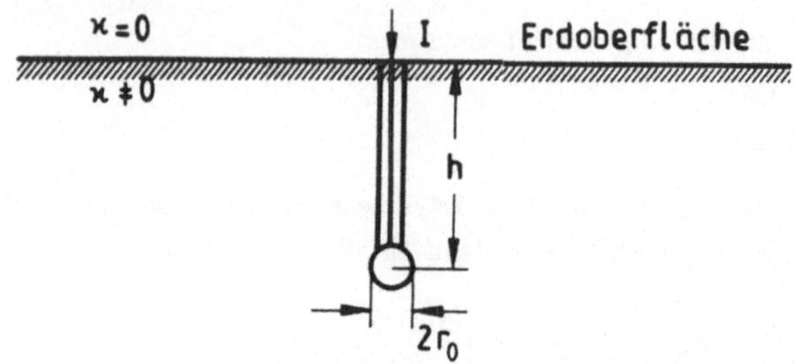

Abb.150: Kugelerder in der Tiefe h unter der Erdoberfläche.

verlaufs durch die Erdoberfläche wird hier noch nicht festgestellt. An der Erdoberfläche muß die Normalkomponente der Stromdichte stetig sein. Da aber im Bereich der Luft oberhalb der Erdoberfläche keine Stromdichte auftreten kann ($\kappa = 0$), muß die Normalkomponente der Stromdichte an der Erdoberfläche verschwinden. Ein solcher Feldverlauf kann erzwungen werden, falls oberhalb der Erdoberfläche in der Höhe h ein zweiter Kugelerder, der auch mit der Stromstärke I belastet ist, angenommen wird und wenn gleichzeitig angenommen wird, daß der gesamte Raumbereich homogen mit einem Material der Leitfähigkeit κ gefüllt ist (Spiegelungsmethode, vgl. Kapitel III.10, Teil I). Das so entstehende Feld erfüllt die Maxwell'schen Gleichungen und die Grenzbedingungen, ist also mit dem gesuchten Feld unterhalb der Erdoberfläche identisch (Eindeutigkeitsprinzip, vgl. Kapitel III.9, Teil I). Oberhalb der Erdoberfläche dient das berechnete Feld nur als Rechenhilfe.

Das gesuchte Stromdichtefeld ergibt sich also aus der Überlagerung des Feldes zweier Kugelerder in der geometrischen Anordnung nach Abb.151.

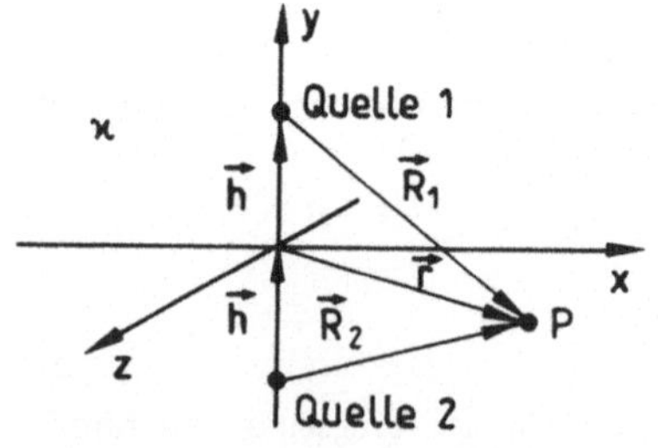

Abb.151: Zur Berechnung der Stromdichte.

Das Feld einer kugelförmigen Elektrode, der der Strom der Stromstärke I zugeführt wird, kann berechnet werden, falls um die Elektrode eine kugelförmige Integrationsfläche vom Radius r gelegt wird. Entsprechend den Berechnungen in Aufgabe 3 dieses Kapitels ergibt sich dann für das Stromdichtefeld einer solchen Kugelelektrode:

$$\vec{S} = \frac{I}{4\pi r^3}\,\vec{r}\,,$$

mit $\vec{r}$ dem Radialvektor vom Mittelpunkt der Kugel. Wird das Feld zweier Kugelerder im Aufpunkt P nach Abb.151 berechnet, so ergibt sich durch Überlagerung:

$$\vec{S} = \frac{I}{4\pi R_1^3}\,\vec{R}_1 + \frac{I}{4\pi R_2^3}\,\vec{R}_2$$

mit

$$\vec{R}_1 = \vec{r} - \vec{h}\,, \qquad \vec{R}_2 = \vec{r} + \vec{h}$$

den Abstandsvektoren des Aufpunktes von den Quellpunkten und

$$\vec{h} = h\vec{e}_y$$

den Abstandsvektoren zwischen den Kugelerdern sowie $\vec{r}$ dem Ortsvektor des Punktes P (Abb.151). Werden für die Lage des Aufpunktes P kartesische Koordinaten eingeführt, so gilt:

$$\vec{S} = \frac{I}{4\pi}\left[\frac{x\vec{e}_x + (y-h)\vec{e}_y + z\vec{e}_z}{(x^2 + (y-h)^2 + z^2)^{3/2}} + \frac{x\vec{e}_x + (y+h)\vec{e}_y + z\vec{e}_z}{(x^2 + (y+h)^2 + z^2)^{3/2}}\right]\,.$$

In Abb.152 ist der Feldverlauf im Erdbereich qualitativ skizziert.

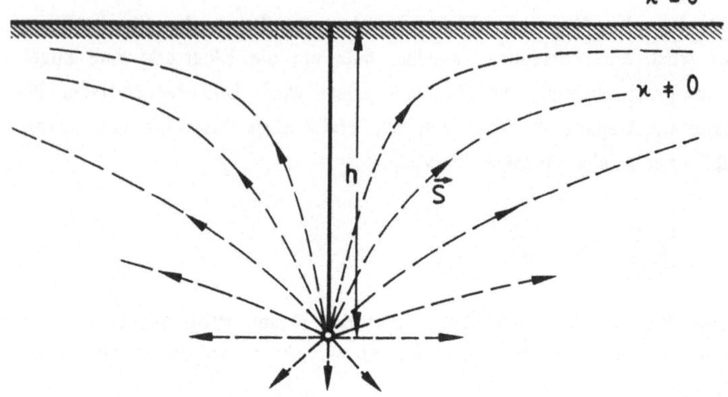

Abb.152: Verlauf der Stromdichte des Kugelerders.

b.   Aus der Gleichung für die Stromdichte kann zunächst der Verlauf der Stromdichte an der Oberfläche, die durch die Bedingung y = 0 beschrieben wird, angegeben werden:

$$\vec{S}_{Ob} = \frac{I}{4\pi}\left\{ \frac{x\vec{e}_x - h\vec{e}_y + z\vec{e}_z}{(x^2 + h^2 + z^2)^{3/2}} + \frac{x\vec{e}_x + h\vec{e}_y + z\vec{e}_z}{(x^2 + h^2 + z^2)^{3/2}} \right\}.$$

Mit $\vec{S} = \kappa\vec{E}$ ergibt sich dann für die Feldstärke:

$$\vec{E}_{Ob} = \frac{I}{4\pi\kappa}\frac{2x\vec{e}_x + 2z\vec{e}_z}{(x^2 + h^2 + z^2)^{3/2}} = \frac{I}{2\pi\kappa}\frac{\vec{r}_{Ob}}{(r_{Ob}^2 + h^2)^{3/2}}.$$

$\vec{r}_{Ob}$ ist der Ortsvektor in der Erdoberfläche (x-z-Ebene):

$$\vec{r}_{Ob} = x\vec{e}_x + z\vec{e}_z.$$

Die Differentialgleichung für die Feldlinien, die als Kurven mit der gleichen
Richtung (Steigung im x-z-Koordinatensystem) wie die der Feldvektoren
definiert sind (Kapitel I.8, Teil I), ergibt sich zu:

$$\frac{dz}{dx} = \frac{E_z}{E_x} = \frac{z}{x} \; .$$

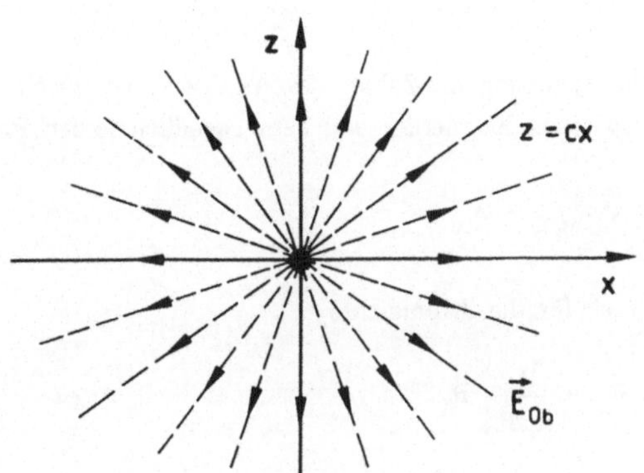

Abb.153: Feldverlauf in der Erdoberfläche.

Hieraus folgt sofort durch Integration:

$$\frac{dz}{z} = \frac{dx}{x} \; ,$$

$$\ln(z) = \ln(x) + \ln(c) \; ,$$

$$z = cx \; .$$

$\ln(c)$ ist eine geeignet gewählte Integrationskonstante. Die Feldlinien in der
Oberfläche sind radiale Strahlen von dem Punkt aus, der sich senkrecht
über dem Kugelerder befindet (Abb.153).

c.   Zur Berechnung des Übergangswiderstandes zwischen dem Kugelerder und der unendlich fernen Gegenelektrode wird wieder von der in Aufgabe 2 dieses Kapitels abgeleiteten Beziehung

$$R = \frac{\int_1^2 \vec{E} \cdot d\vec{s}}{\oint\!\!\!\oint_A \vec{S} \cdot \vec{n} \, dA} = \frac{\int_1^2 \vec{E} \cdot d\vec{s}}{I}$$

ausgegangen. Die Spannung im Zähler des Ausdrucks ist gleich dem Potentialunterschied zwischen Kugelerder und dem unendlich fernen Punkt:

$$\int_1^2 \vec{E} \cdot d\vec{s} = \varphi_{\text{Kugel}} - \varphi_\infty \; .$$

Aus dem Ausdruck für die Stromdichte

$$\vec{S} = \frac{I}{4\pi R_1^3} \vec{R}_1 + \frac{I}{4\pi R_2^3} \vec{R}_2$$

folgt sofort mit $\vec{S} = \kappa \vec{E}$ und $\vec{E} = -\text{grad}\varphi$ das zugehörige Potential des Feldes:

$$\varphi = \frac{I}{4\pi\kappa R_1} + \frac{I}{4\pi\kappa R_2}$$

mit der Festsetzung $\varphi = 0$ für R_1, $R_2 \rightarrow \infty$ (Bezugspunkt).
Das Potential auf dem Kugelerder ist, da dort $R_1 = r_0$ und in erster Näherung (wegen $h \gg r_0$) $R_2 \approx 2h$ gilt:

$$\varphi_{\text{Kugel}} \approx \frac{I}{4\pi\kappa r_0} + \frac{I}{8\pi\kappa h} \; .$$

Damit folgt für den Übergangswiderstands:

$$R \approx \frac{I}{4\pi\kappa r_0} + \frac{I}{8\pi\kappa h} = \frac{I}{4\pi\kappa} \left[\frac{1}{r_0} + \frac{1}{2h} \right] \; .$$

Wird wieder berücksichtigt, daß $h \gg r_0$ ist, so folgt, daß der Übergangswiderstand näherungsweise den Wert eines Kugelwiderstandes (siehe Aufgabe 3 dieses Kapitels) mit unendlich großem Außenradius ($r_a \to \infty$) annimmt:

$$R \approx \frac{1}{4\pi\kappa r_0} .$$

R ist gleichzeitig der Wert des Übergangswiderstand eines Kugelerders im unendlich ausgedehnten Medium. Das heißt, der Einfluß der Erdoberfläche auf den Übergangswiderstand ist unter der Voraussetzung $h \gg r_0$ vernachlässigbar klein.

5. AUFGABE

Gegeben ist eine unendlich lange, unendlich dünne Linienquelle, aus der über der Länge ℓ gleichmäßig verteilt ein Strom der Stromstärke I austritt. Die Linienquelle befindet sich in einem homogenen, isotropen Material der Leitfähigkeit κ.

a. Man berechne die auftretende Stromdichte, die elektrische Feldstärke sowie das Potential der Anordnung.

b. Im Abstand 2d von der Linienquelle nach a. befindet sich eine zweite unendlich lange Linienquelle, die parallel zur ersten verläuft und die über der Länge ℓ einen Strom der Stromstärke I aufnimmt (Senke). Man berechne das Stromdichtefeld, die elektrische Feldstärke und das Potential dieser Anordnung. Wie lautet die Gleichung der Äquipotentialflächen und die Gleichung der Stromlinien?

c. An die Stelle der Linienquellen treten zwei zylindrische Elektroden ($\kappa = \infty$) mit jeweils dem Radius ρ_0. Es sei $\rho_0 \ll d$, so daß die Oberflächen der Elektroden näherungsweise als Äquipotentialflächen der Anordnung nach b. angesehen werden können. Wie groß ist der Widerstand R zwischen den beiden Elektroden, falls diese die endliche Länge ℓ besitzen und das Streufeld an den Enden der Elektroden unberücksichtigt bleibt?

Lösung:

a. Zur Bestimmung der Stromdichte wird eine Integrationsfläche in Form eines konzentrischen Zylinders mit dem Radius ρ um die Linienquelle gelegt (Abb.154). Aufgrund der Zylindersymmetrie ist die Stromdichte rein radial gerichtet und damit wird nur ein Fluß (Strom) durch die Mantelflächen gebildet, durch die Deckelflächen tritt kein Strom aus. Der Strom, der durch die Mantelfläche mit der Länge ℓ tritt, wird von der Linienquelle durch die Deckelflächen der Integrationsfläche ins Innere des umschlossenen Volumens gebracht, so daß das gesamte Flußintegral nach Gl.(IV.2.1) den Wert null ergibt. Damit folgt: Der Strom der Stromstärke I tritt in Form der Stromdichte $\vec{S}$ auf der Länge ℓ durch die Mantelfläche der Integrationsfläche:

$$\iint\limits_{\text{Mantel}} \vec{S} \cdot \vec{n} \; dA = I \; .$$

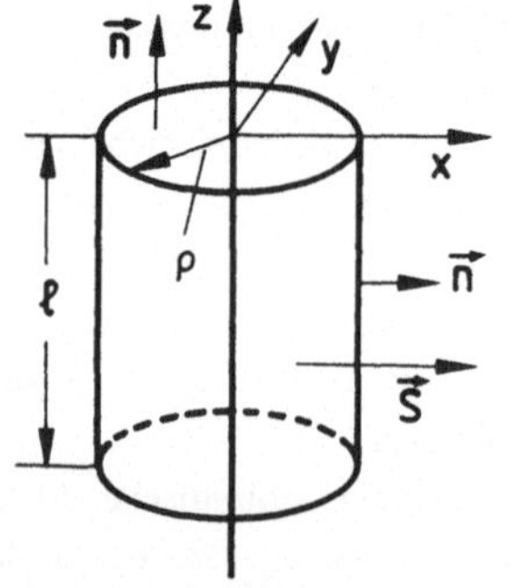

Abb.154:   Zur Berechnung der Stromdichte.

Aus Symmetriegründen ist der Betrag der Stromdichte nur vom Abstand ρ von der Linienquelle abhängig, ferner ist er auf der zur Linienquelle konzentrischen Mantelfläche konstant. Die Richtung der Stromdichte ist gleich der Richtung des Flächennormalen-Einheitsvektor $\vec{n}$, $\vec{S} = S\vec{e}_{\rho}$:

$$\iint\limits_{\text{Mantel}} \vec{S} \cdot \vec{n} \; dA = \iint\limits_{\text{Mantel}} S \; dA = S \iint\limits_{\text{Mantel}} dA = S \, 2\pi\rho\ell = I \; .$$

Damit ergibt sich für den Wert von S:

$$S = \frac{I}{2\pi\rho\ell} \; .$$

Die Richtung von $\vec{S}$ ist die Richtung des Radiusvektors $\vec{\rho}$:

$$\vec{S} = \frac{I}{2\pi\ell\rho^2} \, \vec{\rho} \; .$$

Aus der Stromdichte lassen sich mit Hilfe der Beziehungen Gl.(IV.2.6) und Gl.(IV.2.2)

$$\vec{S} = \kappa\vec{E} \; , \qquad \varphi = - \int_{P_0}^{P} \vec{E}\cdot d\vec{s}$$

die elektrische Feldstärke und das Potential der Anordnung berechnen:

$$\vec{E} = \frac{\vec{S}}{\kappa} = \frac{I}{2\pi\kappa\ell\rho^2} \, \vec{\rho} \; , \qquad \varphi = - \frac{I}{2\pi\kappa\ell} \ln\rho + C \; .$$

b.   Befinden sich zwei Linienquellen (hier eine Quelle und eine Senke) im Abstand 2d parallel zueinander (Abb.155), so ergibt sich das Feld dieser Anordnung aus der Überlagerung der Einzelfelder der beiden Linienquellen. Also lautet z. B. das Potential der Anordnung nach Abb.155:

$$\varphi = - \frac{I}{2\pi\kappa\ell} \ln\rho_1 + \frac{I}{2\pi\kappa\ell} \ln\rho_2 + C.$$

Wird die Mittelebene als Bezugsebene für das Potential gewählt, so verschwindet die Konstante C:

$$\varphi = \frac{I}{2\pi\kappa\ell} \ln \frac{\rho_2}{\rho_1} \; ,$$

mit $\varphi = 0$ für $\rho_1 = \rho_2$.

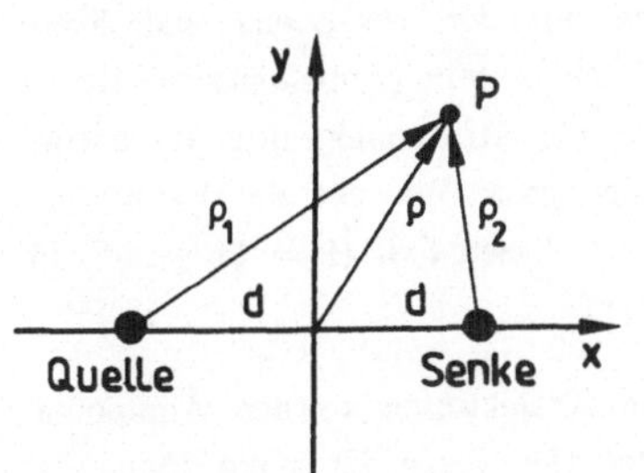

Abb.155: Anordnung der Linienquellen.

Die Größen ρ_1 und ρ_2 sind die Abstandswerte nach Abb.155:

$$\rho_1 = \sqrt{(x+d)^2 + y^2}\,, \qquad \rho_2 = \sqrt{(x-d)^2 + y^2}\,.$$

Die elektrische Feldstärke und die Stromdichte ergeben sich aus dem Potential durch Gradientenbildung:

$$\vec{E} = \frac{I}{2\pi\kappa\ell}\,\frac{\vec{\rho}_1}{\rho_1^2} - \frac{I}{2\pi\kappa\ell}\,\frac{\vec{\rho}_2}{\rho_2^2}\,, \qquad \vec{S} = \frac{I}{2\pi\ell}\,\frac{\vec{\rho}_1}{\rho_1^2} - \frac{I}{2\pi\ell}\,\frac{\vec{\rho}_2}{\rho_2^2}\,.$$

Aus der Gleichung für das Potential ergibt sich, daß für die Äquipotentialflächen (φ = const.) die Bedingung

$$\frac{\rho_2}{\rho_1} = \frac{\sqrt{(x-d)^2 + y^2}}{\sqrt{(x+d)^2 + y^2}} = \text{const.} = k$$

gilt. Durch Ausquadrieren dieser Gleichung ergeben sich die Schnittlinien der zylindrischen Äquipotentialflächen in der Querschnitts-(x-y-)Ebene:

$$\left[x - d\,\frac{1+k^2}{1-k^2}\right]^2 + y^2 = d^2\left[\frac{(1+k^2)^2}{(1-k^2)^2} - 1\right] = \frac{4d^2k^2}{(1-k^2)^2}\,.$$

Die Schnittlinien der Äquipotentialflächen mit der x-y-Ebene sind Kreise mit auf der x-Achse verschobenen Mittelpunkten (Appollonische Kreise, Abb.156). Für $k = 1$ entarten die Kreise, der Mittelpunkt liegt im unendlich fernen Punkt, der Radius ist unendlich groß. Wie aus der Definitionsgleichung für k ersehen werden kann, tritt dieser Fall ($k = 1$) gerade für $\rho_1 = \rho_2$ auf der Symmetrieebene $x = 0$ auf.

Die Stromlinien sind die senkrechten Trajektorien zu den Äquipotentialflächen. Sie sind damit ebenfalls in der x-y-Ebene die senkrechten Trajektorien zu den Schnittlinien der Äquipotentialflächen mit der x-y-Ebene.

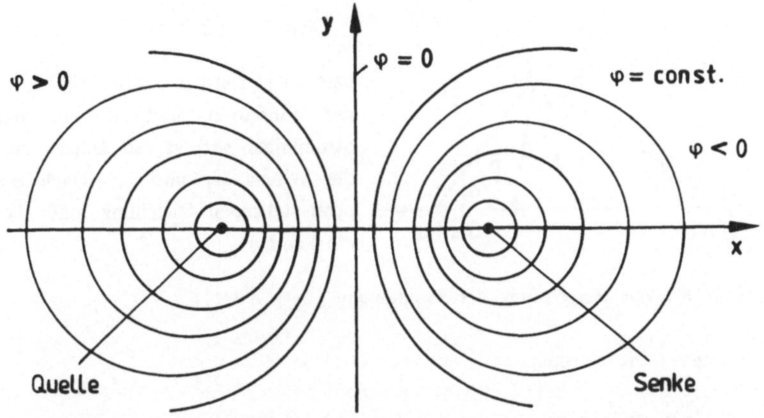

Abb.156: Schnittlinien der Äquipotentialflächen mit der x-y-Ebene.

Die Berechnung der Stromlinien über die Differentialgleichung führt zu Schwierigkeiten, so daß hier ein anderer Weg zur Berechnung eingeschlagen wird: Die Verbindungsgerade zwischen den beiden Linienquellen (Abb.157) ist sicher eine Stromlinie. Es wird angenommen, daß die Kurve C' (Abb.157) ebenfalls eine Stromlinie des Stromdichtefeldes ist. Da die Stromdichte ein divergenzfreies Feld ist (Gl.(IV.2.1)), kann folgende Überlegung durchgeführt werden: Wird eine Fläche A mit der Länge ℓ in z-Richtung zwischen zwei beliebige Punkte B und C, die jeweils auf einer Stromlinie liegen, gebracht, so ist die Stromstärke durch diese Fläche unabhängig von der Lage der Punkte B und C auf den Stromlinien. Nun läßt sich aber die Stromstärke durch eine solche Fläche A berechnen. Von der Quelle (Abb.157) geht über der Länge ℓ ein Strom der Stromstärke I aus, die Senke nimmt entsprechend einen Strom der Stromstärke I auf. Da sich das gesamte Strömungsfeld aus der Überlagerung der beiden radial gerichteten Strömungsfelder von Quelle und Senke berechnen läßt, kann der gesamte Strom durch die Fläche A nach Abb.157 aus

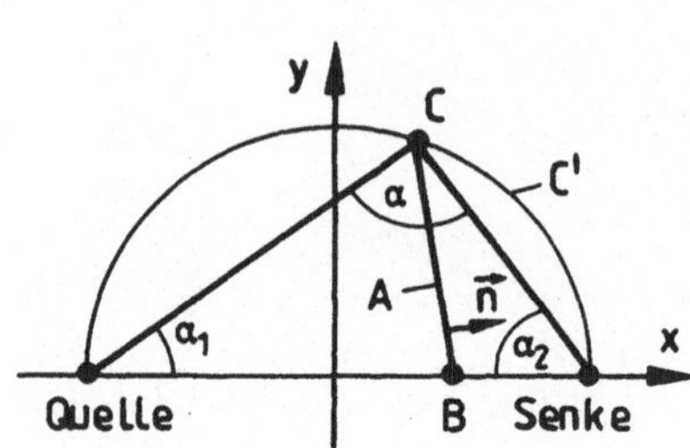

$$I_{ges} = I\,\frac{\alpha_1}{2\pi} + I\,\frac{\alpha_2}{2\pi} = \text{const.}$$

berechnet werden. Wird die Lage der Punkte B und C auf den Stromlinien variiert, so ändern sich die Winkel α_1 und α_2. Nach der oben stehenden Gleichung muß aber die Summe

Abb.157: Zur Berechnung der Stromlinien.

$$\alpha_1 + \alpha_2 = \text{const.}$$

sein, falls B und C nur immer auf denselben Stromlinien liegen. Zwischen den Winkeln α_1 und α_2 und dem Winkel α nach Abb.157 besteht der Zusammenhang:

$$\alpha = \pi - (\alpha_1 + \alpha_2) = \text{const.}\,.$$

Da die Summe von α_1 und α_2 konstant ist, muß damit auch der Winkel α konstant bleiben, falls sich z.B. der Punkt C auf der Stromlinie C' bewegt. Das bedeutet, α ist der Umfangswinkel eines Kreises. Die Stromlinien sind demnach Kreise. Aus Symmetriegründen müssen die Mittelpunkte der Kreise auf der y-Achse (Abb.158) liegen; das heißt, die Gleichung der Stromlinien lautet:

$$x^2 + (y - y_M)^2 = \rho^2 = d^2 + y_M^2\,.$$

Für jeden Wert y_M ergibt sich eine Stromlinie. y_M kann sowohl positive als auch negative Werte annehmen.

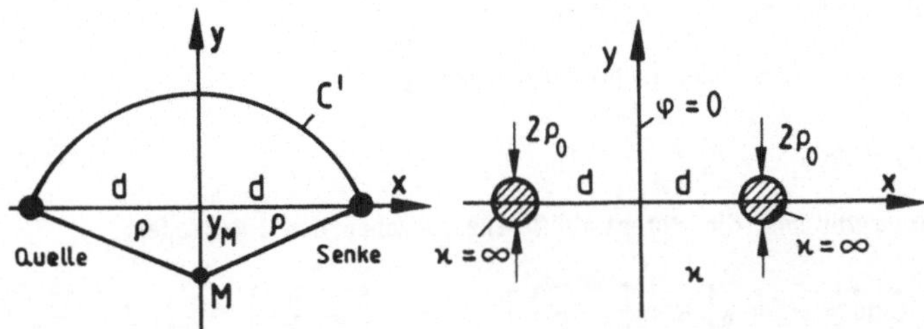

Abb.158: Zur Berechnung der Stromlinien.

Abb.159: Zur Berechnung des Widerstandes.

c.   Der Widerstand zwischen den Leitern der Länge ℓ und des Radius ρ_0 läßt sich aus der in Aufgabe 2 dieses Kapitels abgeleiteten Beziehung

$$R = \frac{\int_1^2 \vec{E} \cdot d\vec{s}}{\oiint_A \vec{S} \cdot \vec{n}\, dA} = \frac{\int_1^2 \vec{E} \cdot d\vec{s}}{I}$$

berechnen. Die Spannung im Zähler des Ausdrucks ist gleich der Potential-differenz zwischen den Elektroden. Wird angenommen, daß $\rho_0 << d$ ist, so daß die Oberflächen der Elektroden näherungsweise mit den Äquipotential-flächen der Berechnungen unter b. übereinstimmen und sind die Elektroden ferner so lang, daß die Feldstörung an ihren Enden vernachlässigt werden kann, so kann für die Berechnung der Potentialdifferenz der Verlauf des Potentials nach b. herangezogen werden:

$$\varphi = \frac{I}{2\pi\kappa\ell} \ln \frac{\rho_2}{\rho_1} \; .$$

Auf der Oberfläche der linken Elektrode (Abb.159) ist

$$\rho_2 \approx 2d - \rho_0 \,, \qquad \rho_1 \approx \rho_0 \,.$$

Auf der Oberfläche der rechten Elektrode gilt:

$$\rho_2 \approx \rho_0 \,, \qquad \rho_1 \approx 2d - \rho_0 \,.$$

Somit ergibt sich die Potentialdifferenz zwischen den Elektroden:

$$\int\limits_1^2 \vec{E}\cdot d\vec{s} = U \approx \frac{I}{2\pi\kappa\ell} \ln\left[\frac{2d-\rho_0}{\rho_0}\right] - \frac{I}{2\pi\kappa\ell} \ln\left[\frac{\rho_0}{2d-\rho_0}\right] = \frac{I}{\pi\kappa\ell} \ln\left[\frac{2d-\rho_0}{\rho_0}\right].$$

Damit kann auch der Widerstand zwischen den Elektroden näherungsweise berechnet werden:

$$R \approx \frac{\ln\left[\dfrac{2d-\rho_0}{\rho_0}\right]}{\pi\kappa\ell} \approx \frac{\ln\dfrac{2d}{\rho_0}}{\pi\kappa\ell} \,.$$

6. AUFGABE

Gegeben seien zwei konzentrische, zylinderförmige (koaxiale) Elektroden ($\kappa = \infty$) mit den Radien ρ_i und ρ_a (Abb.160) und der Länge ℓ, zwischen denen sich ein homogenes, isotropes Material mit der Leitfähigkeit κ befindet. Zwischen den Elektroden wird durch eine äußere Quelle eine konstante Spannung U aufrechterhalten.

a.   Man berechne die Stromdichte, die elektrische Feldstärke sowie das Potential des Feldes zwischen den Elektroden. Wie groß ist der Widerstand zwischen den Elektroden?

b.   Nun sei das Material zwischen den Elektroden inhomogen. Es existiert eine vom Achsabstand ρ abhängige Leitfähigkeit $\kappa(\rho)$ sowie eine vom Achsabstand abhängige Permittivität $\epsilon(\rho)$. Wie berechnet sich die Stromdichte im Bereich zwischen den Elektroden? Unter welchen Bedingungen wird der Raum zwischen den Elektroden raumladungsfrei?

<u>**Lösung**</u>

Ist die Leitfähigkeit des Materials außerhalb der Elektrodenanordnung null, so wird in der Grenzschicht an den Enden des Widerstandes die Stromdich-

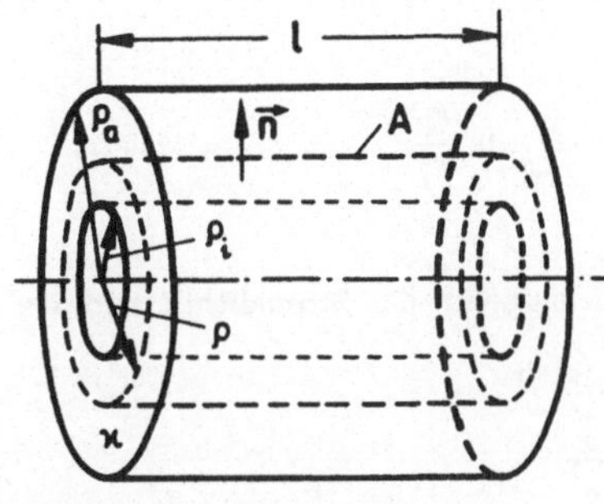

Abb.160: Koaxialer Widerstand.

te entsprechend den Ausführungen am Ende des Kapitels IV.3 im leitfähigen Material des Widerstandes parallel zur Deckelfläche der zylindrischen Anordnung von der Innen- zur Außenelektrode (oder umgekehrt) verlaufen. Das Feld zwischen den Elektroden wird also aus Symmetriegründen als rein radial gerich-

tet angesehen. Zwischen die unendlich gut leitenden Elektroden wird eine konzentrische Integrationshülle mit dem Radius ρ und der Länge ℓ gelegt (Abb.160) und die Stromstärke durch diese Fläche bestimmt. Der durch die Fläche tretende Strom habe die Stromstärke I. Sie berechnet sich aus der auftretenden Stromdichte $\vec{S} = S\vec{e}_\rho$ zu:

$$\iint_A \vec{S} \cdot \vec{n} \; dA = S \, 2\pi\rho\ell = I \; ,$$

$$\vec{S} = \frac{I}{2\pi\ell\rho^2} \; \vec{\rho} \; .$$

Damit ist auch die elektrische Feldstärke im Widerstand bekannt:

$$\vec{E} = \frac{\vec{S}}{\kappa} = \frac{I}{2\pi\kappa\ell\rho^2} \; \vec{\rho} \; .$$

Als bekannt vorgegeben ist die konstante Spannung U zwischen den Elektroden. Die unbekannte Stromstärke I soll durch die Spannung ersetzt werden. Dazu wird das Linienintegral über die elektrische Feldstärke vom In-
nen- zum Außenradius längs des Radius ρ ($\mathrm{d}\vec{s} = \mathrm{d}\rho\,\vec{e}_\rho$) gebildet:

$$U = \int_{\rho_i}^{\rho_a} \vec{E}\cdot\mathrm{d}\vec{s} = \int_{\rho_i}^{\rho_a} \frac{I}{2\pi\kappa\ell\rho}\,\mathrm{d}\rho = \frac{I}{2\pi\kappa\ell}\,\ln\frac{\rho_a}{\rho_i}\,.$$

Wird dieser Zusammenhang in die Gleichung für die Stromdichte und die
elektrische Feldstärke eingesetzt, so gilt:

$$\vec{S} = \frac{\kappa U}{\ln\dfrac{\rho_a}{\rho_i}}\,\frac{\vec{\rho}}{\rho^2}\,, \qquad \vec{E} = \frac{U}{\ln\dfrac{\rho_a}{\rho_i}}\,\frac{\vec{\rho}}{\rho^2}\,.$$

Für das Potential des Feldes kann unter der Annahme, daß auf der Außenelektrode das Potential null wird, der Ausdruck

$$\varphi = -\,\frac{U}{\ln\dfrac{\rho_a}{\rho_i}}\,\ln\frac{\rho}{\rho_a}\,, \qquad \varphi = 0 \quad \text{für} \quad \rho = \rho_a$$

berechnet werden.
Aus dem oben abgeleiteten Zusammenhang

$$U = \frac{I}{2\pi\kappa\ell}\,\ln\frac{\rho_a}{\rho_i}$$

ergibt sich sofort der Widerstand zwischen den Elektroden:

$$R = \frac{U}{I} = \frac{\ln\dfrac{\rho_a}{\rho_i}}{2\pi\kappa\ell}\,.$$

b.   Wird wieder der Strom durch die in **a.** verwendete Integrationsfläche berechnet, so ergeben sich, diesmal mit ortsabhängiger Leitfähigkeit $\kappa = \kappa(\rho)$, genau wie oben die Felder:

$$\vec{S} = \frac{I}{2\pi\ell\rho^2}\,\vec{\rho} \quad \text{und} \quad \vec{E} = \frac{I}{2\pi\kappa(\rho)\ell\rho^2}\,\vec{\rho}\;.$$

Soll wieder die unbekannte Stromstärke I durch die gegebene Spannung U ersetzt werden, so folgt aus dem Linienintegral über die elektrische Feldstärke:

$$U = \int_{\rho_i}^{\rho_a} \vec{E}\cdot\vec{ds} = \int_{\rho_i}^{\rho_a} \frac{I}{2\pi\kappa(\rho)\ell}\,\frac{d\rho}{\rho} = \frac{I}{2\pi\ell}\int_{\rho_i}^{\rho_a}\frac{d\rho}{\rho\kappa(\rho)}\;.$$

Das letzte Integral ist ein bestimmtes Integral, das einen konstanten Wert darstellt. Es läßt sich bei bekannter Abhängigkeit $\kappa = \kappa(\rho)$ berechnen. Damit folgt für die Stromdichte und die Feldstärke:

$$\vec{S} = \frac{U}{\displaystyle\int_{\rho_i}^{\rho_a}\frac{d\rho}{\rho\kappa(\rho)}}\;\frac{\vec{\rho}}{\rho^2} \quad \text{und} \quad \vec{E} = \frac{U}{\kappa(\rho)\displaystyle\int_{\rho_i}^{\rho_a}\frac{d\rho}{\rho\kappa(\rho)}}\;\frac{\vec{\rho}}{\rho^2}\;.$$

Die Raumladungsdichte im betrachteten Material ist gleich der Divergenz der elektrischen Erregung (Gl.(III.3.2), Teil I):

$$\vec{D} = \frac{\epsilon(\rho)}{\kappa(\rho)}\,\frac{U}{\displaystyle\int_{\rho_i}^{\rho_a}\frac{d\rho}{\rho\kappa(\rho)}}\;\frac{\vec{\rho}}{\rho^2}\;.$$

Die Divergenz der elektrischen Erregung läßt sich mit Hilfe von Gl.(I.16.22), Teil I bestimmen, falls zusätzlich berücksichtigt wird, daß das Feld nur vom Abstand ρ von der Zylinderachse abhängt,

$$\text{div}\vec{D} = \frac{U}{\displaystyle\int_{\rho_i}^{\rho_a} \frac{d\rho}{\rho\,\kappa(\rho)}}\; \frac{1}{\rho}\,\frac{d}{d\rho}\left[\,\rho\,\frac{\epsilon(\rho)}{\kappa(\rho)}\,\frac{1}{\rho}\,\right]\,,$$

$$\text{div}\vec{D} = \frac{U}{\displaystyle\int_{\rho_i}^{\rho_a} \frac{d\rho}{\rho\,\kappa(\rho)}}\; \frac{1}{\rho}\,\frac{d}{d\rho}\left[\,\frac{\epsilon(\rho)}{\kappa(\rho)}\,\right]\,.$$

Das bedeutet, daß sich im Bereich zwischen den Elektroden immer eine Raumladungsdichte befindet, falls der Quotient $\epsilon(\rho)$ und $\kappa(\rho)$ eine Funktion des Abstandes ρ ist. Die Raumladungsdichte verschwindet, falls

$$\frac{\epsilon(\rho)}{\kappa(\rho)} = \text{const.}$$

eine konstante Größe ist.

KAPITEL V   ZEITUNABHÄNGIGE MAGNETFELDER

Bei der Einführung der stationären Strömungsfelder in Kapitel IV wurde festgestellt, daß eine der Wirkungen bewegter Ladungsträger das Auftreten eines magnetischen Feldes ist. Ist die Ursache der auftretenden Felder ein zeitunabhängiges Strömungsfeld, so ist auch das erregte Magnetfeld zeitunabhängig. Diese Gruppe von Magnetfeldern soll hier als erste behandelt werden. Neben den Magnetfeldern, die als Wirkung eines stationären Strömungsfeldes auftreten, sollen im Rahmen der zeitunabhängigen Magnetfelder auch die Felder magnetisierter Körper (Dauermagnete) behandelt werden. Diese Felder sind nicht auf das Auftreten eines makroskopischen Stromes zurückzuführen, sondern hier können atomare Kreisströme, beschrieben durch die Magnetisierung (siehe Kapitel V.5), als Ursachen der Felder angesehen werden. Die magnetischen Felder, die ebenso wie die elektrischen Felder als physikalische Zustände des Raumes definiert werden sollen, werden durch die magnetische Flußdichte (magnetische Induktion) $\vec{B}$ und die magnetische Erregung (magnetische Feldstärke) $\vec{H}$ beschrieben.

V.1   DEFINITION DER AUFTRETENDEN FELDGRÖSSEN

V.1.1 DIE MAGNETISCHE FLUSSDICHTE

Magnetfelder lassen sich an drei Wirkungen erkennen:

1. Magnetfelder üben eine Kraft auf bewegte, elektrisch geladene Teilchen aus.

2. Magnetfelder üben eine Kraft auf die Pole magnetisierter Körper aus.

3. Magnetfelder induzieren in einer bewegten, geschlossenen Leiterschleife einen Strom.

Die erste Eigenschaft soll verwendet werden, um eine Größe zu definieren, die die durch das Magnetfeld erzeugte Kraftwirkung beschreibt. Dazu wird die in Abb.161 gezeichnete Versuchsanordnung verwendet. Ein Leiter der Länge ℓ (Leiter 2 in Abb.161, charakterisiert durch den Längenvektor $\vec{\ell}$) ist reibungsfrei längs der beiden Leiter 1 und 3 verschiebbar. Die Leiter 1 und 2 sowie die Leiter 2 und 3 haben an der reibungsfreien Kontaktstelle einen idealen, widerstandsfreien elektrischen Kontakt miteinander.

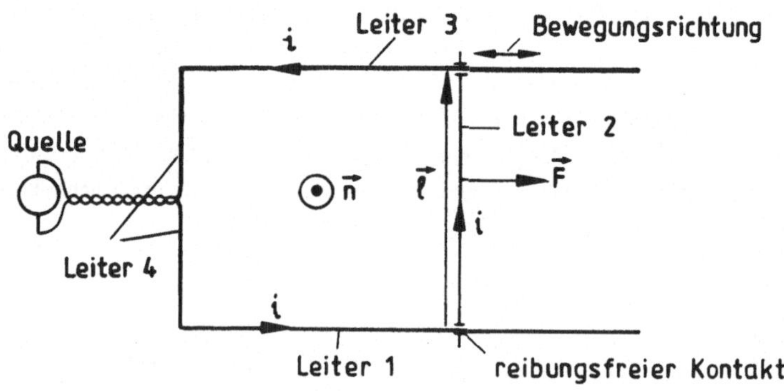

Abb.161: Versuchsanordnung zur Definition der magnetischen Flußdichte.

In der so entstandenen Leiterschleife soll, erzeugt durch eine von außen über eine bifilar gewickelte Zuleitung angeschlossene elektrische Quelle (vgl. Kapitel IV.2), ein Strom der elektrischen Stromstärke i fließen.

Wird diese Leiterschleife in die Umgebung eines weiteren stromführenden Leiters (oder eines Dauermagneten) gebracht, der ein magnetisches Feld erzeugt, so wird auf die stromführenden Leiter eine Kraft ausgeübt, die an dem beweglichen Leiter gemessen werden kann. Wie das Experiment zeigt, weist die Kraft $\vec{F}$ immer in eine Richtung senkrecht zur Richtung des Leiters (Vektor $\vec{\ell}$) und damit senkrecht zur Richtung der bewegten Ladungsträger, die den Strom bilden. Durch Verändern der das Experiment bestimmenden elektrischen und geometrischen Kenngrößen können experimentell die folgenden Zusammenhänge festgestellt werden:

1. Der Betrag $|\vec{F}|$ der Kraft ist direkt proportional zur Länge $|\vec{\ell}|$ des Leiters

$$|\vec{F}| \sim |\vec{\ell}| \; .$$

2. Der Betrag $|\vec{F}|$ der Kraft ist direkt proportional zur elektrischen Stromstärke i im Leiter:

$$|\vec{F}| \sim |i| \; .$$

3. Es kann festgestellt werden, daß die Kraft $\vec{F}$ auf den Leiter 2 von der Lage der Leiterschleife im Raum (und damit im Magnetfeld) abhängig ist. Zur Beschreibung der Lage der Leiterschleife im Raum wird ein Flächennormaleneinheitsvektor $\vec{n}$ auf der von den Leitern 1, 2, 3 und 4 aufgespannten Fläche eingeführt (Abb.161). Um die Abhängigkeit der Kraft $\vec{F}$ von der Lage der Leiterschleife im Raum zu erkennen, werden drei Experimente durchgeführt:

a. Wie das Experiment zeigt, gibt es eine ausgezeichnete Lage der Leiterschleife und damit des Flächennormalenvektors $\vec{n} = \vec{n}_{max}$ im Raum, für die die Kraft $|\vec{F}|$ auf den Leiter 2 maximal wird; gleichzeitig zeichnet sich diese Lage dadurch aus, daß bei Drehung der Fläche um die Richtung des Flächennormalenvektors der Betrag der Kraft $|\vec{F}| = |\vec{F}_{max}|$ auf den Leiter 2 unverändert bleibt (Abb.162).

b. Wird anschließend die Leiterschleife um eine Drehachse, die parallel zum Leiter 2 liegt, gedreht (Abb.163), so bleibt der Betrag der Kraft $\vec{F}$ auf den Leiter 2 ebenfalls konstant und gleich $|\vec{F}_{max}|$. Die Richtung der Kraft bleibt ungeändert.

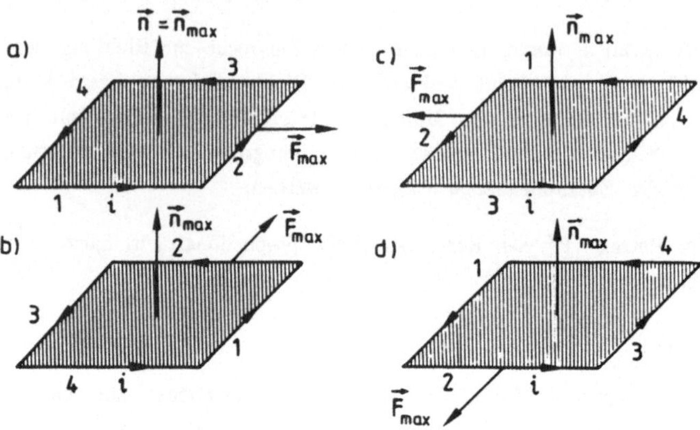

Abb.162: Drehung der Leiterschleife um die Richtung des Flächennormalenvektors $\vec{n}_{max}$.

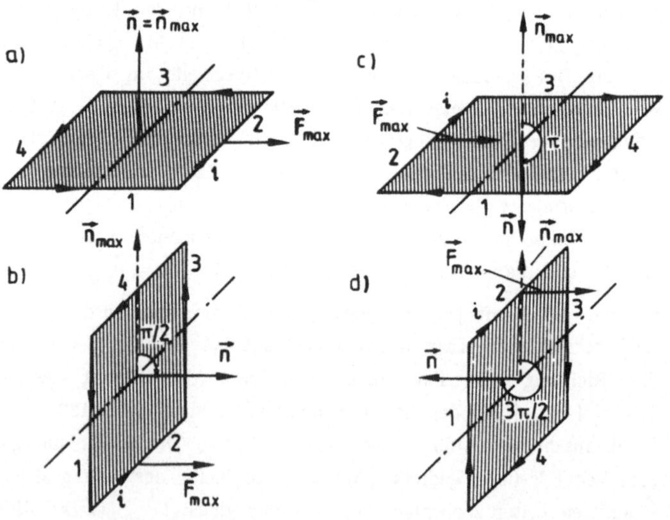

Abb.163: Drehung der Leiterschleife um eine Drehachse parallel zum Leiter 2.

c. Wird die Leiterschleife um eine Drehachse parallel zu den Leitern 1 und 3, die senkrecht auf dem Leiter 2 steht, gedreht, so zeigt das Experiment, daß die Kraft auf den Leiter 2, ausgehend von der oben definierten, ausgezeichneten Lage, sich mit dem Cosinus des Winkels α zwischen der Richtung des Flächennormalenvektors $\vec{n}$ und der Richtung des ausgezeichneten Flächennormalenvektors $\vec{n}_{max}$ ändert (Abb.164).

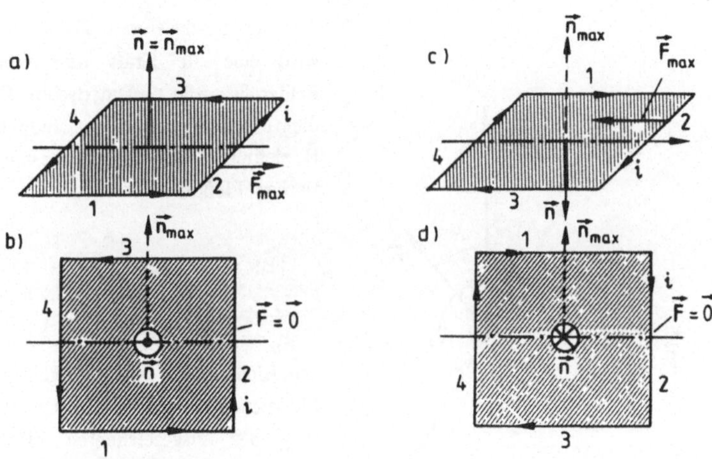

Abb.164: Drehung der Leiterschleife um eine Drehachse senkrecht zum Leiter 2.

Darüber hinaus kann festgestellt werden, daß die Richtung der Kraft $\vec{F}$ auf den Leiter 2 der Richtung des Leiters 2 (Richtung des Vektors $\vec{l}$ oder Richtung des (positiven) Ladungsträgertransports) und der Richtung des ausgezeichneten Flächennormalenvektors $\vec{n}_{max}$ im Rechtsschraubensinn zugeordnet ist. Damit zeigt sich (Abb.165), daß die Kraft $\vec{F}$ proportional zum

Sinus des Winkels β zwischen der Richtung des Leiters 2 (Richtung des Bezugspfeils der Stromstärke) und der Richtung des ausgezeichneten Flächennormalenvektors $\vec{n}_{max}$ ist:

$$|\vec{F}| \sim |\sin(\sphericalangle\, \vec{\ell}, \vec{n}_{max})|\ . \qquad (V.1.1)$$

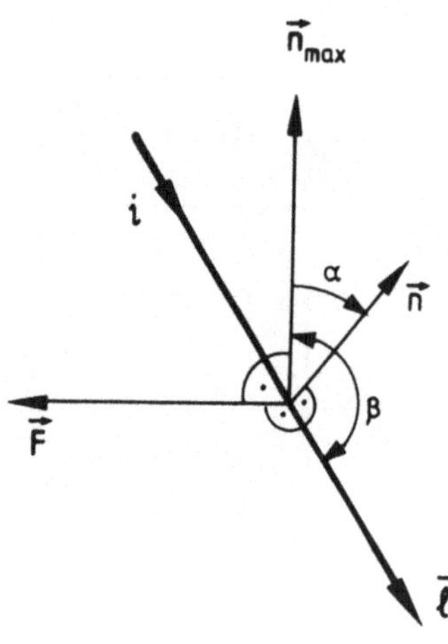

Abb.165: Zur Bestimmung der Kraft.

Aus den beschriebenen Experimenten wird eine die Kraft beschreibende Feldgröße, die magnetische Flußdichte (oder magnetische Induktion) $\vec{B}$, definiert. Der Betrag der magnetischen Flußdichte ist:

$$|\vec{B}| = \lim_{\substack{|\vec{\ell}|\to 0 \\ i\to 0}} \frac{|\vec{F}_{max}|}{|\vec{\ell}|\,|i|}\ . \qquad (V.1.2)$$

Die Richtung der magnetischen Flußdichte $\vec{B}$ sei gleich der Richtung des ausgezeichneten Flächennormalenvektors $\vec{n} = \vec{n}_{max}$.

Der Grenzübergang wird durchgeführt, um eine punktförmige Meßanordnung zu erhalten.

Durch diese Definition wird die magnetische Flußdichte als eine von der experimentellen Anordnung unabhängige Feldgröße eingeführt, die somit nur noch eine Eigenschaft des das Feld tragenden Raums ist.

Aus der Definition der magnetischen Flußdichte folgt umgekehrt, daß die Kraft auf einen stromführenden Leiter im Magnetfeld aus der Beziehung (vgl. Gl.(V.1.1)):

$$|\vec{F}| = \left| |i|\,|\vec{\ell}|\,|\vec{B}|\sin(\sphericalangle\,\vec{\ell},\,\vec{B})\right|$$

bestimmt wird, da die Richtung von $\vec{B}$ mit der Richtung von $\vec{n}_{max}$ übereinstimmt. Unter Berücksichtigung der Richtungen (vgl. Abb.165) gilt dann für die im Feld der magnetischen Flußdichte $\vec{B}$ auf einen stromführenden Leiter der Länge und Richtung (Richtung des Bezugspfeils der Stromstärke i) $\vec{\ell}$ ausgeübte Kraft $\vec{F}$.

$$\vec{F} = i(\vec{\ell} \times \vec{B})\ . \qquad\qquad\qquad (V.1.3)$$

Das heißt, die Kraft $\vec{F}$ steht senkrecht sowohl auf dem stromführenden Leiter als auch auf der magnetischen Flußdichte $\vec{B}$ (Abb.166). Die Richtungen von $\vec{F}$, $\vec{\ell}$ und $\vec{B}$ sind einander im Sinne einer Rechtsschraube zugeordnet.

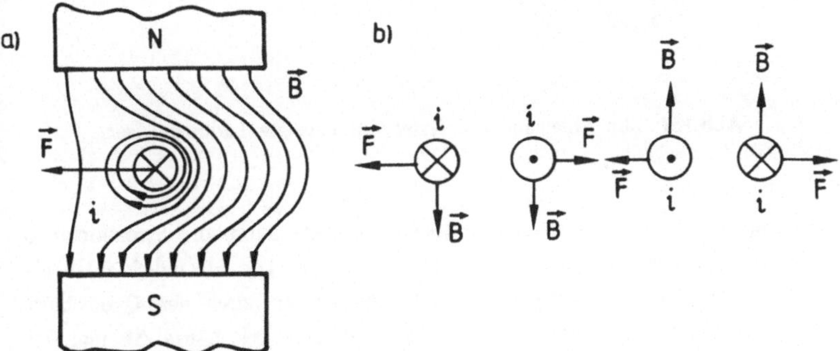

Abb.166: Zuordnung der Vektoren $\vec{F}$, $\vec{\ell}$ und $\vec{B}$.
a) stromführender Leiter im ehemals homogenen Magnetfeld,
b) Rechtsschraubige Zuordnung der Vektoren.

Wird der in einem Leiter fließende elektrische Strom als die Beschreibung der Bewegung der Ladungsträger interpretiert, so kann Gl.(V.1.3) umgeschrieben werden zur Berechnung der Kraft, die von einem Magnetfeld auf eine bewegte Ladung ausgeübt wird. Nach Abb.167 ist das Produkt aus der elektrischen Stromstärke i und dem Längenvektor $\vec{\ell}$ als

$$i\vec{\ell} = (\vec{S}\cdot\vec{n})A\vec{\ell} = nq|\vec{v}|A\vec{\ell} \qquad\qquad (V.1.4)$$

darstellbar.

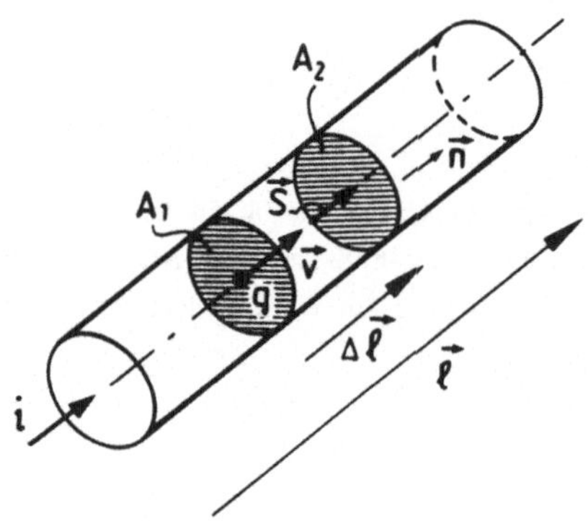

Abb.167: Zur Ableitung der Kraft auf bewegte Ladungsträger.

Hiermit ist die elektrische Stromstärke i zunächst durch die Stromdichte $\vec{S}$ und die Querschnittsfläche A ausgedrückt worden. Die Stromdichte ist die Ladung, die pro Zeiteinheit und pro Flächeneinheit durch den Querschnitt des Leiters tritt. Befinden sich in einem Volumen der Länge $\Delta\ell$ und der Querschnittsfläche A Ladungen der Ladungsträgerdichte n, das ist die Zahl der Ladungsträger pro Volumeneinheit, und der Einzelladung q so ist die Gesamtladung im Volumen $Q = nqA\ell$. Bewegen sich diese Ladungen mit einer Geschwindigkeit $\vec{v}$, so daß in der Zeit Δt gerade die Länge $\Delta\ell$ durchlaufen wird, so werden in der Zeit Δt alle Ladungen des oben definierten Volumens durch die Querschnittsfläche A_2 (Abb.167) treten. Also gilt für die Stromdichte $|\vec{S}|=nqA\Delta\ell|/(A\Delta t)=|nq|\vec{v}||$, wie in Gl.(V.1.4) angegeben. Da $A\ell$ das Volumen des betrachteten Leiterabschnitts ist, ist $Q = nqA\ell$ die in diesem Volumen befindliche Gesamtladung; da zudem die Richtung der Geschwindigkeit $\vec{v}$ mit der Richtung von ℓ (Leiterrichtung) übereinstimmt, gilt:

$$i\ell = Q\vec{v} \tag{V.1.5}$$

und damit nach Gl.(V.1.3) für die Kraft auf eine Ladung Q, die sich mit der Geschwindigkeit $\vec{v}$ im Magnetfeld der magnetischen Flußdiche $\vec{B}$ bewegt:

$$\vec{F} = Q(\vec{v} \times \vec{B}) \; . \tag{V.1.6}$$

V.1.2   DIE MAGNETISCHE ERREGUNG

Um eine die Ursachen des magnetischen Feldes beschreibende Größe zu erhalten, wird die magnetische Erregung (magnetische Feldstärke) definiert. Betrachtet wird eine im Verhältnis zu ihrem Durchmesser lange Spule mit w Windungen, in denen ein Strom der Stromstärke i fließt. Wie das Experiment zeigt, ist die Größe des magnetischen Feldes (etwa dargestellt durch die Kraft auf eine Magnetnadel) im Innern der Spule (von Randzonen abgesehen) homogen und nur abhängig von der Windungszahl w, der Stromstärke i in der Spule und der Länge ℓ der Spule; und zwar ist die Größe des magnetischen Feldes der Windungszahl w und der Stromstärke i direkt proportional, der Länge ℓ umgekehrt proportional.

Definiert wird der Vektor der magnetischen Erregung (magnetischen Feldstärke) $\vec{H}$ innerhalb einer langen Spule (das heißt, der Durchmesser d der Spule sei sehr viel kleiner als die Länge ℓ, damit können Streufelder an den Enden der Spulen vernachlässigt werden). Der Betrag der magnetischen Erregung ist dann:

$$|\vec{H}| = \lim_{\substack{\ell \,\to\, 0 \\ i \,\to\, 0}} \frac{w|i|}{\ell} \qquad\qquad (V.1.7)$$

mit den oben eingeführten Größen w, i und ℓ. Die Richtung der magnetischen Erregung wird senkrecht zu der Querschnittsfläche der Spule, also in Richtung der Spulenachse definiert, der Richtungssinn der magnetischen Erregung sei der Richtung des Bezugspfeils der Stromstärke in der Spule im Rechtsschraubensinn zugeordnet. Durch den Grenzübergang wird wieder eine punktförmige Meßanordnung definiert.

Die magnetische Erregung eines beliebig räumlich verteilten magnetischen Feldes wird so bestimmt, daß eine kleine, im Verhältnis zu ihrem Durchmesser lange Spule in das Feld gebracht wird. Dann wird die Orientierung der Spule im Raum und der Strom durch die Spule so lange verändert, bis das Magnetfeld im Innern der Spule gerade gleich null wird (Kompensation). Der Betrag der magnetischen Erregung in dem betrachteten Punkt ist dann gleich der oben definierten Feldstärke wi/l. Die Richtung des Feldes in dem betrachteten Punkt ist gleich der Richtung des Feldes in der Spule, der Richtungssinn des auszumessenden Feldes ist entgegengesetzt zum Richtungssinn des Feldes der Spule.

Zwischen der magnetischen Flußdichte $\vec{B}$ und der magnetischen Erregung $\vec{H}$ besteht (außer in ferromagnetischen und ferrimagnetischen Materialien) im homogenen, isotropen Material ein eindeutiger, linearer Zusammenhang:

$$\vec{B} = \mu\vec{H} = \mu_0\mu_r\vec{H} \; . \qquad\qquad (V.1.8)$$

Der Proportionalitätsfaktor μ ist die Permeabilität des Materials; μ_0, die magnetische Feldkonstante, ist die Permeabilität des leeren Raumes, $\mu_0 = 4\pi10^{-7}\mathrm{Vs/Am}$, μ_r ist die Permeabilitätszahl des betrachteten Materials.

V.2 DIE MAXWELL'SCHEN GLEICHUNGEN FÜR DAS ZEITLICH KONSTANTE MAGNETFELD

In diesem Kapitel werden durchweg zeitunabhängige Felder, also statische und stationäre Felder behandelt. Das bedeutet, daß in den Maxwell'schen Gleichungen (vgl. Kapitel II, Teil I) alle Ableitungen nach der Zeit verschwinden. Somit gilt auch weiterhin für die elektrische Feldstärke $\vec{E}$ das Grundgesetz der Elektrostatik

$$\oint_C \vec{E} \cdot d\vec{s} = 0 , \tag{V.2.1}$$

oder in Differentialform geschrieben:

$$\mathrm{rot}\vec{E} = \vec{0} , \qquad \mathrm{Rot}\vec{E} = \vec{0} , \qquad \vec{E} = -\mathrm{grad}\varphi . \tag{V..2.2}$$

Demgegenüber verschwindet die Rotation der magnetischen Erregung

$$\mathrm{rot}\vec{H} = \vec{S} \tag{V.2.3}$$

nicht, falls eine Stromdichte $\vec{S}$ zugelassen wird. Einschränkend wird von dieser Stromdichte hier vorausgesetzt, daß sie ein stationäres Strömungsfeld ist, das heißt, die Stromdichte erfüllt die Bedingung der Divergenzfreiheit im gesamten Raum:

$$\mathrm{div}\vec{S} = 0 , \qquad \mathrm{Div}\vec{S} = 0 . \tag{V.2.4}$$

Im Gegensatz zur elektrischen Feldstärke $\vec{E}$, die weiterhin durch eine skalare Potentialfunktion φ beschrieben werden kann, existiert für die magnetische Erregung $\vec{H}$ aufgrund des Zusammenhangs Gl.(V.2.3) zunächst keine eindeutige, skalare Potentialfunktion. Soll aber das magnetische Feld in Bereichen berechnet werden, in denen keine Stromdichte $\vec{S}$ auftritt, so kann in diesen Bereichen weiterhin die Definition

$$\mathrm{rot}\vec{H} = \vec{0} \quad \text{für } \vec{S} = \vec{0} \quad \text{und} \quad \vec{H} = -\mathrm{grad}\Psi \tag{V.2.5}$$

verwendet werden. Die so eingeführte skalare Potentialfunktion ist auf Grund der ersten Maxwell'schen Gleichung (Durchflutungsgesetz)

$$\oint_C \vec{H} \cdot d\vec{s} = \iint_A \vec{S} \cdot \vec{n} \, dA \tag{V.2.6}$$

aber nicht mehr eindeutig oder nicht mehr stetig, falls der Integrationsweg bei der Berechnung des Potentials aus der Umkehrung der Gl.(V.2.5)

$$\Psi(P) = -\ _C\!\!\int_{P_0}^{P} \vec{H}\cdot d\vec{s} \tag{V.2.7}$$

einen elektrischen Strom einschließt. Das Potential ist dann entweder eindeutig und unstetig oder aber vieldeutig und stetig. Beide Möglichkeiten können benutzt werden. Diese Aussage soll anhand eines Beispieles, das in Abb.168 dargestellt ist, erläutert werden. Abb.168 zeigt den Querschnitt eines unendlich langen, stromdurchflossenen Leiters mit dem Strom der Stromstärke I (zeitunabhängiger Gleichstrom), sowie zwei Integrationswege C_1 und C_2.

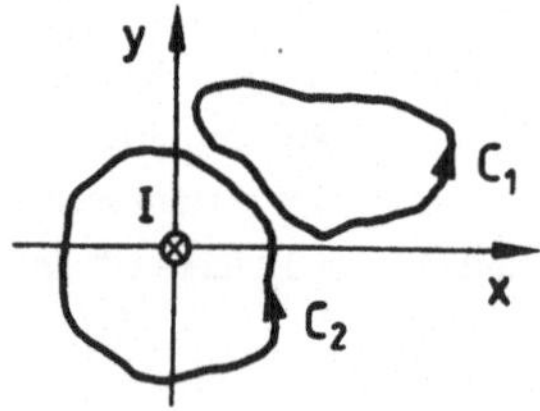

Wird das Potential nach Gl.(V.2.7) berechnet, so ergibt sich für den Integrationswege C_1 aufgrund von Gl.(V.2.6) immer eine eindeutige Potentialfunktion, da kein Strom

Abb.168: Zur Mehrdeutigkeit der Potentiale.

vom Integrationsweg eingeschlossen ist und somit das Integral der rechten Seite von Gl.(V.2.6) verschwindet. Soll das Feld also nur in dem vom Integrationsweg C_1 eingeschlossenen Bereich berechnet werden, so kann das Feld eindeutig durch die Potentialfunktion Ψ dargestellt werden.

Wird der Integrationsweg C_2 betrachtet, so ergibt das Integral der rechten Seite von Gl.(V.2.6) bei jedem vollen Umlauf um den stromführenden Leiter den Beitrag $\pm$ I, je nach Umlaufrichtung. Abb.169 zeigt die erste mögliche Defintion eines stetigen aber mehrdeutigen Potentials für diesen Fall. Das Potential Ψ erhöht seinen Wert bei mehrmaligem Umlauf um den Stromleiter jeweils um den Wert $\pm$ I. Abb.170 zeigt die zweite Möglichkeit der Definiton: Das Potential springt nach einmaligem Umlauf um den stromführenden Leiter wieder auf den Wert null, ist also auf einer Linie oder Ebene nicht mehr stetig. An einer so eingeführten Sperrfläche oder -linie springt das Potential um den Wert $\pm$ I.

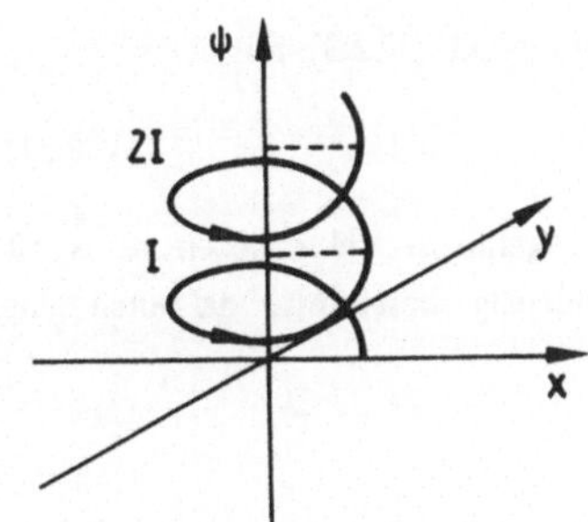

Abb.169: Stetiges aber mehr-
deutiges Potential.

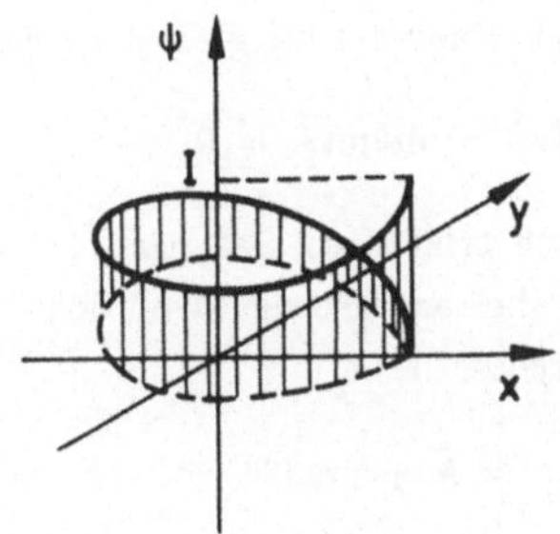

Abb.170: Eindeutiges aber un-
stetiges Potential.

Die dritte Maxwell'sche Gleichung

$$\oiint_{A} \vec{B} \cdot \vec{n} \; dA = 0 \, , \qquad \text{(V.2.8)}$$

in Differentialform geschrieben

$$\text{div} \vec{B} = 0 \, , \qquad \text{(V.2.9)}$$

gibt an, daß die magnetische Flußdichte immer ein quellenfreies Feld ist. Damit sind die Feldlinien der magnetischen Flußdichte immer geschlossene

Linien. In dieser Eigenschaft unterscheidet sich die magnetische Flußdichte z. B. grundsätzlich von der elektrostatischen Feldstärke $\vec{E}$, die immer ein Quellenfeld ist, somit in den Ladungen immer Anfangs- oder Endpunkte besitzt.

Aufgrund der Divergenzfreiheit der magnetischen Flußdichte (vgl. Gl. (V.2.9)) kann ein Vektorfeld $\vec{A}$ gefunden werden, so daß

$$\vec{B} = \mathrm{rot}\vec{A} \tag{V.2.10}$$

ist (vgl. Kapitel I.14, g, Teil I), da dann immer Gl.(V.2.9) mit

$$\mathrm{div}\vec{B} = \mathrm{div}\,\mathrm{rot}\vec{A} = 0 \tag{V.2.11}$$

identisch erfüllt ist. Das nach Gl.(V.2.10) eingeführte Vektorpotential $\vec{A}$ ist durch die angegebene Definition nicht eindeutig bestimmt, da auch das Vektorpotential

$$\vec{A}_1 = \vec{A} + \mathrm{grad}\Psi$$

mit einer beliebigen Ortsfunktion Ψ auf dieselbe Flußdichte

$$\vec{B} = \mathrm{rot}\vec{A}_1 = \mathrm{rot}\vec{A} + \mathrm{rot}\,\mathrm{grad}\Psi = \mathrm{rot}\vec{A}$$

führt. Dem Vektorpotential $\vec{A}$ wird daher eine weitere, willkürlich eingeführte Bedingung, die nicht im Widerspruch zu den Maxwell'schen Gleichungen steht, auferlegt. Es wird festgesetzt, daß das Vektorpotential $\vec{A}$ der stationären Magnetfelder quellenfrei ist:

$$\mathrm{div}\vec{A} = 0 \; . \tag{V.2.12}$$

Diese willkürliche Definition wird sich später als nützlich erweisen. Sie gilt allerdings nur für die zeitunabhängigen Felder. Gl.(V.2.12) wird auch als Coulomb-Eichung des Vektorpotentials $\vec{A}$ bezeichnet. Für Felder, die von der Zeit abhängen, wird diese Definition später verallgemeinert werden (siehe Kapitel VII.1).

Gl.(V.2.8) sagt aus, daß der Fluß der magnetischen Flußdichte durch eine geschlossene Fläche immer verschwindet. Das Flußintegral der magnetischen Flußdichte über eine offene Fläche A,

$$\Phi_m = \iint_A \vec{B}\cdot\vec{n}\ dA\ ,\qquad\qquad (V.2.13)$$

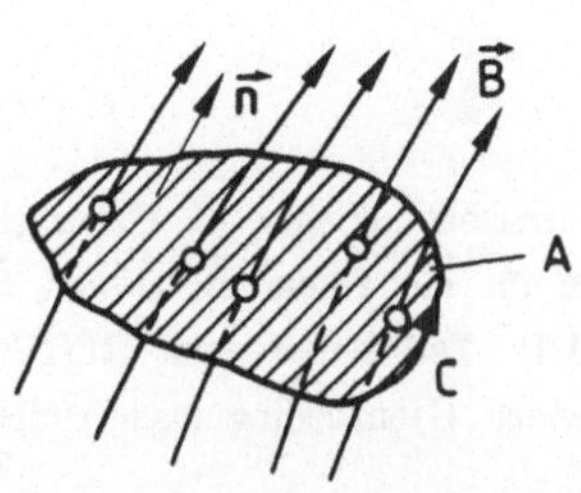

Abb.171: Fluß durch eine offene Fläche.

ist von null verschieden und wird als magnetischer Fluß Φ_m bezeichnet. Unter Verwendung der Definition Gl.(V.2.10) und des Stoke'schen Satzes läßt sich dieser Fluß aus dem Linienintegral über das Vektorpotential entlang der Randkurve C, die die Fläche A berandet, berechnen:

$$\Phi_m = \iint_A \vec{B}\cdot\vec{n}\ dA = \iint_A \text{rot}\vec{A}\cdot\vec{n}\ dA = \oint_C \vec{A}\cdot\vec{ds}\ .\qquad (V.2.14)$$

Der Umlaufsinn der Randkurve C und der Flächennormalenvektor $\vec{n}$ sind dabei im Sinne einer Rechtsschraube einander zugeordnet (Abb.171).

Zum Abschluß sollen die Maxwell'schen Gleichungen in der Form, wie sie für die zeitunabhängigen Felder gelten, noch einmal zusammengestellt werden. Für die elektrischen und magnetischen Felder gelten die Gesetze in Integralform:

$$\oint_C \vec{H}\cdot\vec{ds} = \iint_A \vec{S}\cdot\vec{n}\ dA\ ,\qquad \oiint_A \vec{B}\cdot\vec{n}\ dA = 0\ ,$$

$$\qquad\qquad\qquad\qquad\qquad\qquad\qquad\qquad (V.2.15)$$

$$\oint_C \vec{E}\cdot\vec{ds} = 0\ ,\qquad \oiint_A \vec{D}\cdot\vec{n}\ dA = \iiint_V \rho\ dV\ .$$

3*

Werden die Gleichungen in Differentialform geschrieben, so gilt:

$$\mathrm{rot}\vec{H} = \vec{S} \ , \qquad \mathrm{div}\vec{B} = 0 \ ,$$
$$\mathrm{rot}\vec{E} = \vec{0} \ , \qquad \mathrm{div}\vec{D} = \rho \ . \qquad\qquad (\mathrm{V.2.16})$$

Hinzu kommen die Materialgleichungen im homogenen, isotropen und unbewegten Medium (ausgenommen in ferromagnetischen und ferrimagnetischen Materialien, siehe Kapitel V.4):

$$\vec{D} = \epsilon_0\epsilon_r\vec{E} \ , \qquad \vec{B} = \mu_0\mu_r\vec{H} \ , \qquad \vec{S} = \kappa\vec{E} \ . \qquad (\mathrm{V.2.17})$$

Aus den Gleichungen (V.2.15) folgen die Grenzbedingungen an Grenzschichten verschiedener Medien, und zwar gelten für die Felder $\vec{E}$, $\vec{D}$ und $\vec{S}$ die Zusammenhänge nach Gl.(III.4.1), Gl.(III.4.3), Teil I und nach Gl.(IV.3.3). Die für die magnetischen Feldgrößen geltenden Grenzbedingungen sollen im folgenden Kapitel abgeleitet werden.

V.3   DIE GRENZBEDINGUNGEN DER MAGNETFELDER

Es sollen die Grenzbedingungen für die magnetische Flußdichte und die magnetische Erregung an Grenzschichten zwischen zwei Materialien mit verschiedenem magnetischem Verhalten untersucht werden.

Um das Verhalten der magnetischen Flußdichte an Grenzschichten zu bestimmen, wird eine Grenzschicht nach Abb.172 betrachtet.

Wie bei der Bestimmung des Grenzschichtverhaltens der stationären Stromdichte (vgl. Kapitel IV.3) wird wiederum eine geschlossene Integrationsfläche in Form eines Quaders in die Grenzschicht gelegt. Auf diesen Quader wird die dritte Maxwell'sche Gleichung

$$\oiint_{A}\vec{B}\cdot\vec{n} \ dA = 0$$

angewendet. Durch die Flächen A_5 und A_6 (obere und untere Deckelflächen) möge kein magnetischer Fluß treten. Die Auswertung der Gleichung verläuft entsprechend der Auswertung in Kapitel IV.3 und soll deshalb hier abgekürzt dargestellt werden:

$$(\vec{B}_1 \cdot \vec{n}_1)A_1 + (\vec{B}_2 \cdot \vec{n}_2)A_2 + (\vec{B}_1 \cdot \vec{n}_3)\frac{A_3}{2} + (\vec{B}_2 \cdot \vec{n}_3)\frac{A_3}{2} + (\vec{B}_1 \cdot \vec{n}_4)\frac{A_4}{2} + (\vec{B}_2 \cdot \vec{n}_4)\frac{A_4}{2} = 0 \ .$$

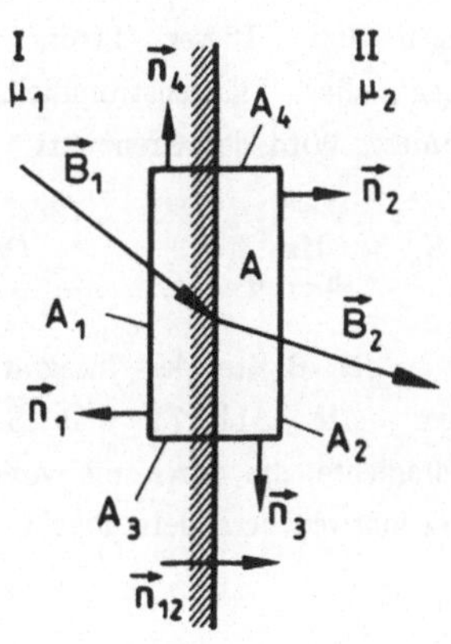

Wird der Grenzübergang "A_3, A_4 gegen null" durchgeführt, so ergibt sich sofort die Grenzbedingung für die magnetische Flußdichte:

$$(\vec{B}_1 \cdot \vec{n}_1) + (\vec{B}_2 \cdot \vec{n}_2) = 0 \ ,$$

oder:

$$\mathrm{Div}\vec{B} = \vec{n}_{12} \cdot (\vec{B}_2 - \vec{B}_1) = 0 \ .$$
$$(\mathrm{V}.3.1)$$

Abb.172: Zum Grenzschichtverhalten der magnetischen Flußdichte.

Dabei weist der Flächennormalen-Einheitsvektor $\vec{n}_{12}$ vom Gebiet I ins Gebiet II (Abb.172).

Das heißt:

Die Normalkomponente der magnetischen Flußdichte ist an Grenzflächen zweier magnetisch verschiedener Materialien immer stetig, oder: Die Flächendivergenz der magnetischen Flußdichte ist gleich null.

Diese Aussage gilt nicht nur für die zeitunabhängigen Felder, sondern sie ist allgemeingültig für jede beliebige Zeitabhängigkeit der Felder.

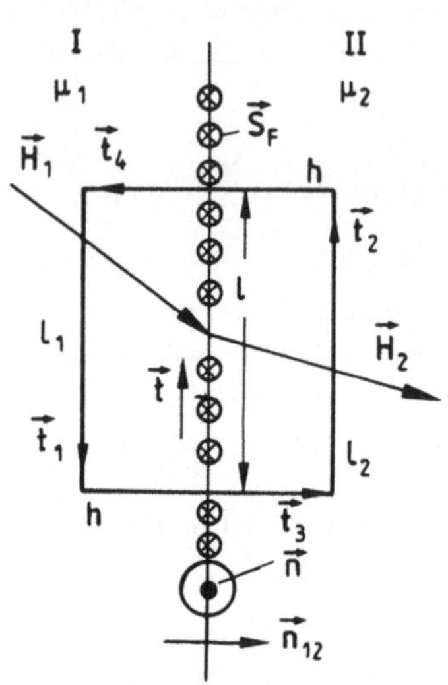

Abb.173: Zur Stetigkeit der magnetischen Erregung.

Zur Bestimmung des Grenzschichtverhaltens der magnetischen Erregung $\vec{H}$ wird eine Grenzschicht nach Abb.173 betrachtet. Es wird angenommen, daß in der Grenzschicht, die als unendlich dünn angesehen wird, ein Strom von endlicher Größe fließen kann. Dieser Strom wird durch die Flächenstromdichte $\vec{S}_F$ definiert. Wird der Grenzwert

$$\vec{S}_F = \lim_{h \to 0} h\,\vec{S} \qquad (V.3.2)$$

mit h der Breite des Integrationsweges nach Abb.173 und $\vec{S}$ der Stromdichte, die durch die vom Integrationsweg berandete Fläche tritt,

gebildet, und ist dieser Grenzwert von null verschieden, so wird er als die Flächenstromdichte in der unendlich dünnen Grenzschicht bezeichnet. Die Flächenstromdichte hat nach ihrer Definition die Einheit einer Stromstärke pro Längeneinheit. Die Flächenstromdichte beschreibt die Stromstärke pro Längeneinheit, die in der Spur der Grenzfläche auftritt. Die Stromrichtung sei die Richtung der Grenzschicht senkrecht zur Zeichenebene.

Wird die erste Maxwell'sche Gleichung auf den in Abb.173 eingezeichneten Integrationsweg angewendet, so gilt für hinreichend kleine Längen l_1, l_2, h:

$$\oint_C \vec{H} \cdot d\vec{s} = \iint_A \vec{S} \cdot \vec{n}\; dA \;,$$

$$(\vec{H}_1\cdot\vec{t}_1)l_1+(\vec{H}_2\cdot\vec{t}_2)l_2+(\vec{H}_1\cdot\vec{t}_3)\tfrac{h}{2}+(\vec{H}_2\cdot\vec{t}_3)\tfrac{h}{2}+(\vec{H}_1\cdot\vec{t}_4)\tfrac{h}{2}+(\vec{H}_2\cdot\vec{t}_4)\tfrac{h}{2} = (\vec{S}\cdot\vec{n})hl \ .$$

Dabei ist $\vec{n}$ ein Flächennormaleneinheitsvektor auf der vom Integrationsweg berandeten Fläche, der in der Grenzschicht liegt (Abb.173) und dessen Richtung dem Umlaufsinn des Integrationsweges im Rechtsschraubensinn zugeordnet ist. Wird der Grenzübergang "h gegen null" durchgeführt, so wird auch bei gekrümmter Grenzfläche $l_1 = l_2 = l$ und es folgt mit Hilfe der Definition Gl.(V.3.2):

$$(\vec{H}_1\cdot\vec{t}_1)l + (\vec{H}_2\cdot\vec{t}_2)l = (\vec{S}_F\cdot\vec{n})l \ ,$$

$$\pm|\mathrm{Rot}\vec{H}| = \vec{t}\cdot(\vec{H}_2 - \vec{H}_1) = \vec{S}_F\cdot\vec{n} \ . \qquad\qquad (V.3.3a)$$

Hierin ist $\vec{t}$ ein Tangenteneinheitsvektor in der Grenzschicht (Abb.173). Gl.(V.3.3) kann, wie durch skalare Multiplikation mit dem Flächennormaleneinheitsvektor $\vec{n}$ leicht gezeigt werden kann, auch in der Form:

$$\mathrm{Rot}\ \vec{H} = \vec{n}_{12} \times (\vec{H}_2 - \vec{H}_1) = \vec{S}_F \qquad\qquad (V.3.3b)$$

mit $\vec{n}_{12}$ dem Flächennormalenvektor nach Abb.173 geschrieben werden, da $\vec{n} \times \vec{n}_{12}$ gerade gleich $\vec{t}$ ist.

Das heißt:
Die Flächenrotation der magnetischen Erregung ist gleich der in der Grenzschicht auftretenden Flächenstromdichte $\vec{S}_F$, oder: Der Sprung der Tangentialkomponente der magnetischen Erregung ist gleich der Flächenstromdichte in der Grenzschicht.

Tritt in der Grenzschicht keine Flächenstromdichte auf, so ist die Tangentialkomponente der magnetischen Erregung stetig, die Flächenrotation der magnetischen Erregung verschwindet.

Auch die hier abgeleiteten Grenzbedingungen für die magnetische Erregung gelten für eine beliebige Zeitabhängigkeit der Felder.

Wie für die elektrischen Felder läßt sich auch für die magnetischen Felder ein Brechungsgesetz an der Grenzschicht zweier Medien ableiten. Auf demselben Weg, auf dem die Brechungsgesetze für die elektrische Feldstärke und die elektrische Erregung (Kapitel III.4, Teil I), sowie für die Stromdichte (Kapitel IV.3) berechnet wurden, ergibt sich hier, falls angenommen wird, daß in der Grenzschicht zwischen den beiden Materialien mit der Permeabilität μ_1 und μ_2 keine Flächenstromdichte auftritt:

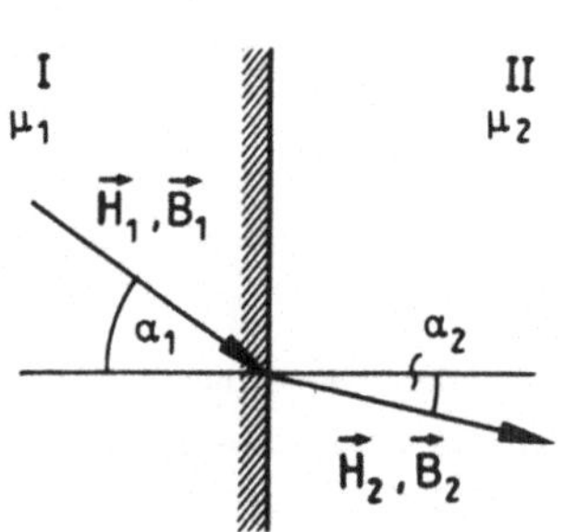

$$\frac{\tan \alpha_1}{\tan \alpha_2} = \frac{\mu_1}{\mu_2} . \qquad (V.3.4)$$

Auch hier gelten die Überlegungen für die Grenzfälle $\mu_1 \gg \mu_2$ und $\mu_1 \ll \mu_2$, wie sie entsprechend in den Kapiteln III.4, Teil I und IV.3 durchgeführt wurden. Beim Übergang von einem Stoff mit einer sehr

Abb.174: Zum Brechungsgesetz.

großen Permeabilität in einen anderen Stoff mit einer sehr kleinen Permeabilität verlassen die Feldlinien den Stoff mit der großen Permeabilität fast senkrecht zu seiner Oberfläche. In ferromagnetischen Stoffen mit $\mu_r \gg 1$, die an Luft grenzen, verläuft das Feld fast parallel zur Grenzfläche und steht im Luftbereich fast senkrecht auf der Oberfläche.

V.4   EINFACHE FELDBERECHNUNGEN

V.4.1 DAS BIOT-SAVART'SCHE GESETZ

Bereits in Kapitel V.2 wurde gezeigt, daß der magnetischen Flußdichte $\vec{B}$ aufgrund der durch die dritte Maxwell'sche Gleichung beschriebenen Divergenzfreiheit

$$\text{div}\vec{B} = 0$$

immer ein Vektorpotential $\vec{A}$ durch die Definition

$$\vec{B} = \text{rot}\vec{A}$$

zugeordnet werden kann. Dieses Potential ergibt eine eindeutige Beschreibung der stationären magnetischen Flußdichte, wenn ihm die zusätzliche Bedingung

$$\text{div}\vec{A} = 0$$

(Coulomb-Eichung) auferlegt wird. Wird der Zusammenhang Gl(V.2.17)

$$\vec{B} = \mu\vec{H}$$

mit einem für ein homogenes, isotropes Medium konstanten Wert von μ benutzt und die magnetische Erregung $\vec{H}$ durch das Vektorpotential $\vec{A}$ ausgedrückt,

$$\vec{H} = \frac{1}{\mu}\,\text{rot}\vec{A}\ ,$$

so kann mit Hilfe der ersten Maxwell'schen Gleichung

$$\text{rot}\vec{H} = \vec{S}$$

der Zusammenhang

$$\text{rot}\vec{H} = \text{rot}\,\frac{1}{\mu}\,\text{rot}\vec{A} = \frac{1}{\mu}\,\text{rotrot}\vec{A} = \vec{S}\ ,$$

$$\text{rotrot}\vec{A} = \mu\vec{S}$$

zwischen Vektorpotential und felderregender Stromdichte abgeleitet werden. Unter Anwendung der in Kapitel I.14, 1., Teil I, berechneten Vektoridentität

$$\text{rotrot}\vec{A} = \text{graddiv}\vec{A} - \Delta\vec{A}\ ,$$

sowie unter Berücksichtigung der Divergenzfreiheit des Vektorpotentials, $\text{div}\vec{A} = 0$, folgt eine Differentialgleichung zur Berechnung des Vektorpotentials aus der als bekannt angesehenen Stromdichte $\vec{S}$:

$$\Delta \vec{A} = -\mu \vec{S} , \qquad\qquad (V.4.1)$$

die formal vollkommen der Poisson'schen Differentialgleichung der Elektrostatik (Gl.(III.3.18), Teil I) entspricht. Werden die Felder $\vec{A}$ und $\vec{S}$ z.B. in einem kartesischen Koordinatensystem in ihre Komponenten

$$\vec{A} = A_x \vec{e}_x + A_y \vec{e}_y + A_z \vec{e}_z ,$$

$$\vec{S} = S_x \vec{e}_x + S_y \vec{e}_y + S_z \vec{e}_z$$

zerlegt, so gilt für die drei Komponenten der Felder jeweils eine skalare Poisson'sche Differentialgleichung:

$$\Delta A_x = -\mu S_x ,$$

$$\Delta A_y = -\mu S_y ,$$

$$\Delta A_z = -\mu S_z .$$

Die Lösungen dieser Differentialgleichungen entsprechen den Lösungen der Poisson'schen Differentialgleichung der Elektrostatik:

$$A_x = \frac{\mu}{4\pi} \iiint\limits_{V'} \frac{S_x(P')}{R_{P'P}} \, dV' ,$$

$$A_y = \frac{\mu}{4\pi} \iiint\limits_{V'} \frac{S_y(P')}{R_{P'P}} \, dV' ,$$

$$A_z = \frac{\mu}{4\pi} \iiint\limits_{V'} \frac{S_z(P')}{R_{P'P}} \, dV' .$$

Entsprechend ergibt sich auch eine Lösung der vektoriellen Differentialgleichung, die der Lösung Gl.(III.6.1), Teil I der Poisson'schen Differentialgleichung vollkommen entspricht:

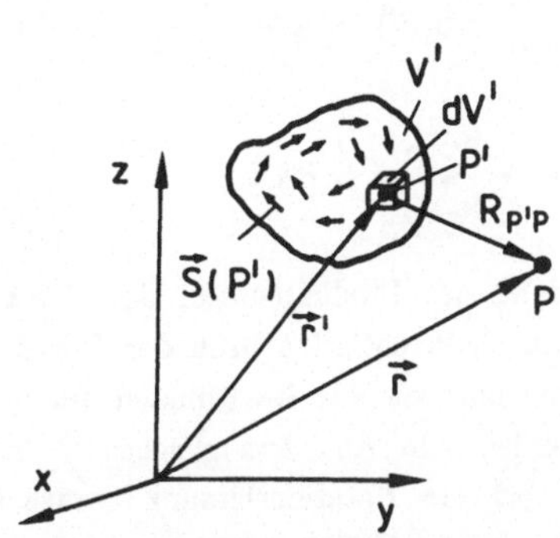

Abb.175: Zur Berechnung des Vektorpotentials.

$$\vec{A}(P) = \frac{\mu}{4\pi} \iiint\limits_{V'} \frac{\vec{S}(P')}{R_{P'P}} \, dV'. \quad (V.4.2)$$

In Gl.(V.4.2) ist P der Aufpunkt, in dem das Potential berechnet werden soll, P' der Integrationspunkt, an dem die Stromdichte auftritt. dV' ist ein Volumenelement, das den Integrationspunkt beinhaltet, V' ist das Volumen, in dem eine Stromdichte $\vec{S}$ auftritt.

$R_{P'P}$ ist der Betrag des Abstandsvektors $\vec{R}_{P'P} = \vec{r}-\vec{r}'$ zwischen Integrations- und Aufpunkt (Abb.175). Das Vektorpotential $\vec{A}$ nach Gl.(V.4.2) ist quellenfrei, falls $\vec{S}$ ein stationäres Strömungsfeld und μ ortsunabhängig ist.

Aus dem Vektorpotential $\vec{A}$ nach Gl.(V.4.2) läßt sich die magnetische Flußdichte $\vec{B}$ nach Gl.(V.2.10) durch Rotationsbildung bestimmen:

$$\vec{B}(P) = \text{rot}_P\vec{A}(P) = \frac{\mu}{4\pi} \text{rot}_P \iiint\limits_{V'} \frac{\vec{S}(P')}{R_{P'P}} \, dV' \ . \quad (V.4.3)$$

Dabei ist wieder vorausgesetzt, daß μ eine konstante Größe ist. Die Rotationsbildung wird im Aufpunkt P vorgenommen. Um dies klar herauszustellen, wurde der Index P am Rotationssymbol in Gl.(V.4.3) eingeführt.

Wird die Rotationsbildung in Gl.(V.4.3) unter dem Integral vorgenommen, so kann der Integrand umgeformt werden. Bei Anwendung der Produktenregel für den Nabla-Operator (vgl. Kapitel I.13, Teil I) folgt:

$$\text{rot}_P \frac{\vec{S}(P')}{R_{P'P}} = \nabla_P \times \frac{\vec{S}(P')}{R_{P'P}} = \left[\nabla_P \frac{1}{R_{P'P}} \right] \times \vec{S}(P') + \frac{1}{R_{P'P}} \left[\nabla_P \times \vec{S}(P') \right],$$

$$\text{rot}_P \frac{\vec{S}(P')}{R_{P'P}} = \text{grad}_P \left[\frac{1}{R_{P'P}} \right] \times \vec{S}(P') = - \frac{\vec{R}_{P'P}}{R_{P'P}^3} \times \vec{S}(P') \ .$$

Der zweite Term, der bei der Anwendung der Produktenregel des Nabla-Operators entsteht, verschwindet, weil eine Differentiation nach den Koordinaten des Aufpunktes für eine Größe, die nur von den Koordinaten des Integrationspunktes abhängt, berechnet werden soll. Aus dem gleichen Grund konnte auch das Volumenelement dV' bei der Rotationsbildung bezüglich der Koordinaten des Aufpunktes als konstante Größe aus dem Integrand ausgeklammert werden.

Damit gilt für die magnetische Flußdichte $\vec{B}(P)$:

$$\vec{B}(P) = \frac{\mu}{4\pi} \iiint\limits_{V'} \frac{\vec{S}(P') \times \vec{R}_{P'P}}{R_{P'P}^3} \, dV' \ . \tag{V.4.4}$$

Die Integration ist über das gesamte Volumen V', in dem eine Stromdichte existiert, vorzunehmen. Gl.(V.4.4) wird als das Biot-Savart'sche Gesetz (Biot-Savart, 1820) bezeichnet.

Das so errechnete Gesetz zur Bestimmung der magnetischen Flußdichte aus der Stromdichte läßt sich weiter vereinfachen, falls die Stromdichte als Quelle des Magnetfeldes in diskreten Leitern auftritt. Das Produkt

$$\vec{S}(P')dV' = \vec{S}(P')(A'\vec{n}' \cdot d\vec{s}')$$

kann zu

$$\vec{S}(P')dV' = [\vec{S}(P') \cdot A'\vec{n}'] d\vec{s}' = I \, d\vec{s}'$$

zusammengefaßt werden, da Stromdichte $\vec{S}$, Flächennormalen-Einheitsvektor $\vec{n}'$ und Linienelement $d\vec{s}'$ (Abb.176) dieselbe Richtung haben. Dabei ist

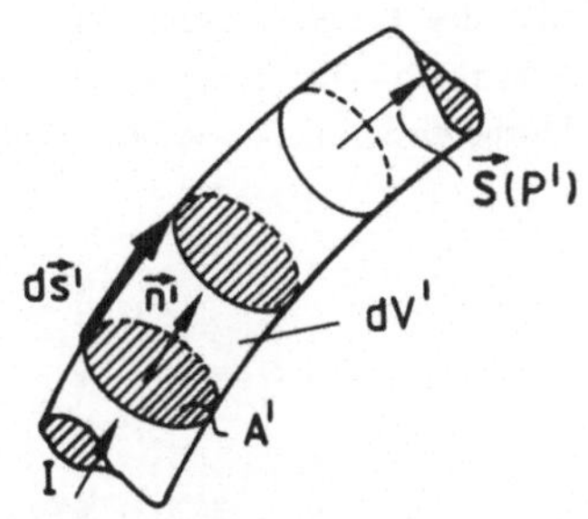

Abb.176: Strom im diskreten Leiter.

I die im Leiter fließende elektrische Stromstärke, die als gleichmäßig verteilt über dem gesamten Querschnitt A' angesehen wird. Damit gilt dann für die magnetische Flußdichte $\vec{B}$, die von einem Strom der Stromstärke I in einem diskreten Leiter hervorgerufen wird, weil die Volumenintegration über V' in ein Linenintegral übergeht:

$$\vec{B}(P) = \frac{\mu I}{4\pi} \oint_{C'} \frac{d\vec{s}' \times \vec{R}_{P'P}}{R_{P'P}^3} . \tag{V.4.5}$$

C' ist die geschlossene Kurve des Leiters, in dem der Strom der Stromstärke I fließt. $d\vec{s}'$ ist ein Linienelement in Richtung des Leiters. Das Integral (V.4.5) gibt an, daß die magnetische Flußdichte $\vec{B}$ immer senkrecht zur Richtung des Leiters und zur Richtung des Abstandsvektors $\vec{R}_{P'P}$ verläuft. Die gesamte Flußdichte setzt sich aus der Überlagerung (Superpositionsprinzip) aller Feldanteile

$$d\vec{B}(P) = \frac{\mu I}{4\pi} \frac{d\vec{s}' \times \vec{R}_{P'P}}{R_{P'P}^3} \tag{V.4.6}$$

des in kleine Stromelemente I $d\vec{s}'$ aufgeteilten Leiters zusammen.

V.4.2   BERECHNUNG EINFACHER MAGNETFELDER

1. AUFGABE

Gegeben ist ein unendlich langer, gerader Draht vom Radius ρ_0, der von einem zeitlich konstanten Strom der Stromstärke I durchflossen wird. Der

Strom sei gleichmäßig über den Querschnitt des Leiters verteilt. Man berechne das Magnetfeld innerhalb und außerhalb des Drahtes aus dem Durchflutungsgesetz. Wie lautet das Vektorpotential und wie das skalare Potential der Anordung?

<u>Lösung</u>

Die erste Maxwell'sche Gleichung,

$$\oint_C \vec{H} \cdot d\vec{s} = \iint_A \vec{S} \cdot \vec{n}\ dA \ ,$$

wird auch als Durchflutungsgesetz bezeichnet. Wie bereits in Kapitel V.4.1 diskutiert wurde, verläuft die magnetische Flußdichte, damit im isotropen Medium aber auch die magnetische Erregung $\vec{H}$, immer senkrecht zur Richtung des felderzeugenden Stroms d. h. zur Richtung des Leiters. Ferner steht der Vektor der magnetischen Erregung senkrecht auf dem Abstandsvektor zwischen Auf- und Integrationspunkt. Aufgrund der Zylindersymmetrie des gegebenen Problems sind damit die Feldlinien der magnetischen Erregung Kreise, die konzentrisch zur Zylinderachse sind.

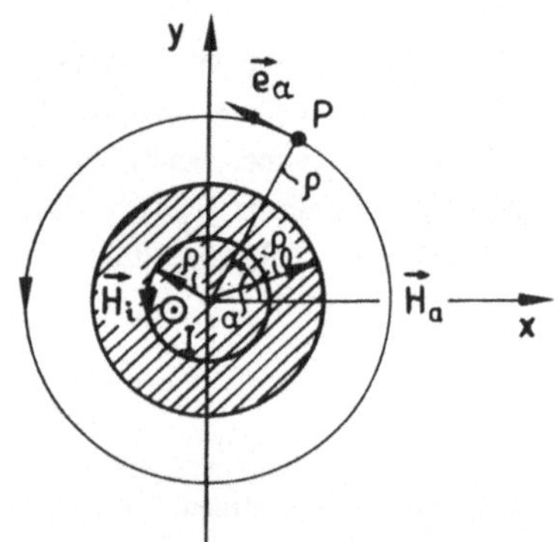

Abb. 177: Querschnitt des stromführenden Leiters.

Zunächst wird die magnetische Erregung im Innern des Leiters bestimmt. Dazu wird ein kreisförmiger Integrationsweg des Radius ρ ($\rho < \rho_0$) so gewählt, daß sein Mittelpunkt auf der Achse der zylinderischen Anord-

nung liegt. Wird nun das Durchflutungsgesetz auf diesen Integrationsweg angewendet, so gilt, da magnetische Erregung und Linienelement parallel zueinander sind ($\vec{H} = H \, \vec{e}_\alpha$) und da der Betrag der Erregung aus Symmetriegründen nur vom Radius ρ abhängt und somit auf dem Integrationsweg konstant ist:

$$\oint_C \vec{H} \cdot d\vec{s} = \oint_C H \, ds = H \oint_C ds = H 2\pi\rho = \iint_A \vec{S} \cdot \vec{n} \; dA \; .$$

Das Flächenintegral ist über die vom Integrationsweg eingeschlossene Fläche A zu erstrecken. Die Stromdichte $\vec{S} = S \vec{e}_z$ ist über dem Querschnitt
des Leiters konstant:

$$S = \frac{I}{\pi\rho_0^2} \; .$$

Die Richtung der Stromdichte $\vec{S}$ und die Richtung des Flächennormalen-
Einheitsvektor $\vec{n} = \vec{e}_z$ stimmen überein, ferner ist die Stromdichte über
dem Querschnitt des Leiters konstant, so daß gilt:

$$H 2\pi\rho = \iint_A S \; dA = S \iint_A dA = SA = \frac{I}{\pi\rho_0^2} \, \pi\rho^2 \; ,$$

$$H = \frac{I}{2\pi\rho_0^2} \, \rho \; .$$

Die Richtung der magnetischen Erregung ist die Richtung des azimutalen
Einheitsvektors $\vec{e}_\alpha$:

$$\vec{H} = \frac{I}{2\pi\rho_0^2} \, \rho \, \vec{e}_\alpha \; .$$

Die magnetische Erregung H im Innern des Leiters wächst linear mit dem
Abstand ρ von der Achse des Systems und nimmt ihren Maximalwert für
$\rho = \rho_0$ auf der Oberfläche des Leiters an.

Für die magnetische Erregung des Außenraumes ($\rho > \rho_0$) ergibt sich, falls berücksichtigt wird, daß die Integration der Stromdichte über eine Fläche, die den gesamten Leiter einschließt (Abb.177), immer die Gesamtstromstärke I ergibt:

$$\oint_C \vec{H} \cdot \vec{ds} = H\, 2\pi\rho = \iint_A \vec{S} \cdot \vec{n}\; dA = I\;,$$

$$H = \frac{I}{2\pi\rho}\;.$$

Vektoriell kann das Ergebnis in der Form

$$\vec{H} = \frac{I}{2\pi\rho}\,\vec{e}_\alpha$$

geschrieben werden. Abb.178 zeigt den Verlauf des Betrages der magnetischen Erregung über dem Achsenabstand ρ. Die Erregung ist an der Stelle $\rho = \rho_0$ in Übereinstimmung mit den Grenzbedingungen für die magnetische Erregung stetig.

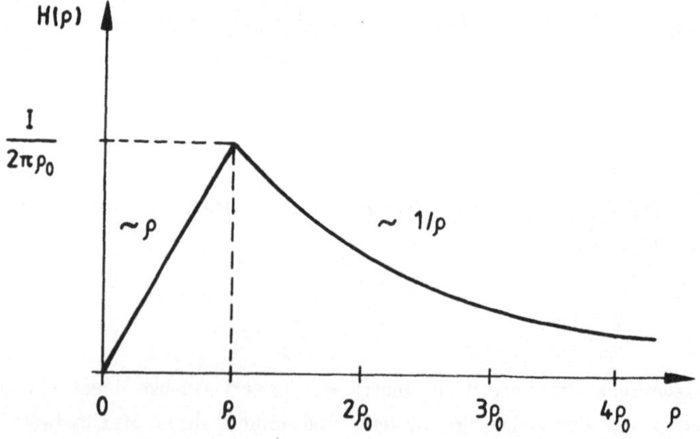

Abb.178: Verlauf des Betrages der magnetischen Erregung über ρ.

Zur Berechnung des Vektorpotentials der Anordnung wird Gl.(V.4.2) betrachtet. Wie diese Darstellung des Vektorpotentials zeigt, hat das Vektorpotential $\vec{A}$ immer die Richtung der Stromdichte $\vec{S}$, besitzt demnach hier eine Komponente in Richtung der z-Achse des zylindersymmetrischen Systems: $\vec{A} = A_z \vec{e}_z$. Da das zugehörige Magnetfeld bekannt ist, läßt sich unter Verwendung der Zylindersymmetrie (alle Felder hängen nur vom Achsenabstand ρ ab) und mit Hilfe der Gl.(I.16.23), Teil I aus

$$\vec{B} = \text{rot}\vec{A} = -\frac{dA_z}{d\rho}\,\vec{e}_\alpha$$

die einzige Komponente A_z des Vektorpotentials aus

$$-\frac{dA_z}{d\rho} = \begin{cases} \dfrac{\mu\,I}{2\pi\rho_0^2}\,\rho & \text{im Innern des Leiters} \\[3ex] \dfrac{\mu\,I}{2\pi\rho} & \text{außerhalb des Leiters} \end{cases}$$

bestimmen. Es folgt:

$$A_z = \begin{cases} -\dfrac{\mu I}{4\pi\rho_0^2}\,\rho^2 + c_1 & \text{im Innern des Leiters} \\[3ex] -\dfrac{\mu I}{2\pi}\,\ln\rho + c_2 & \text{außerhalb des Leiters.} \end{cases}$$

Wird das Potential längs der Leiteroberfläche ($\rho = \rho_0$) zu null angenommen (Bezugspotential), so können die Konstanten c_1 und c_2 bestimmt werden:

$$c_1 = \frac{\mu I}{4\pi}\,, \qquad c_2 = \frac{\mu I}{2\pi}\,\ln\rho_0\,.$$

Damit gilt für das Vektorpotential:

$$A_z = \begin{cases} \dfrac{\mu I}{4\pi}\left(1 - \dfrac{\rho^2}{\rho_0^2}\right) & \text{im Innern des Leiters} \\[2em] -\dfrac{\mu I}{2\pi}\ln\dfrac{\rho}{\rho_0} & \text{außerhalb des Leiters.} \end{cases}$$

Das skalare Potential Ψ der Anordnung ist innerhalb des Leiters nicht definiert, da dort das magnetische Feld nach

$$\operatorname{rot}\vec{H} = \vec{S}$$

nicht rotationsfrei ist. Außerhalb des Leiters ist das magnetische Feld rotationsfrei und es gilt:

$$\vec{H} = -\operatorname{grad}\Psi = \frac{I}{2\pi\rho}\,\vec{e}_\alpha\;.$$

Da das magnetische Feld nur eine Komponente in Richtung der azimutalen Koordinate α besitzt, gilt nach Gl.(I.16.21), Teil I:

$$-\operatorname{grad}\Psi = -\frac{1}{\rho}\frac{d\Psi}{d\alpha}\,\vec{e}_\alpha = H\,\vec{e}_\alpha\;,$$

$$\frac{d\Psi}{d\alpha} = -\frac{I}{2\pi}\;,$$

$$\Psi = -\frac{I}{2\pi}\,\alpha + c\;.$$

Das Potential ist also nur vom Azimutwinkel α abhängig. Die Äquipotentiallinien als Schnittlinien der Äquipotentialflächen mit einer Transversalebene sind radiale Linien (Abb.179) $\alpha = \text{const.}$. Das Potential Ψ ist, wie bereits in Kapitel V.2 diskutiert wurde, entweder nicht eindeutig oder nicht stetig. Wird das Potential auf der Ebene $\alpha = 0$ zu null gewählt, so verschwindet die Integrationskonstante und es gilt:

$$\Psi = -\frac{I}{2\pi}\,\alpha\;.$$

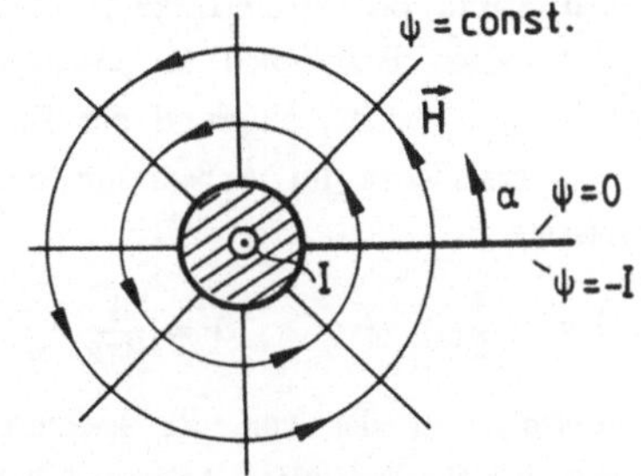

Das Potential ist eindeutig, wenn α auf die Werte $0 \leq \alpha < 2\pi$ beschränkt wird. Ohne diese Beschränkung würde für $\alpha = 2\pi$ der Wert $\Psi = -I$ folgen, das heißt für zugelassene Werte $\alpha \geq 2\pi$ ist das Potential nicht mehr eindeutig. Wird in der Ebene $\alpha = 0$ eine

Abb. 179: Feldlinien und Äquipotentiallinien des stromdurchflossenen Leiters.

Schnittebene eingeführt, die bei der Berechnung des Potentials nicht überschritten werden darf, so ist das Potential eindeutig, aber an der Stelle der Schnittebene nicht mehr stetig.

2. AUFGABE

Ein System von diskreten Leitern besteht aus n unendlich langen, geraden Drähten verschiedener Durchmesser. Die Leiter verlaufen parallel zueinander und führen jeweils den zeitlich konstanten Strom der Stromstärke I_ν ($\nu = 1,2,...,n$). Wie berechnet sich das magnetische Feld außerhalb der Leiter in einer Transversalebene dieser zylindersymmetrischen Anordnung (Abb.180)?

<u>Lösung</u>

Wie bereits in Aufgabe 1 dieses Kapitels gezeigt wurde, berechnet sich das Potential und das Magnetfeld eines unendlich langen, geraden Drahtes, der

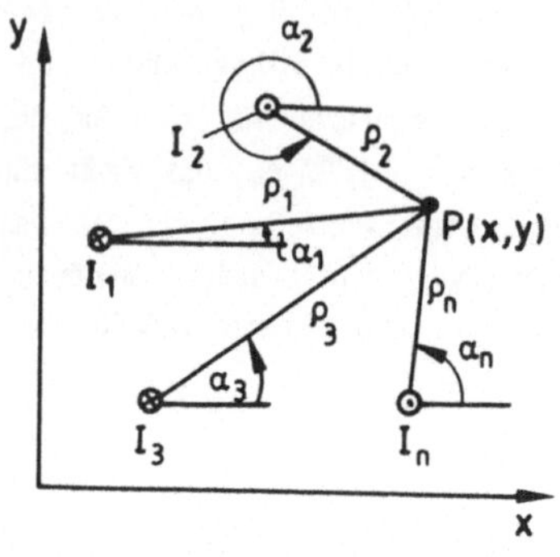

Abb.180: System von n stromführenden Leitern.

den Strom der Stromstärke I führt und dessen Bezugspfeil in positiver z-Richtung weist, aufgrund der Zylindersymmetrie im Außenraum des Leiters zu:

$$\Psi = - \frac{I}{2\pi}\,\alpha + c\,, \qquad \vec{H} = \frac{I}{2\pi\rho}\,\vec{e}_\alpha\,.$$

Hierin ist α der von der x-Achse aus positiv gezählte Azimutwinkel und ρ der Abstand des Aufpunktes, in dem das Feld berechnet wird, von der Leiterachse (Abb.180). Das

magnetische Feld hat nur eine Feldkomponente in azimutaler Richtung. Werden in der Transversalebene des zylindersymmetrischen Systems kartesische Koordinaten (Abb.180) eingeführt, so läßt sich der Vektor der magnetischen Erregung in Komponenten in Richtung dieser Koordinaten zerlegen. Es gilt in einem beliebigen Punkt außerhalb des stromführenden Leiters (Abb.181):

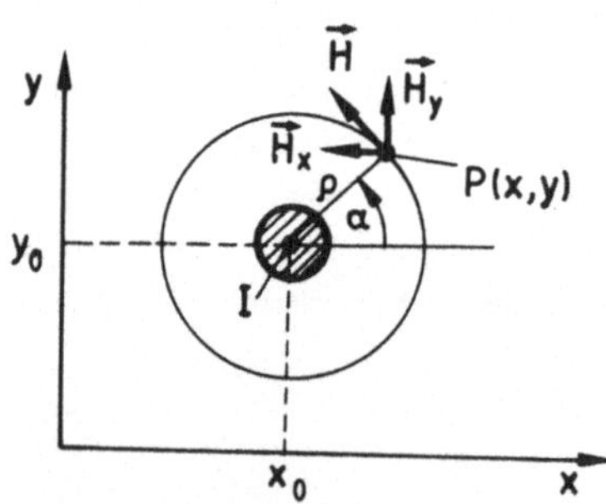

Abb.181: Zur Berechnung der Mag-
netfeld-Komponenten.

$$H_x = - \frac{I}{2\pi\rho}\,\sin\alpha\,, \qquad\qquad H_y = \frac{I}{2\pi\rho}\,\cos\alpha\,.$$

Dabei ist ρ wiederum der Abstand von der Achse des Leiters, in dem der Strom fließt. Das gesamte Feld läßt sich aus den Komponenten H_x und H_y durch

$$\vec{H} = H_x\vec{e}_x + H_y\vec{e}_y = -\frac{I}{2\pi\rho}\sin\alpha\ \vec{e}_x + \frac{I}{2\pi\rho}\cos\alpha\ \vec{e}_y$$

wieder zusammensetzen.

Sind n verschiedene, unendlich lange, gerade und parallele Leiter gegeben (Abb.180), so kann das gesamte auftretende Feld im beliebigen Aufpunkt P(x,y) aufgrund der Linearität der Maxwell'schen Gleichungen und der hieraus abgeleiteten Potentialgleichungen sofort durch Überlagerung der Einzelfelder bestimmt werden. Dies gilt auch für den Fall, daß die Leiter endliche Querschnittsabmessungen haben, wenn die Permeabilitätszahl der Leiter $\mu_r = 1$ ist (was für übliche Leitermaterialien erfüllt ist, z. B. Au, Ag, Cu). In diesem Fall beeinflussen die Leiter das Magnetfeld nicht und das einfache Überlagerungsprinzip kann angewendet werden.

Wird die skalare Potentialfunktion der Anordnung nach Abb.180 berechnet, so folgt durch Überlagerung der Einzelpotentiale der einzelnen Leiter:

$$\Psi = \sum_{\nu=1}^{N} \Psi_\nu = -\sum_{\nu=1}^{N} \frac{\pm I_\nu}{2\pi}\,\alpha_\nu + C\ .$$

Die Stromstärken sind dabei je nach Richtung ihrer Bezugspfeile positiv oder negativ zu zählen. Weist der Bezugspfeil in Richtung der z–Achse, so gilt das positive Vorzeichen innerhalb der Summe, weist er in entgegengesetzter Richtung zur Richtung der z–Achse, so muß das negative Vorzeichen gewählt werden. Die Überlagerung der Potentiale zu einem Gesamtpotential entspricht genau den Berechnungen bei der Ableitung des Überlagerungsprinzips in der Elektrostatik (vgl. Kapitel III.6, Teil I).

Sollen die magnetischen Erregungen der einzelnen Leiter überlagert werden, so muß aufgrund des Vektorcharakters der Erregung eine Vektoraddition vorgenommen werden. Das heißt, es werden die Komponenten in z. B. x- und y-Richtung überlagert und hieraus wird wieder das gesamte Feld zusammengesetzt:

$$H_x = - \sum_{\nu=1}^{n} \frac{\pm I_\nu}{2\pi\rho_\nu} \sin\alpha_\nu \, , \qquad H_y = \sum_{\nu=1}^{n} \frac{\pm I_\nu}{2\pi\rho_\nu} \cos\alpha_\nu \, .$$

Die gesamte magnetische Erregung ergibt sich zu:

$$\vec{H} = \frac{1}{2\pi} \left\{ -\vec{e}_x \sum_{\nu=1}^{n} \frac{\pm I_\nu}{\rho_\nu} \sin\alpha_\nu + \vec{e}_y \sum_{\nu=1}^{n} \frac{\pm I_\nu}{\rho_\nu} \cos\alpha_\nu \right\} .$$

Auch hier müssen die Stromstärken nach Einführen eines Bezugspfeilsystems je nach ihrer Richtung positiv oder negativ gezählt werden. Für die Größen α_ν und ρ_ν gilt die Definition nach Abb.180.

3. AUFGABE

Gegeben ist ein unendlich langer, gerader koaxialer Leiter mit einem Innenleiter des Durchmessers $2\rho_i$ und einem Außenleiter, der den Innendurchmesser $2\rho_a$ besitzt. Die Wandstärke des Außenleiters sei d (Abb.182). Wie groß ist das magnetische Feld in Abhängigkeit vom Achsenabstand ρ innerhalb und außerhalb des Leiters, wenn im Innenleiter der zeitlich konstante Strom der Stromstärke I und im Außenleiter der Rückstrom (-I) fließt?

Lösung

Es werden insgesamt vier verschiedene Raumbereiche unterschieden, in denen die magnetische Erregung jeweils einen anderen Verlauf in Abhängigkeit vom Achsenabstand ρ annimmt. Zur Berechnung der magnetischen Erregung wird in dem jeweils betrachteten Raumbereich ein zur Zylinderachse konzentrischer, kreisförmiger Integrationsweg vom Radius ρ betrachtet und das Durchflutungsgesetz auf ihn angewendet (vgl. Aufgabe 1 dieses Kapitels).

Dann gilt mit $\vec{H} = H\vec{e}_\alpha$ und $\vec{S} = S\vec{e}_z$:

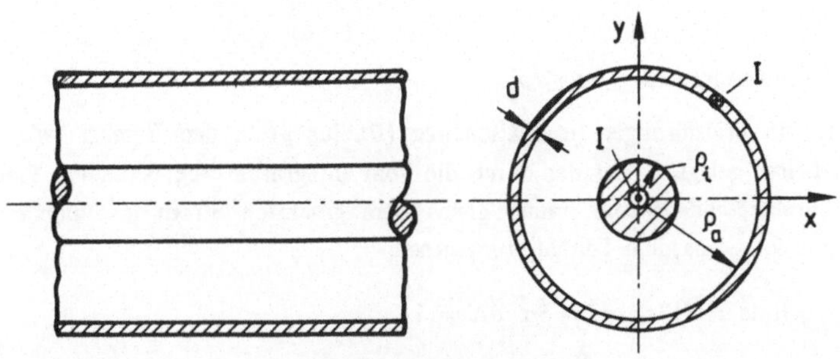

Abb.182: Koaxialer Leiter.

1. Raumbereich: $0 \le \rho \le \rho_i$:

$$\oint_C \vec{H} \cdot d\vec{s} = H2\pi\rho = \iint_A \vec{S} \cdot \vec{n} \ dA = S\pi\rho^2 \ .$$

Die Stromdichte im Innenleiter sei über dem gesamten Leiterquerschnitt konstant, die Richtung des Bezugspfeils der Stromstärke im Innenleiter sei der Umlaufrichtung des Weges C im Rechtsschraubensinn zugeordnet:

$$S = \frac{I}{\pi\rho_i^2} \ .$$

Dann gilt für die magnetische Erregung:

$$H2\pi\rho = \frac{I}{\pi\rho_i^2}\,\pi\rho^2\,, \qquad H = \frac{I}{2\pi\rho_i^2}\,\rho\,, \qquad \vec{H} = \frac{I}{2\pi\rho_i^2}\,\rho\vec{e}_\alpha\,.$$

Das Feld hat rein azimutale Richtung und wächst in seinem Absolutbetrag linear mit dem Achsenabstand ρ.

2. Raumbereich: $\rho_i \leq \rho \leq \rho_a$:

Wird ein kreisförmiger Integrationsweg (Radius ρ) in den Bereich zwischen die Leiter gelegt, so ist der durch die vom Integrationsweg berandete Fläche hindurchtretende Strom immer gleich dem gesamten Strom im Innenleiter. Damit folgt aus dem Durchflutungsgesetz:

$$\oint_C \vec{H}\cdot d\vec{s} = H2\pi\rho = \iint_A \vec{S}\cdot\vec{n}\;dA = I\,,$$

$$H = \frac{I}{2\pi\rho}\,.$$

Das Feld hat ebenfalls rein azimutale Richtung. Sein Absolutbetrag nimmt umgekehrt proportional zum Achsenabstand ρ ab.

3. Raumbereich: $\rho_a \leq \rho \leq \rho_a + d$:

Wird ein kreisförmiger Integrationsweg vom Radius ρ in dieses Raumgebiet gelegt, so tritt durch die Integrationsfläche erstens der gesamte Strom der Stromstärke I des Innenleiters, zusätzlich aber auch ein Teil des Stromes des Außenleiters. Die Richtung des Stromes im Außenleiter ist entgegengesetzt zur Richtung des Stromes im Innenleiter, so daß dieser Strom negativ zu zählen ist, wenn die Umlaufrichtung des Integrationswegs beibehalten wird (Abb.183). Die Stromdichte im Außenleiter sei konstant über dem Querschnitt des Außenleiters; sie berechnet sich mit $\vec{S} = S\vec{e}_z$ zu:

$$S = \frac{-I}{\pi[(\rho_a+d)^2 - \rho_a^2]} = \frac{-I}{\pi[2\rho_a d + d^2]} \; .$$

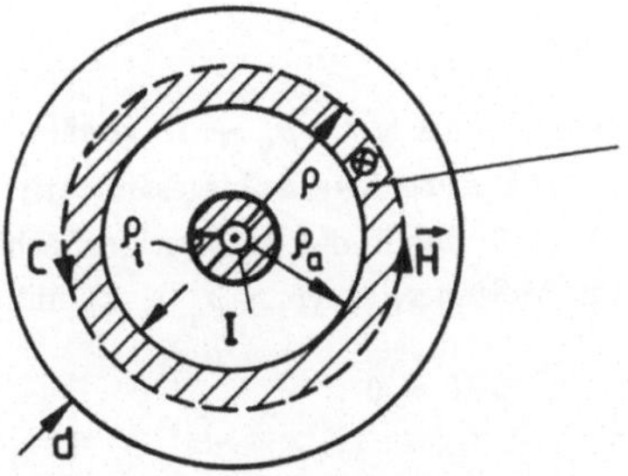

$$\frac{I}{\pi(2\rho_a d + d^2)} \; \pi(\rho^2 - \rho_a^2)$$

Abb.183: Zur Berechnung des Feldes im Bereich $\rho_a \leq \rho \leq \rho_a + d$.

Wird das Durchflutungsgesetz auf den in Abb.183 dargestellten Integrationsweg angewendet, so folgt:

$$H\, 2\pi\rho = I - \frac{I}{\pi[2\rho_a d + d^2]} \; \pi(\rho^2 - \rho_a^2) \; .$$

Dabei ist der erste Term (die Stromstärke I) auf der rechten Seite der
Gleichung die Stromstärke des Innenleiters. Der zweite Term beschreibt den
Anteil des Rückstromes des Außenleiters, der durch das schraffierte Gebiet
(Abb.183) der Integrationsfläche tritt. Die magnetische Erregung hat also
die Komponente

$$H = \frac{I}{2\pi\rho} - \frac{I}{2\pi[2\rho_a d + d^2]} \; \frac{\rho^2 - \rho_a^2}{\rho} = \frac{I}{2\pi\rho} \; \frac{(\rho_a + d)^2 - \rho^2}{2\rho_a d + d^2}$$

in azimutaler Richtung.

Der Betrag des Feldes nimmt im Bereich $\rho_a \leq \rho \leq \rho_a + d$ aufgrund des Rückstromes im Außenleiter stärker ab als im Bereich zwischen den Leitern. An der Stelle $\rho = \rho_a + d$, auf der Außenberandung des Leiters, ist $H = 0$.

4. Raumbereich: $\rho > \rho_a + d$:

Wird ein Integrationsweg mit dem Radius $\rho > \rho_a + d$ gewählt, so umschließt er die Ströme des Innen- und Außenleiters. Insgesamt tritt also die Gesamtstromstärke $I_{ges} = I - I = 0$ durch die Integrationsfläche. Damit wird die magnetische Erregung im Außenbereich ($\rho > \rho_a + d$) null.

$$2\pi\rho H = I - I = 0 , \qquad\qquad H = 0 .$$

In Abb.184 ist der Verlauf der Komponente H der magnetischen Erregung $\vec{H} = H\vec{e}_\alpha$ in Abhängigkeit vom Achsenabstand ρ skizziert. Die Erregung ist im gesamten betrachteten Bereich stetig.

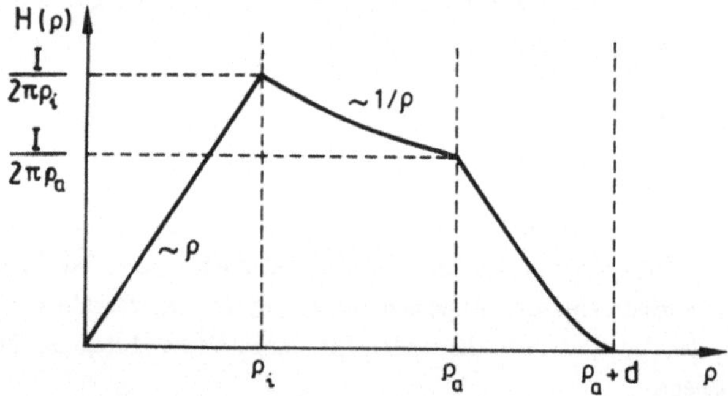

Abb.184: Qualitativer Verlauf des Betrages der magnetischen Erregung im koaxialen Leiter.

4. AUFGABE

Ein zylindrischer Leiter mit dem Radius ρ_a besitzt einen zylinderförmigen Hohlraum vom Radius ρ_i. Die Achsen des zylindrischen Leiters und des Hohlraums verlaufen parallel in einem Abstand d voneinander. Es sei $d + \rho_i < \rho_a$ (Abb.185). Im metallischen Leiter fließt gleichmäßig über den gesamten Querschnitt verteilt ein zeitlich konstanter Strom der Stromstärke I parallel zur Achse des Systems. Wie groß ist das magnetische Feld in der zylindrischen Bohrung und im metallischen Bereich? Zur Berechnung verwende man das Überlagerungsprinzip (vgl. Aufgabe 2 dieses Kapitels).

<u>Lösung</u>

Die Stromdichte im metallischen Leiter sei über dem gesamten Querschnitt des Leiters konstant und habe die z-Richtung $\vec{S} = S\vec{e}_z$ parallel zur Achse des Leiters. Im Hohlraumbereich ist die Stromdichte null. Die Stromdichte im metallischen Bereich berechnet sich aus der Stromstärke I und der Querschnittsfläche A zu:

$$S = \frac{I}{A} = \frac{I}{\pi(\rho_a^2 - \rho_i^2)} \; .$$

Zur Berechnung des Magnetfeldes kann angenommen werden, daß diese Stromdichte über dem gesamten Bereich $0 \leq \rho \leq \rho_a$ gleichmäßig verteilt ist und daß der stromlose Bereich der Bohrung dadurch zustande kommt, daß hier eine zusätzliche Stromdichte gleichen Betrages aber entgegengesetzter Richtung fließt. Die Überlagerung beider Ströme gibt die Stromverhältnisse der Problemstellung richtig wieder. Entsprechend kann auch das Magnetfeld aus der Überlagerung der Magnetfelder beider Ströme berechnet werden.

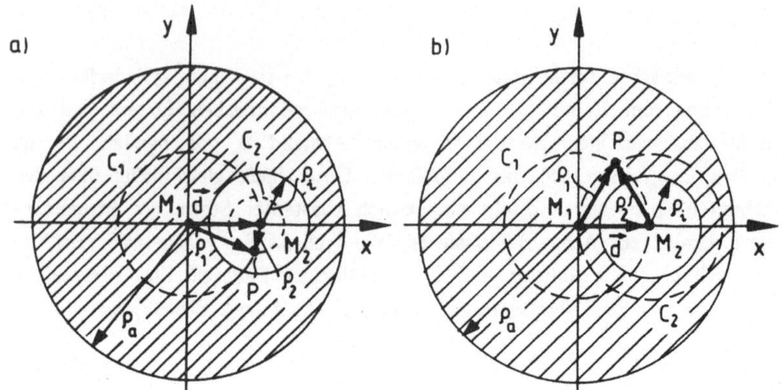

Abb.185:   Zylindrischer Leiter mit zylindrischer Bohrung.
        a)   Berechnung des Feldes innerhalb der Bohrung,
        b)   Zur Berechnung des Feldes im Leiter.

Zur Berechnung des Feldes in der Bohrung wird ein Aufpunkt innerhalb der Bohrung betrachtet. Durch den Aufpunkt werden zwei kreisförmige Integrationswege mit den Mittelpunkten M_1 und M_2 in den Zylinderachsen (Abb.185a) gelegt. Das magnetische Feld $\vec{H}_1 = H_1\vec{e}_\alpha$, das vom Strom im vollen Leiter erzeugt wird, berechnet sich dann mit Hilfe des Durchflutungsgesetzes zu:

$$H_1 2\pi\rho_1 = S\pi\rho_1^2 \; ,$$

$$H_1 = \frac{S}{2}\,\rho_1 \; .$$

Ebenso ergibt sich für das Magnetfeld $\vec{H}_2 = H_2\vec{e}_\alpha$ des Stromes, der im Bereich der Bohrung die Stromdichte zu null kompensiert:

$$H_2 2\pi\rho_2 = -\,S\pi\rho_2^2 \; ,$$

$$H_2 = -\,\frac{S}{2}\,\rho_2 \; .$$

Im zweiten Feld muß ein Minuszeichen eingeführt werden, da die Stromdichte entgegengesetzt zur Originalstromdichte gerichtet ist.

Um die Felder überlagern zu können, müssen die Richtungen berücksichtigt werden. Nach Kapitel V.4.1 steht die magnetische Erregung immer senkrecht auf der felderzeugenden Stromdichte und dem Abstandsvektor, also gilt, da Stromdichtevektor $\vec{S}$ und die Ortsvektoren $\vec{\rho}_1$, $\vec{\rho}_2$ ebenfalls senkrecht aufeinander stehen:

$$\vec{H}_1 = \frac{\vec{S} \times \vec{\rho}_1}{2} , \qquad \vec{H}_2 = - \frac{\vec{S} \times \vec{\rho}_2}{2} .$$

Werden die Felder überlagert, so gilt für das Feld in der Bohrung:

$$\vec{H} = \vec{H}_1 + \vec{H}_2 = \tfrac{1}{2} \vec{S} \times (\vec{\rho}_1 - \vec{\rho}_2) .$$

Nach Abb.185 ist die Differenz $\vec{\rho}_1 - \vec{\rho}_2$ gerade gleich dem Abstandsvektor $\vec{d}$ zwischen den Achsen des Systems:

$$\vec{H} = \tfrac{1}{2} \vec{S} \times \vec{d} .$$

Das Feld in der Bohrung ist also homogen und besitzt die y-Richtung nach Abb.185, es errechnet sich aus:

$$H = \frac{I \, d}{2\pi(\rho_a^2 - \rho_i^2)} , \qquad \vec{H} = \frac{I \, d}{2\pi(\rho_a^2 - \rho_i^2)} \vec{e}_y .$$

Zur Berechnung des Feldes im Metall werden wiederum die Felder der zwei Ströme überlagert, (Abb.185b). Für einen Punkt im Metall ergibt sich für die Felder

$$H_1 2\pi\rho_1 = S\pi\rho_1^2 , \qquad H_2 2\pi\rho_2 = - S\pi\rho_i^2 ,$$

$$H_1 = \frac{S}{2} \rho_1 , \qquad H_2 = - \frac{S\rho_i^2}{2\rho_2} .$$

Dabei folgt der Wert der magnetischen Erregung H_2 aus der Überlegung, daß der kompensierende Strom nur in der Bohrung auftritt. Die Felder können wieder vektoriell geschrieben werden:

$$\vec{H}_1 = \frac{\vec{S} \times \vec{\rho}_1}{2} , \qquad \vec{H}_2 = - \frac{\rho_i^2}{2\rho_2^2} (\vec{S} \times \vec{\rho}_2) .$$

Damit ergibt sich für das Gesamtfeld im Metall:

$$\vec{H} = \vec{H}_1 + \vec{H}_2 = \frac{1}{2} \left[\vec{S} \times (\vec{\rho}_1 - \frac{\rho_i^2}{\rho_2^2} \vec{\rho}_2) \right] .$$

In Abb.186 ist der Verlauf des Feldes $H(x)$ ($\vec{H} = H(x)\vec{e}_y$) längs der x-Achse aufgetragen. Er kann leicht bestimmt werden, falls auf der x-Achse die Größen

$$\vec{\rho}_1 = x\vec{e}_x, \quad \vec{\rho}_2 = (x-d)\vec{e}_x$$

eingesetzt werden.

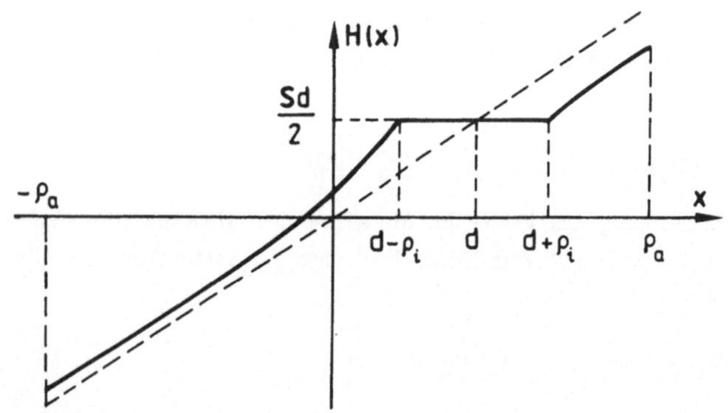

Abb.186: Qualitativer Verlauf des Betrags der magnetischen Erregung entlang der x-Achse.

5. AUFGABE

Gegeben ist eine kreisförmige Leiterschleife mit dem Radius ρ_0 aus einem dünnen Draht (Linienleiter) in einem homogenen, isotropen Medium mit der Permeabilität μ. Im Leiter fließt der zeitlich konstante Strom der Stromstärke I. Mit Hilfe des Biot-Savart'schen Gesetzes bestimme man das magnetische Feld auf der Achse dieser Anordnung:

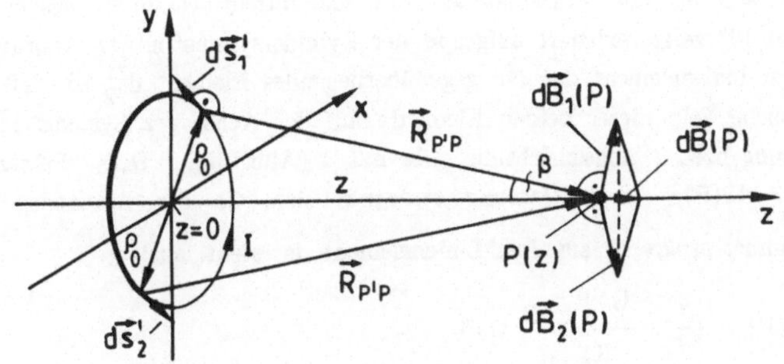

Abb.187: Zur Berechnung des Magnetfeldes einer kreisförmigen Leiterschleife.

<u>Lösung</u>

Nach dem im Kapitel V.4.1 abgeleiteten Biot-Savart'schen Gesetz steht die magnetische Flußdichte immer senkrecht auf der felderzeugenden Stromdichte und dem Abstandsvektor zwischen Auf- und Integrationspunkt (vgl. Gl.(V.4.4)). Für einen Strom der Stromstärke I in einem Linienleiter gilt (Gl.(V.4.5))

$$\vec{B}(P) = \frac{\mu I}{4\pi} \oint_{C'} \frac{d\vec{s}' \times \vec{R}_{P'P}}{R_{P'P}^3} .$$

Wie bereits in Kapitel V.4.1 diskutiert wurde, setzt sich die magnetische Flußdichte aus der Überlagerung der Feldanteile (Gl.(V.4.6))

$$d\vec{B}(P) = \frac{\mu I}{4\pi} \frac{d\vec{s}' \times \vec{R}_{P'P}}{R_{P'P}^3}$$

der einzelnen Linienelemente $d\vec{s}'$ des diskreten Leiters, in denen der Strom der Stromstärke I fließt, zusammen. Da die Feldanteile Vektoren sind, muß die Überlagerung der Einzelanteile zum Gesamtfeld vektoriell geschehen. Wie Abb.187 zeigt, existiert aufgrund der Zylindersymmetrie der Anordnung zu jedem Linienelement $d\vec{s}'_1$ ein gegenüberliegendes Element $d\vec{s}'_2$ so, daß das magnetische Feld dieser beiden Elemente auf der Achse des Systems genau z-Richtung bzw. Achsenrichtung besitzt (Abb.187). Der Feldanteil $d\vec{B}(P) = dB(P)\vec{e}_z$ in z-Richtung errechnet sich, da der Abstandsvektor $\vec{R}_{P'P}$ immer senkrecht auf dem Linienelement $d\vec{s}'$ steht, aus:

$$dB(P) = \frac{\mu I}{4\pi} 2 \frac{ds' R_{P'P}}{R_{P'P}^3} \sin\beta \; ,$$

$$dB(P) = \frac{\mu I}{2\pi} \frac{ds'}{R_{P'P}^2} \frac{\rho_0}{R_{P'P}} \; .$$

Werden alle Feldanteile der einzelnen Linienelemente überlagert, so muß über den gesamten Linienleiter integriert werden. Da bei der Berechnung der Feldanteile $d\vec{B}(P)$ bereits zwei gegenüberliegende Linienelemente berücksichtigt wurden, braucht nur noch über einen Halbkreis integriert zu werden. Wird ein Linienelement auf dem kreisförmigen Leiter als

$$ds' = \rho_0 d\alpha$$

mit α dem Azimutwinkel in der x-y-Ebene eingeführt, so gilt:

$$B(P) = \frac{\mu I}{2\pi} \int_0^\pi \frac{\rho_0^2 \, d\alpha}{R_{P'P}^3} = \frac{\mu I}{2\pi} \frac{\rho_0^2}{R_{P'P}^3} \pi \; .$$

Alle Größen unter dem Integral sind unabhängig von α. Der Abstand $R_{P'P}$ läßt sich durch den bekannten Radius ρ_0 und den Abstand z des Aufpunktes von der Leiterschleife ausdrücken:

$$B(P) = B(z) = \frac{\mu I}{2} \frac{\rho_0^2}{(\rho_0^2 + z^2)^{3/2}} \, ,$$

$$\vec{B}(z) = \frac{\mu I \rho_0^2}{2(\rho_0^2 + z^2)^{3/2}} \, \vec{e}_z \, , \qquad \vec{H}(z) = \frac{I \rho_0^2}{2(\rho_0^2 + z^2)^{3/2}} \, \vec{e}_z \, .$$

Die Berechnung des Feldes kann auch auf einer mehr formalen Basis wie folgt durchgeführt werden:

In der Beziehung

$$d\vec{B}(P) = \frac{\mu I}{4\pi} \frac{d\vec{s}' \times \vec{R}_{P'P}}{R_{P'P}^3}$$

gilt für die einzelnen Größen:

Der Integrationspunkt P' liegt auf der Leiterschleife

$$\vec{r}' = \rho_0 \vec{e}_\rho \, ,$$

mit $\vec{e}_\rho$ einem Einheitsvektor in der x-y-Ebene (Abb.187) in radialer Richtung. Der Aufpunkt P liegt auf der z-Achse

$$\vec{r} = z\vec{e}_z \, .$$

Damit gilt für den Abstandsvektor $\vec{R}_{P'P}$

$$\vec{R}_{P'P} = \vec{r} - \vec{r}' = z\vec{e}_z - \rho_0\vec{e}_\rho \, , \qquad R_{P'P} = \sqrt{\rho_0^2 + z^2} \, .$$

Ein Wegelement $d\vec{s}'$ in der Leiterschleife ist (vgl. Kapitel I.6, Teil I):

$$d\vec{s}' = \frac{d\vec{r}'}{d\alpha} = \rho_0 \, d\alpha \, \vec{e}_\alpha \, .$$

Damit gilt:

$$\vec{ds}' \times \vec{R}_{P'P} = \rho_0 \, d\alpha \, \vec{e}_\alpha \times (z\vec{e}_z - \rho_0\vec{e}_\rho) = (\rho_0 z\vec{e}_\rho + \rho_0^2\vec{e}_z)d\alpha$$

und somit für $\vec{B}(P)$

$$\vec{B}(P') = \frac{\mu I}{4\pi} \int_0^{2\pi} \frac{(\rho_0 z\vec{e}_\rho + \rho_0^2\vec{e}_z)}{\sqrt{\rho_0^2 + z^2}^{\,3}} \, d\alpha$$

$$\vec{B}(P') = \frac{\mu I}{4\pi} \frac{\rho_0^2}{\sqrt{\rho_0^2 + z^2}^{\,3}} 2\pi\vec{e}_z = \frac{\mu I}{2} \frac{\rho_0^2}{\sqrt{\rho_0^2 + z^2}^{\,3}} \vec{e}_z$$

Das Integral über den ersten Term verschwindet immer. Abb.188 zeigt qualitativ den Verlauf des Betrages der magnetischen Flußdichte über der Koordinate z.

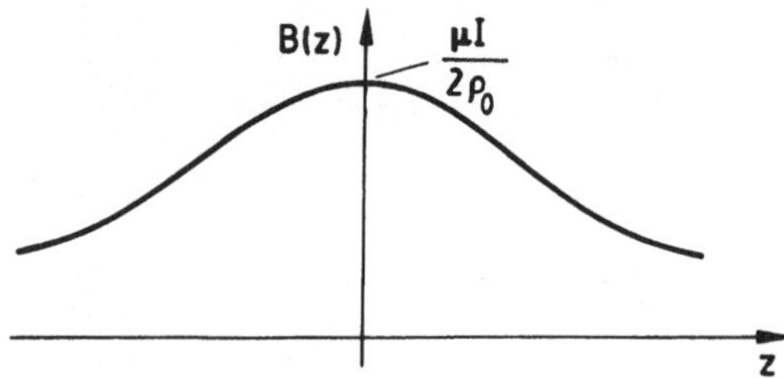

Abb.188: Qualitativer Verlauf des Betrags der Flußdichte als Funktion von z.

6. AUFGABE

Eine dünne Scheibe aus leitendem Material ist gleichmäßig auf die Ladung Q aufgeladen. Sie befindet sich in einem homogenen, isotropen Medium der Permeabilität μ. Der Radius der Scheibe sei r_0. Die Scheibe dreht sich mit einer konstanten Winkelgeschwindigkeit ω um die Achse senkrecht zur Oberfläche der Scheibe. Wie groß ist das magnetische Feld in der Achse der Anordnung?

<u>Lösung</u>

Auf der Scheibe befindet sich die konstante Flächenladungsdichte

$$\sigma = \frac{Q}{\pi r_0^2} \ .$$

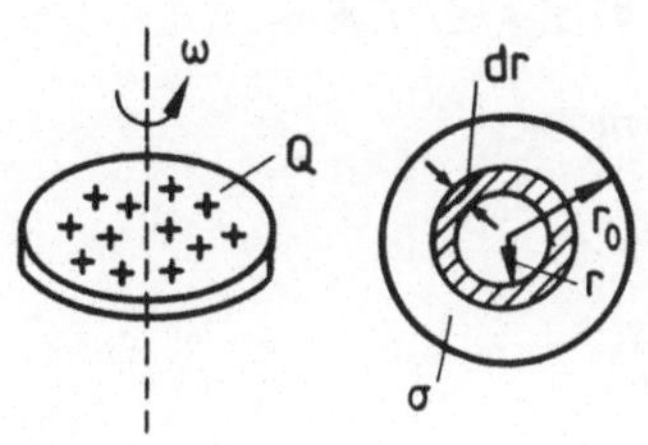

Abb.189: Geladene Scheibe.

Durch die Drehbewegung der geladenen Scheibe tritt ein Strom auf, der ein Magnetfeld erzeugt. Es wird ein schmaler, konzentrischer Kreisring vom Radius r auf der Scheibenoberfläche betrachtet. Die in diesem Kreisring vorhandene Ladung berechnet sich aus der Flächenladungsdichte zu:

$$dQ = \sigma \, 2\pi r dr = \frac{Q}{\pi r_0^2} \, 2\pi r dr \ .$$

Dreht sich der Kreisring mit der Winkelgeschwindigkeit ω um die Achse der Scheibe, so wird ein Kreisstrom der Stromstärke

$$dI = dQ \, \frac{\omega}{2\pi} = \frac{Q}{\pi r_0^2} \, \omega \, \frac{2\pi r dr}{2\pi} = \frac{Q\omega}{\pi r_0^2} \, rdr$$

gebildet. Nach den Berechnungen der Aufgabe 5 dieses Kapitels erzeugt dieser Kreisstrom auf der Achse des Systems den Beitrag zur magnetischen Flußdichte in Richtung der Systemachse

4*

$$dB = \frac{\mu\, dI\, r^2}{2(r^2 + z^2)^{3/2}} = \frac{\mu Q\omega}{2\pi r_0^2}\,\frac{r^3 dr}{(r^2 + z^2)^{3/2}}\ .$$

Soll das gesamte Feld auf der Achse der Scheibe berechnet werden, so sind die Beiträge aller kreisringförmigen Ströme in der Scheibenfläche zu berücksichtigen, das heißt, es muß das Integral

$$B = \int_0^{r_0} \frac{\mu Q\omega}{2\pi r_0^2}\,\frac{r^3 dr}{(r^2 + z^2)^{3/2}} = \frac{\mu Q\omega}{2\pi r_0^2}\int_0^{r_0}\frac{r^3 dr}{(r^2 + z^2)^{3/2}}$$

berechnet werden. Mit Hilfe der Substitution

$$r^2 + z^2 = t\ , \qquad 2r\, dr = dt\ , \qquad z^2 \le t \le z^2 + r_0^2$$

kann das Integral relativ einfach gelöst werden:

$$B = \frac{\mu Q\omega}{2\pi r_0^2}\,\frac{1}{2}\int_{z^2}^{z^2+r_0^2}\frac{t - z^2}{t^{3/2}}\, dt\ ,$$

$$B = \frac{\mu Q\omega}{4\pi r_0^2}\left[\, 2\sqrt{t} + \frac{2z^2}{\sqrt{t}}\,\right]_{z^2}^{z^2+r_0^2}\ .$$

Damit ergibt sich für die magnetische Flußdichte auf der Achse senkrecht zur Scheibe:

$$B = \frac{\mu Q\omega}{2\pi r_0^2}\,\frac{t + z^2}{\sqrt{t}}\,\Bigg|_{z^2}^{z^2+r_0^2}\ ,$$

$$B = \frac{\mu Q\omega}{2\pi r_0^2}\left[\frac{2z^2 + r_0^2}{\sqrt{z^2 + r_0^2}} - 2\,\frac{z^2}{\sqrt{z^2}}\right]\ ,$$

$$B = \frac{\mu Q \omega}{2\pi r_0^2} \left[\frac{2z^2 + r_0^2}{\sqrt{z^2 + r_0^2}} - 2|z| \right].$$

7. AUFGABE

Gegeben ist ein dünner Leiter in Form eines gleichseitigen n-Ecks (n = 2, 4, 6,...) in einem homogenen, isotropen Medium der Permeabilität μ. Die n Ecken des Leiters liegen auf einem Kreis mit dem Radius r_0.

a.   Man berechne das magnetische Feld in der Achse der Anordnung.

b.   Wie berechnet sich das Feld im Mittelpunkt des Leiters, wenn die Eckenzahl unendlich groß wird?

c.   Wie groß muß der Strom in einem kreisförmigen Leiter mit dem Radius ρ_0 sein, damit im Mittelpunkt der durch den Strom berandeten Fläche dasselbe Feld auftritt wie im Mittelpunkt des n-Ecks?

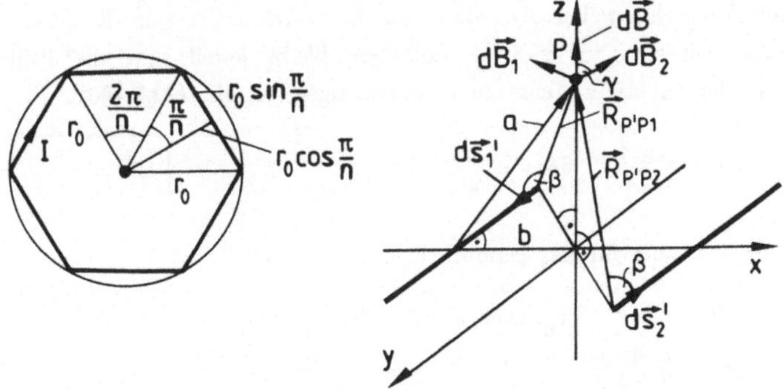

Abb.190: Zur Berechnung des Magnetfeldes eines Leiters mit n Ecken.

<u>Lösung</u>

Das Feld in der Achse der Anordnung setzt sich aus dem Beitrag der Felder der n geraden Leiterstücke zusammen. Aufgrund der Symmetrie der Anordnung kann zu jedem Leiterelement ein gegenüberliegendes Element so gefunden werden, daß das magnetische Feld in der Achse z-Richtung besitzt. Es wird zunächst das Feld bestimmt, das von zwei gegenüberliegenden Leiterstücken erzeugt wird. Zwei Leiterelemente $d\vec{s}_1'$, $d\vec{s}_2'$ in diesen Leiterstücken (Abb.190) erzeugen das Feld:

$$d\vec{B} = d\vec{B}_1 + d\vec{B}_2 = \frac{\mu I}{4\pi} \left[\frac{d\vec{s}_1' \times \vec{R}_{P'P1}}{R_{P'P1}^3} + \frac{d\vec{s}_2' \times \vec{R}_{P'P2}}{R_{P'P2}^3} \right] = dB\vec{e}_z$$

$$dB = \frac{\mu I}{4\pi}\, 2\, \frac{d s' R_{P'P}}{R_{P'P}^3}\, \sin\beta\, \cos\gamma \ .$$

Werden die Linienelemente $d\vec{s}_1'$ und $d\vec{s}_2'$ symmetrisch zur y-z-Achse gewählt, so gilt $R_{P'P1} = R_{P'P2} = R_{P'P}$. β ist der Winkel zwischen dem Abstandsvektor $\vec{R}_{P'P}$ und dem Linienelement $d\vec{s}'$, γ ist der Winkel zwischen den Feldanteilen $d\vec{B}_1$, $d\vec{B}_2$ und der z-Achse. Da sich die Feldkomponenten senkrecht zur z-Achse aufheben, bleibt jeweils nur die Projektion der Felder auf die z-Achse zu berücksichtigen. Es gilt (Abb.190):

$$\sin\beta = \frac{a}{R_{P'P}} \ , \quad \cos\gamma = \frac{b}{a} \ , \quad ds' = dy \ , \quad R_{P'P} = \sqrt{y^2 + b^2 + z^2} \ .$$

Damit gilt dann für das gesamte Feld aller n Leiter:

$$B(z) = \frac{n}{2}\, \frac{\mu I}{2\pi}\, \frac{ab}{a} \int_{-r_0 \sin(\pi/n)}^{r_0 \sin(\pi/n)} \frac{dy}{(y^2 + b^2 + z^2)^{3/2}} \ ,$$

$$B(z) = n\,\frac{\mu I}{2\pi}\,b \int\limits_{0}^{r_0 \sin(\pi/n)} \frac{dy}{(b^2 + z^2)^{3/2}\left[\,1 + \dfrac{y^2}{b^2+z^2}\,\right]^{3/2}}\,,$$

$$B(z) = n\,\frac{\mu I}{2\pi}\,\frac{b}{(b^2 + z^2)^{3/2}} \int\limits_{0}^{r_0 \sin(\pi/n)} \frac{dy}{\left[\,1 + \dfrac{y^2}{b^2+z^2}\,\right]^{3/2}}\,.$$

Hierin kann b nach Abb.190 noch durch

$$b = r_0 \cos(\pi/n)$$

ersetzt werden.

Es wird die Substitution

$$y = (b^2 + z^2)^{1/2}t\,,\quad dy = (b^2 + z^2)^{1/2}dt\,,\quad 0 \le t \le \frac{r_0 \sin(\pi/n)}{(b^2 + z^2)^{1/2}}$$

eingeführt, dann gilt für das Integral:

$$B(z) = \frac{n\mu I}{2\pi}\,\frac{b}{(b^2 + z^2)} \int\limits_{0}^{\frac{r_0 \sin(\pi/n)}{(b^2+z^2)^{1/2}}} \frac{dt}{(1 + t^2)^{3/2}}\,,$$

$$B(z) = \frac{n\mu I}{2\pi}\,\frac{b}{(b^2 + z^2)}\,\frac{t}{\sqrt{1 + t^2}}\,\Bigg|_{0}^{\frac{r_0 \sin(\pi/n)}{(b^2 + z^2)^{1/2}}}\,,$$

$$B(z) = \frac{n\mu I}{2\pi} \frac{b}{(b^2 + z^2)} \frac{r_0 \sin(\pi/n)}{(b^2 + z^2)^{1/2}} \frac{1}{\sqrt{1 + \dfrac{r_0^2 \sin^2(\pi/n)}{b^2 + z^2}}} \quad ,$$

$$B(z) = \frac{n\mu I}{2\pi} \frac{b}{b^2 + z^2} \frac{r_0 \sin(\pi/n)}{\sqrt{b^2 + z^2 + r_0^2 \sin^2(\pi/n)}} \quad ,$$

und mit $b = r_0 \cos(\pi/n)$ lautet das endgültige Ergebnis:

$$B(z) = \frac{n\mu I}{2\pi} \frac{r_0^2 \sin(\pi/n) \cos(\pi/n)}{r_0^2 \cos^2(\pi/n) + z^2} \frac{1}{\sqrt{r_0^2 + z^2}} \quad .$$

In Abb.191 ist der Verlauf des Betrages der magnetischen Flußdichte B(z) entlang der Achse qualitativ skizziert.

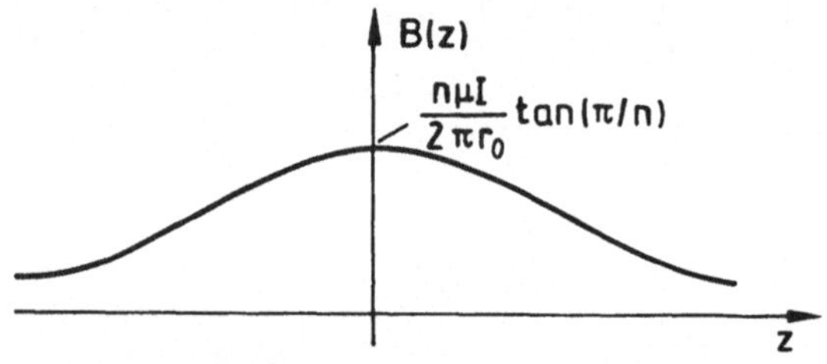

Abb.191: Qualitativer Verlauf des Betrages der Flußdichte in der Achse über z.

b. Im Mittelpunkt des Leiters gilt ($z = 0$):

$$B(z{=}0) = \frac{n\mu I}{2\pi} \frac{1}{r_0} \frac{\sin(\pi/n)}{\cos(\pi/n)} = \frac{n\mu I}{2\pi r_0} \tan(\pi/n) \quad .$$

Wird die Eckenzahl unendlich groß (n → ∞), so berechnet sich die Flußdichte im Grenzfall zu:

$$\lim_{n \to \infty} B(z=0) = \frac{\mu I}{2\pi r_0} \lim_{n \to \infty} n \, \tan(\pi/n) \ ,$$

$$\lim_{n \to \infty} B(z=0) = \frac{\mu I \pi}{2\pi r_0} \lim_{\substack{n \to \infty \\ \pi/n \to 0}} \frac{\tan(\pi/n)}{\pi/n} \ ,$$

$$\lim_{n \to \infty} B(z=0) = \frac{\mu I}{2 r_0} \ .$$

Der auftretende Grenzwert kann mit Hilfe der Regel von L'Hospital berechnet werden. Im Grenzfall unendlich großer Eckenzahl geht das Feld der n-eckigen Leiterschleifen in das Feld der kreisförmigen Leiterschleife mit dem Radius r_0 nach Aufgabe 5 über.

c. Das Feld im Mittelpunkt einer kreisförmigen Leiterschleife mit dem Radius ρ_0 ist nach Aufgabe 5 dieses Kapitels:

$$B_{Kreis}(z=0) = \frac{\mu I_{Kreis}}{2\rho_0} \ .$$

Das Feld im Mittelpunkt des n-Ecks ist nach den oben durchgeführten Berechnungen:

$$B_{n-Eck}(z=0) = \frac{n\mu I_{n-Eck}}{2\pi r_0} \, \tan(\pi/n) \ .$$

Sollen die beiden Felder gleich groß sein, so folgt:

$$\frac{n\mu I_{n-Eck}}{2\pi r_0} \, \tan(\pi/n) = \frac{\mu I_{Kreis}}{2\rho_0} \ .$$

Also muß im kreisförmigen Leiter ein Strom der Stromstärke

$$I_{Kreis} = \frac{n\rho_0}{\pi r_0} \tan(\pi/n) \, I_{n-Eck}$$

fließen. Da im Grenzfall $n \to \infty$ der Ausdruck $n \tan(\pi/n)$ gegen den Wert π konvergiert, wird für den Fall $r_0 = \rho_0$ die Stromstärke im kreisförmigen Leiter gleich der Stromstärke im n-eckigen Leiter:

$$I_{Kreis} = I_{n-Eck} \, .$$

8. AUFAGBE

Das magnetische Feld innerhalb einer vom Strom der Stromstärke I durchflossenen Spule der Länge ℓ, des Durchmessers $2\rho_0$ und der Windungszahl w kann mit Hilfe der Aufgabe 5 dieses Kapitels berechnet werden. Dazu wird angenommen, daß die Ströme in den einzelnen Windungen Kreisströme sind, deren Feld mit Hilfe des Biot-Savart'schen Gesetzes bestimmt werden kann. Aus der Überlagerung der Felder aller Kreisströme (Windungen) ergibt sich das Gesamtfeld. Man berechne das Feld in der Achse der Spule. Wie sieht das Feld im Grenzfall $\ell >> \rho_0$ aus?

<u>Lösung</u>

In der Oberfläche der Spule fließt in jeder Windung ein Strom der Stromstärke I. Wird dieser Strom als Flächenstromdichte entlang der Zylinderoberfläche, die die Spule berandet, angesehen, so ergibt sich der Wert dieser Flächenstromdichte zu:

$$S_F = \frac{wI}{\ell} \, .$$

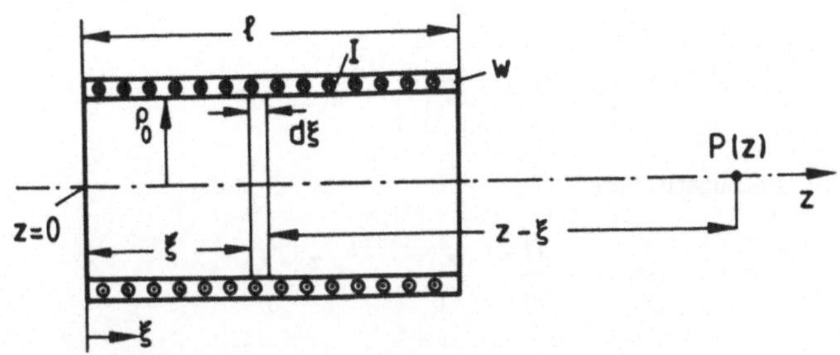

Abb.192: Zur Berechnung des Feldes einer Spule.

Die Stromlinien der Flächenstromdichte verlaufen kreisförmig in der Mantel-fläche der zylindrischen Spule. Es wird ein schmaler Bereich der Breite $d\xi$ (Abb.192) herausgegriffen und als kreisförmiger Strom der Stromstärke dI betrachtet. Der Beitrag dieses Stromes zum Feld $d\vec{B} = dB\vec{e}_z$ im Aufpunkt P auf der Achse des Systems ergibt sich nach Aufgabe 5 dieses Kapitels:

$$dB(P) = \frac{\mu dI \rho_0^2}{2(\rho_0^2 + (z - \xi)^2)^{3/2}} \; .$$

dI ist der Anteil der Stromstärke, die im Bereich $d\xi$ fließt, er kann aus der Flächenstromdichte S_F berechnet werden:

$$dI = S_F d\xi = \frac{wI}{\ell} \, d\xi \; .$$

$z-\xi$ ist der Abstand des Aufpunktes von der Ebene des Kreisstromes. Das Gesamtfeld im Punkt P ergibt sich durch Addition (Überlagerung) der Bei-träge aller Kreisströme, also aus dem Integral:

$$B(P) = \int\limits_0^\ell \frac{\mu wI \rho_0^2}{2\ell} \frac{d\xi}{(\rho_0^2 + (z - \xi)^2)^{3/2}} \; ,$$

$$B(P) = \frac{\mu w I}{2\ell \rho_0} \int_0^\ell \frac{d\xi}{\left[1 + \left[\dfrac{z - \xi}{\rho_0}\right]^2\right]^{3/2}} \; .$$

Es wird die Substitution

$$\frac{z - \xi}{\rho_0} = t \; , \quad dt = - \frac{d\xi}{\rho_0} \; , \quad \frac{z}{\rho_0} \leq t \leq \frac{z - \ell}{\rho_0}$$

eingeführt. Damit kann das Integral in der Form

$$B(P) = - \frac{\mu w I}{2\ell} \int_{\frac{z}{\rho_0}}^{\frac{z-\ell}{\rho_0}} \frac{dt}{(1 + t^2)^{3/2}} \; ,$$

$$B(P) = - \frac{\mu w I}{2\ell} \left. \frac{t}{\sqrt{1 + t^2}} \right|_{\frac{z}{\rho_0}}^{\frac{z-\ell}{\rho_0}}$$

geschrieben werden. Für das Feld in der Achse der Spule gilt der Zusammenhang:

$$B(P) = \frac{\mu I w}{2\ell} \left[\frac{z}{\sqrt{z^2 + \rho_0^2}} - \frac{z - \ell}{\sqrt{(z - \ell)^2 + \rho_0^2}} \right] \; .$$

Abb.193 zeigt den Verlauf des Betrages der magnetischen Flußdichte über der Koordinate z. Das Maximum der Flußdichte tritt in der Mitte der Spule ($z = \ell/2$) auf, zu den Rändern der Spule hin fällt die Flußdichte ab, ist aber außerhalb der Spule noch ungleich null.

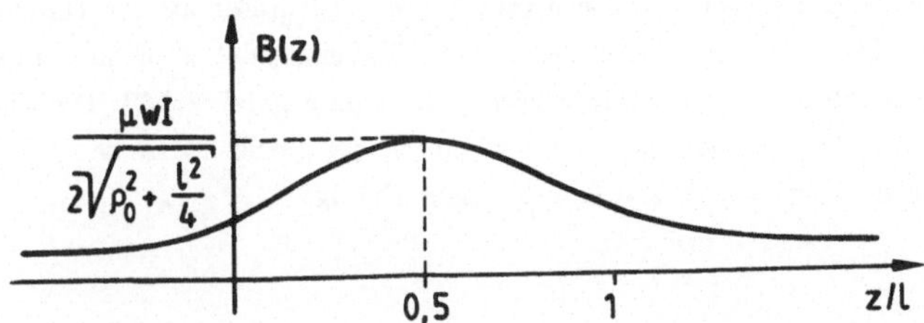

Abb. 193: Qualitativer Verlauf des Betrages der magnetischen Flußdichte in der Achse einer Spule.

Wird die Länge ℓ der Spule sehr viel größer als der Durchmesser $2\rho_0$, so kann der Feldverlauf innerhalb der Spule $(0 < z < \ell)$ näherungsweise durch

$$B(z) \approx \frac{\mu I w}{2\ell} \left[\frac{z}{|z|} - \frac{z - \ell}{|z - \ell|} \right] ,$$

$$B(z) \approx \frac{\mu I w}{2\ell} \, [1 + 1] = \frac{\mu I w}{\ell} ,$$

beschrieben werden, da innerhalb der Spule $z/|z| = +1$ sowie $z - \ell < 0$ und damit $(z - \ell)/|z - \ell| = -1$ gilt. Außerhalb der Spule ist dagegen (z. B. $z < 0$):

$$\frac{z}{|z|} = -1 , \qquad \frac{z - \ell}{|z - \ell|} = -1 ,$$

so daß das Feld in erster Näherung verschwindet. Dasselbe gilt im Bereich $z > \ell$, hier ist immer

$$\frac{z}{|z|} = +1 , \qquad \frac{z - \ell}{|z - \ell|} = +1 .$$

Das heißt, in der Spule, deren Länge ℓ sehr viel größer als ihr Durchmesser ist, ist das Feld im Innern der Spule näherungsweise konstant, außerhalb der Spule aber näherungsweise gleich null (vgl. Kapitel V.1.2). Die hier angegebene Näherung für das Feld im Innern der Spule ist in der Umgebung der Spulenenden $z \approx 0$, $z \approx \ell$ nicht mehr richtig.

V.5   FELDER MAGNETISIERTER KÖRPER

V.5.1 DIE MAGNETISIERUNG

Bei der Behandlung der elektrischen Felder in dielektrischer Materie wurde der Begriff der Polarisation zur Beschreibung des Einflusses des Dielektrikums auf den Feldverlauf definiert (vgl. Kapitel III.7, Teil I). In analoger Weise soll der Einfluß der Materie auf die Ausbildung des magnetischen Feldes beschrieben werden. Dabei soll wiederum eine modellmäßige Darstellung der atomaren Materiestruktur zur anschaulichen Deutung herangezogen werden.

Ein Material baut sich aus einzelnen Atomen auf, die sich aus der Deutung des Bohrschen Atommodells als positiver Kern und negative Elektronen darstellen lassen. Die negativen Elektronen bewegen sich auf Ellipsenbahnen um den Kern und stellen damit Ringströme um den Kern dar. Ferner führen die Elektronen eine Drehbewegung (Spin) um ihre eigene Achse aus. Diese Drehbewegung ist mit einem mechanischen Drehmoment gekoppelt. Sowohl die Kreisströme der Elektronenbewegung um den Kern als auch die Drehbewegung des Elektrons um die eigene Achse erzeugen ein Magnetfeld. Die Richtung des Magnetfeldes ist senkrecht zu der Ebene der Kreisströme bzw. sie ist im Fall des Elektronenspins gleich der Richtung der Drehachse des Elektrons. Jedem Ringstrom wird ein magnetisches Dipolmoment $\vec{m}$ zugeordnet (siehe dazu auch Kapitel V.5.2). Die Richtung des

Dipolmoments ist gleich der Richtung des erzeugten Magnetfeldes, sein Betrag ist proportional zur Größe des Ringstromes. In einem unmagnetisierten Material ist die Verteilung der Dipolmomente so, daß die Dipoldichte, das ist die Größe des Dipolmoments pro Volumeneinheit, genannt Magnetisierung $\vec{M}$:

$$\vec{M} = \lim_{\Delta V \to 0} \frac{\Delta \vec{m}}{\Delta V} = \frac{d\vec{m}}{dV} \qquad (V.5.1)$$

den Wert null annimmt. Das heißt, die einzelnen Dipole sind statistisch so verteilt, daß sie sich gegenseitig kompensieren.

Wird ein solches Material in ein magnetisches Feld gebracht, so suchen sich die einzelnen Dipole durch die auf die bewegten Ladungsträger ausgeübte Kraft (vgl. Gl.(V.1.6)) in Richtung des von außen angelegten Feldes zu orientieren und verstärken damit das von außen angelegte Feld (paramagnetischer Effekt). In Atomen, in denen sich je Atom die magnetischen Dipolmomente z. B. zweier auf parallelen Bahnen entgegengesetzt umlaufender Elektronen kompensieren, kommt es bei Anlegen eines äußeren Magnetfeldes aufgrund der auf die Elektronen ausgeübten Kräfte und der Quantenbedingungen für die Umlaufbahnen zu einer resultierenden Schwächung des von außen angelegten Magnetfeldes (Diamagnetismus).

Die Magnetisierung $\vec{M}$ hat die Einheit der magnetischen Erregung, so daß bei Anlegen eines Magnetfeldes in einem Festkörper die resultierende Flußdichte sich aus

$$\vec{B} = \mu_0(\vec{H} + \vec{M}) \qquad (V.5.2)$$

berechnet. Im Fall des Paramagnetismus weist $\vec{M}$ in Richtung der angelegten Erregung $\vec{H}$, im Fall des Diamagnetismus in entgegengesetzte Richtung.

Durch die Einführung der Magnetisierung kann der Einfluß der molekularen Ströme auf die makroskopischen Felder beschrieben werden. Bei einer Vielzahl von Stoffen kann die Magnetisierung als direkt proportional zur angelegten magnetischen Erregung angesehen werden, so daß

$$\vec{M} = \chi_m \vec{H} \tag{V.5.3}$$

geschrieben werden kann. χ_m ist die magnetische Suszeptibilität. Wird Gl.(V.5.3) in Gl.(V.5.2) eingeführt und der so entstehende Zusammenhang

$$\vec{B} = \mu_0 (1 + \chi_m) \vec{H} \tag{V.5.4}$$

mit der Schreibweise nach Gl.(V.2.17)

$$\vec{B} = \mu_0 \mu_r \vec{H}$$

verglichen, so läßt sich erkennen, daß die Permeabilitätszahl sich aus der Suszeptibilität durch die Gleichung

$$\mu_r = 1 + \chi_m \tag{V.5.5}$$

ausdrücken läßt.

Nach ihrem Verhalten im magnetischen Feld werden, wie schon oben angedeutet, verschiedene Gruppen von Materialien unterschieden.

Die Anwesenheit eines Stoffes der ersten Gruppe im magnetischen Feld ergibt eine resultierende magnetische Flußdichte, die kleiner ist als diejenige, sie sich bei entsprechender magnetischer Erregung im Vakuum aufbaut. Bei diesen Stoffen gilt also:

$$\vec{B} = \mu_0 \mu_r \vec{H} < \mu_0 \vec{H}$$

und damit

$$\mu_r < 1 \; .$$

Diese Gruppe von Stoffen wird diamagnetisch genannt. Die Permeabilitätszahl dieser Stoffe liegt in der Größenordnung $\mu_r \approx 0{,}999$.

Für die zweite Gruppe von Stoffen ist die magnetische Flußdichte im Material größer als diejenige bei gleicher magnetischer Erregung im Vakuum:

$$\vec{B} = \mu_0 \mu_r \vec{H} > \mu_0 \vec{H} \qquad \text{und damit} \qquad \mu_r > 1 \; .$$

Diese Stoffe werden paramagnetisch genannt. Die Permeabilitätszahl dieser Materialien liegt in der Größenordnung $\mu_r \approx 1{,}001$.

Eine dritte Gruppe von Stoffen besitzt ebenfalls eine Permeabilitätszahl die größer als eins ist, doch ist der Effekt, der hier eine Vergrößerung der magnetischen Flußdichte hervorruft, um viele Größenordnungen stärker, als bei den paramagnetischen Materialien. Das heißt, es ist

$$\mu_r \gg 1 \; .$$

Diese Stoffe werden als ferromagnetisch bezeichnet. In ferromagnetischen Materialien existieren spontan magnetisierte Bereiche (Weiß'sche Bezirke), in denen die Magnetisierung in einer Richtung ausgerichtet ist. Im gesamten Volumen des Festkörpers liegt die Magnetisierung dieser Bereiche statistisch so verteilt, daß der Körper unmagnetisiert erscheint. Bei Anlegen eines äußeren Feldes wird die Magnetisierung dieser Bereiche durch Verschieben der Wände zwischen den Bereichen und Drehprozesse in Richtung der von außen angelegten magnetischen Erregung ausgerichtet, so daß es zur Ausbildung einer sehr starken Magnetisierung in Richtung des äußeren Feldes kommt.

Für die ferromagnetischen Materialien gilt der angegebene lineare Zusammenhang Gl.(V.5.3) nicht mehr. Für diese Materialien besteht erstens kein linearer Zusammenhang zwischen der Magnetisierung und der magnetischen Erregung mehr, zweitens existiert keine eindeutige Zuordnung zwischen der Magnetisierung und der Erregung mehr. Vielmehr ist die Zuordnung von Magnetisierung und Erregung von der magnetischen Vorgeschichte des Materials abhängig. Der Zusammenhang zwischen Magnetisierung und magnetischer Erregung wird durch die Angabe einer Magnetisierungskurve (Abb.194) beschrieben.

Die Magnetisierungskurve besteht aus der Neukurve 1 , die beim Magnetisieren vom entmagnetisierten Zustand bis zur maximal möglichen Magnetisierung, der Sättigungsmagnetisierung M_s, durchlaufen wird, und den Hystereseschleifen 2 und 3 , die bei Entmagnetisierung bzw. erneuter Aufmagnetisierung durchlaufen werden. Die ferromagnetischen Materialien werden als weich bezeichnet, wenn die Koerzitiverregung H_c, für die das Material erneut entmagnetisiert wird ($M_s = 0$, Abb.194), klein ist. Sie werden als magnetisch hart bezeichnet, falls die Koerzitiverregung groß ist. Magnetisch weiche Materialien besitzen also eine schmale Hysteresekurve, magnetisch harte Materialien eine breite Hysteresekurve. M_r ist die remanente Magnetisierung (Abb.194), die sich nach Magnetisieren bis in die Sättigung und anschließendem Zurückstellen der magnetischen Erregung auf den Wert $H = 0$ im Material ergibt.

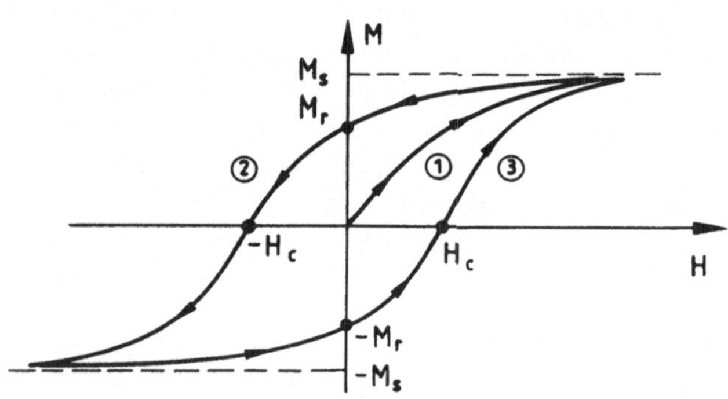

Abb.194: Magnetisierungskurve eines ferromagnetischen Materials.

V.5.2 DIE MAGNETISIERUNG ALS URSACHE DER FELDER

Bestimmte ferromagnetische Materialien haben die Eigenschaft, daß die von den atomaren Kreisströmen erzeugten Dipolmomente sich nicht gegenseitig kompensieren. Vielmehr sind in solchen Materialien, wie bereits oben erwähnt, die Dipolmomente teilweise bzw. bezirksweise parallel zueinander ausgerichtet, so daß sich auch ohne das Anlegen eines äußeren Feldes eine von null verschiedene Magnetisierung ergibt bzw. nach Aufmagnetisierung und anschließender Entmagnetisierung eine von null verschiedene Magnetisierung im Material verbleibt (remante Magnetisierung M_r, siehe oben). Materialien, die diese Eigenschaft besitzen, werden als magnetisierte Körper (Dauermagnete) bezeichnet, die auftretende Magnetisierung wird als eingeprägt angesehen und als spontane Magnetisierung bezeichnet.

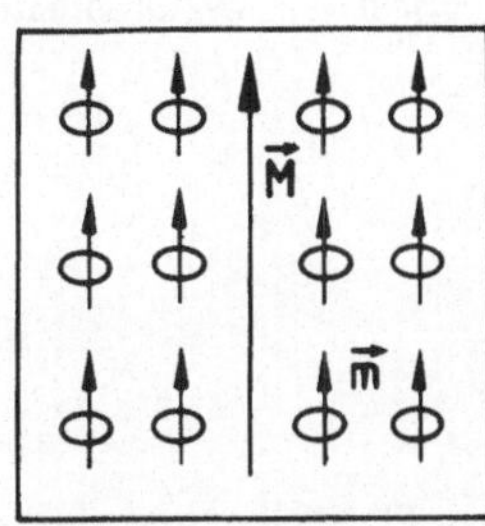

Abb.195:   Zur Deutung der spontanen Magnetisierung.

Aufgrund der vorhandenen Magnetisierung wird sich im Innern des Materials sowie bei endlichen Abmessungen des Materialvolumens auch außerhalb des spontan magnetisierten Materials, ein Magnetfeld aufbauen. Als Ursache für dieses Feld sind die spontane Magnetisierung d. h. letztendlich die atomaren Kreisströme anzusehen.

Da im gesamten Bereich eines so erzeugten Feldes kein makroskopischer, felderzeugender Strom vorhanden ist, nehmen die Maxwell'schen Gleichungen zur Beschreibung des Feldzustandes die Form

$$\mathrm{div}\vec{B} = 0, \qquad \mathrm{rot}\vec{H} = \vec{0} \tag{V.5.6}$$

an. Zwischen der magnetischen Erregung und der magnetischen Flußdichte gilt im Innern des magnetisierten Materials ferner der Zusammenhang (V.5.2)

$$\vec{B} = \mu_0 (\vec{H} + \vec{M}) \ . \tag{V.5.7}$$

Aufgrund der Rotationsfreiheit der magnetischen Erregung kann diese als Gradientenfeld einer skalaren Potentialfunktion ψ dargestellt werden. Für die magnetische Flußdichte kann ferner wie bisher ein Vektorpotential angegeben werden:

$$\vec{H} = -\mathrm{grad}\,\psi, \qquad \psi = -\int_{P_0}^{P} \vec{H} \cdot d\vec{s} \ , \tag{V.5.8}$$

$$\vec{B} = \mathrm{rot}\vec{A}, \qquad \mathrm{div}\vec{A} = 0 \ .$$

Um eine Beschreibung der magnetischen Flußdichte und der magnetischen Erregung in Abhängigkeit von der felderzeugenden Magnetisierung zu erhalten, wird einmal die Rotation, zum andern die Divergenz der Magnetisierung untersucht. Es ergibt sich zunächst für die Rotation von $\vec{M}$:

$$\vec{M} = \frac{\vec{B}}{\mu_0} - \vec{H} \ ,$$

$$\mathrm{rot}\vec{M} = \mathrm{rot}\,\frac{\vec{B}}{\mu_0} - \mathrm{rot}\vec{H} = \frac{1}{\mu_0}\,\mathrm{rot}\vec{B} \ .$$

$$\mathrm{rot}\vec{B} = \mu_0\,\mathrm{rot}\vec{M} \ . \tag{V.5.9}$$

Die Rotation der magnetischen Erregung verschwindet, da ein felderzeugender, makroskopischer Strom nicht vorhanden ist. Wird die magnetische Flußdichte durch das Vektorpotential ersetzt, so folgt unter Verwendung der Vektoridentität Gl.(I.14.12), Teil I:

$$\mathrm{rot}\vec{M} = \frac{1}{\mu_0}\,\mathrm{rot}\vec{B} = \frac{1}{\mu_0}\,\mathrm{rot}\,\mathrm{rot}\vec{A} = \frac{1}{\mu_0}\,[\mathrm{grad}\,\mathrm{div}\vec{A} - \Delta\vec{A}] \ ,$$

$$\text{rot}\vec{M} = -\frac{1}{\mu_0}\,\Delta\vec{A}\ ,$$

$$\Delta\vec{A} = -\mu_0\,\text{rot}\vec{M}\ . \tag{V.5.10}$$

Diese Differentialgleichung folgt unter Verwendung der Zusatzbedingung für das Vektorpotential, daß $\vec{A}$ divergenzfrei ist. Die Differentialgleichung (V.5.10) entspricht vollkommen der Differentialgleichung (V.4.1), falls die Rotation der Magnetisierung durch die Stromdichte $\vec{S}$ ersetzt wird,

$$\vec{S} \,\hat{=}\, \text{rot}\vec{M}\ . \tag{V.5.11}$$

Das heißt, die räumlich verteilte Rotation der Magnetisierung wirkt ähnlich wie die Stromdichte als Anregungsgröße für das Vektorpotential und damit das Magnetfeld. Diese Aussage kann auch so interpretiert werden: Eine Ursache des Magnetfeldes ist die räumliche Rotation der Magnetisierung, die nach Gl.(V.5.9) die räumliche Rotation der magnetischen Flußdichte bestimmt.

Wird zusätzlich die Grenzbedingung für die magnetische Erregung $\vec{H}$ an einer Grenzschicht zwischen zwei magnetisch verschiedenen Materialien, in der keine Flächenstromdichte fließt, betrachtet (vgl. Gl.(V.3.3b)), so gilt:

$$\vec{n}_{12} \times (\vec{H}_2 - \vec{H}_1) = \vec{0}$$

mit $\vec{n}_{12}$ dem Flächennormaleneinheitsvektor, der aus dem Gebiet 1 ins Gebiet 2 weist. Nach Gl.(V.5.7) gilt für $\vec{H}$:

$$\vec{H} = \frac{\vec{B}}{\mu_0} - \vec{M}\ ,$$

worin $\vec{B}/\mu_0$ die magnetische Erregung im Vakuum ohne Magnetisierung ist. Damit kann die Grenzbedingung in der Form

$$\vec{n}_{12} \times \left[\frac{\vec{B}_2}{\mu_0} - \vec{M}_2 - \frac{\vec{B}_1}{\mu_0} + \vec{M}_1 \right] = \vec{0}$$

oder

$$\vec{n}_{12} \times \left[\frac{\vec{B}_2}{\mu_0} - \frac{\vec{B}_1}{\mu_0} \right] = \vec{n}_{12} \times (\vec{M}_2 - \vec{M}_1) \, ,$$

$$\frac{1}{\mu_0} \, \mathrm{Rot}(\vec{B}) = \vec{n}_{12} \times (\vec{M}_2 - \vec{M}_1) \, . \qquad\qquad (V.5.12)$$

Das heißt, tritt in einer Grenzfläche eine Änderung der zur Grenzfläche tangential gerichteten Magnetisierung auf, so ist die Flächenrotation der magnetischen Flußdichte in dieser Grenzschicht ungleich null. Im Vergleich zur obenstehenden Diskussion der räumlichen Rotation der Magnetisierung und magnetischen Flußdichte kann damit die Größe

$$\vec{S}_{Fmagn} = \vec{n}_{12} \times (\vec{M}_2 - \vec{M}_1) \qquad\qquad (V.5.13)$$

als eine in der Grenzfläche auftretende "magnetische Flächenstromdichte" interpretiert werden, die auch Ursache eines Magnetfeldes ist.

Abb.196 zeigt die physikalische Interpretation für die auftretende Flächenstromdichte am Beispiel eines magnetisierten Körpers im Vakuum. Die Magnetisierung wird von den mikroskopischen Kreisströmen der Atome gebildet. Ist die Verteilung der Kreisströme homogen und damit die Magnetisierung homogen, so kompensiert sich ihre Wirkung im Volumeninnern ($\mathrm{rot}\vec{M} = \vec{0}$) und es bleibt ein resultierender Strom in der Mantelfläche des Zylinders in Form der Oberflächenstromdichte $S_F = \mathrm{Rot}\vec{M} = \vec{M} \times \vec{n}$ in Übereinstimmung mit Gl.(V.5.13) mit $\vec{M}_2 = \vec{0}$ und $\vec{n}_{12} = \vec{n}$. In den Dekkelflächen kompensiert sich die Wirkung der Kreisströme ebenfalls, so daß dort keine Flächenstromdichte auftritt.

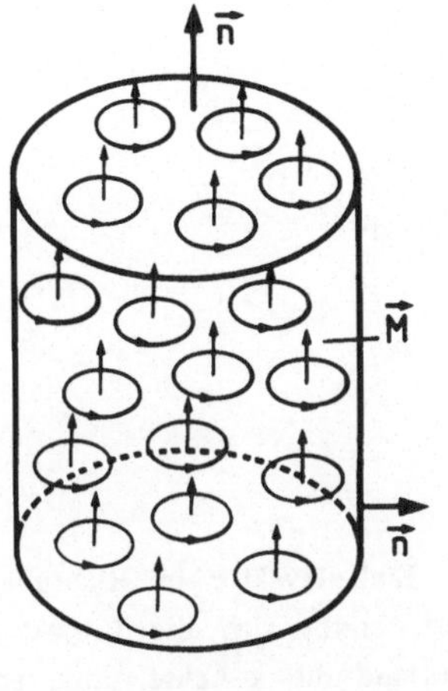
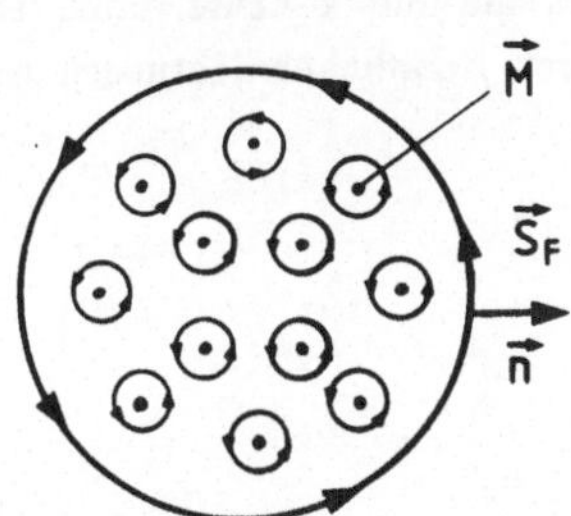

Wird ein magnetisierter Körper des Volumens V' mit der (geschlossenen) Oberfläche A' und der im Volumen beliebig verteilten Magnetisierung $\vec{M}$ betrachtet, so ergibt sich äquivalent zu Gl.(V.4.2) unter Berücksichtigung der räumlichen Rotation von $\vec{B}$ (Gl.(V.5.9)) und der Flächenrotation von $\vec{B}$ (Gl.(V.5.12)) mit $\vec{M}_1 = \vec{M}$ und $\vec{M}_2 = \vec{0}$, für das Vektorpotential $\vec{A}$ eine Lösung der Poisson'schen Differentialgleichung der Form:

$$\vec{A}(P) = \frac{\mu_0}{4\pi} \iiint\limits_{V'} \frac{\mathrm{rot}_{P'}\vec{M}(P')}{R_{P'P}} \, dV'$$

$$+ \frac{\mu_0}{4\pi} \oiint\limits_{A'} \frac{\vec{M} \times \vec{n}}{R_{P'P}} \, dA' \tag{V.5.14}$$

Abb.196: Magnetisierung $\vec{M}$, erzeugende mikroskopische Kreisströme und resultierdende Oberflächenstromdichte $\vec{S}_F$ eines magnetisierten Zylinders.

mit $\vec{n}$ dem Flächennormalenvektor, der aus dem Volumen V' heraus weist. Durch Anwenden der Vektoridentität Gl.(I.15.19), Teil I:

$$\mathrm{rot}_{P'}\left[\frac{\vec{M}(P')}{R_{P'P}} \right] = \frac{1}{R_{P'P}} \, \mathrm{rot}_{P'}\vec{M}(P') - \vec{M}(P') \times \mathrm{grad}_{P'} \frac{1}{R_{P'P}}$$

kann für das Vektorpotential der Ausdruck:

$$\vec{A}(P) = \frac{\mu_0}{4\pi} \iiint\limits_{V'} \mathrm{rot}_{P'} \left[\frac{\vec{M}(P')}{R_{P'P}} \right] dV'$$

$$+ \frac{\mu_0}{4\pi} \iiint\limits_{V'} \vec{M}(P') \times \mathrm{grad}_{P'} \frac{1}{R_{P'P}} dV'$$

$$+ \frac{\mu_0}{4\pi} \oiint\limits_{A'} \frac{\vec{M} \times \vec{n}}{R_{P'P}} dA'$$

geschrieben werden.

Wird das erste Integral mit einem Einheitsvektor in Richtung einer Koordinatenachse (z. B. $\vec{e}_x$) multipliziert, ergibt sich die Projektion des durch das Integrals dargestellten Vektors auf die x-Achse. Eine entsprechende Argumentation kann für die anderen Koordinatenrichtungen gefunden werden:

$$\frac{\mu_0}{4\pi} \iiint\limits_{V'} \vec{e}_x \cdot \mathrm{rot}_{P'} \left[\frac{\vec{M}(P')}{R_{P'P}} \right] dV' =$$

$$= \frac{\mu_0}{4\pi} \iiint\limits_{V'} \vec{e}_x \cdot \left[\nabla_{P'} \times \frac{\vec{M}(P')}{R_{P'P}} \right] dV' =$$

$$= - \frac{\mu_0}{4\pi} \iiint\limits_{V'} \nabla_{P} \cdot \left[\vec{e}_x \times \frac{\vec{M}(P')}{R_{P'P}} \right] dV'$$

$$= - \frac{\mu_0}{4\pi} \oiint\limits_{A'} \left[\vec{e}_x \times \frac{\vec{M}(P')}{R_{P'P}} \right] \cdot \vec{n} \, dA'$$

$$= - \frac{\mu_0}{4\pi} \oiint\limits_{A'} \vec{e}_x \cdot \frac{\vec{M}(P') \times \vec{n}}{R_{P'P}} dA' \; .$$

Die Umwandlung des Volumenintegrals in ein Flächenintegral wurde mit Hilfe des Gauß'schen Satzes vorgenommen. Wird diese Operation auch für die anderen Koordinatenrichtungen durchgeführt, so gilt schließlich:

$$\frac{\mu_0}{4\pi} \iiint\limits_{V'} \mathrm{rot}_{P'} \left[\frac{\vec{M}(P')}{R_{P'P}} \right] dV' = - \frac{\mu_0}{4\pi} \iint\limits_{A'} \frac{\vec{M}(P') \times \vec{n}}{R_{P'P}} dA' \ ,$$

und damit für das Vektorpotential:

$$\vec{A}(P) = \frac{\mu_0}{4\pi} \iiint\limits_{V'} \vec{M}(P') \times \mathrm{grad}_{P'} \frac{1}{R_{P'P}} dV' \ . \tag{V.5.15}$$

Aus dem Vektorpotential errechnet sich durch Rotationsbildung im Aufpunkt P die magnetische Flußdichte:

$$\vec{B}(P) = \frac{\mu_0}{4\pi} \mathrm{rot}_P \iiint\limits_{V'} \vec{M}(P') \times \mathrm{grad}_{P'} \frac{1}{R_{P'P}} dV' \ . \tag{V.5.16}$$

Wird die Divergenz der Magnetisierung untersucht, so kann eine Bestimmungsgleichung für die magnetische Erregung $\vec{H}$ abgeleitet werden:

$$\mathrm{div}\vec{M} = \frac{1}{\mu_0} \mathrm{div}\vec{B} - \mathrm{div}\vec{H} = -\mathrm{div}\vec{H} \ .$$

Da die magnetische Erregung rotationsfrei ist ($\vec{S} = 0$), kann sie durch eine skalare Potentlafunktion $\vec{H} = -\mathrm{grad}\Psi$ beschrieben werden:

$$\mathrm{div}\vec{M} = -\mathrm{div}\vec{H} = +\mathrm{div}\,\mathrm{grad}\psi = \Delta\psi \ ,$$

$$\Delta\psi = \mathrm{div}\vec{M} \ . \tag{V.5.17}$$

Wird diese Beziehung mit der entsprechenden Poisson'schen Differentialgleichung der Elektrostatistik (III.3.18), Teil I, verglichen:

$$\Delta\varphi = - \frac{\varrho}{\epsilon} \ ,$$

so kann der Ausdruck

$$\rho_{magn} = - \text{div } \vec{M} \tag{V.5.18}$$

als eine fiktive "magnetische Raumladungsdichte", die das Magnetfeld erregt, interpretiert werden.

Es werden wieder zusätzlich die Grenzbedingungen für das magnetische Feld, in diesem Fall für die magnetische Flußdichte $\vec{B}$, untersucht. An einer Grenzfläche zwischen zwei magnetisch verschiedenen Materialien gilt (vgl. Gl.(V.3.1)):

$$\vec{n}_{12} \cdot (\vec{B}_2 - \vec{B}_1) = 0 \; ,$$

$$\text{Div}\vec{B} = 0$$

mit $\vec{n}_{12}$ dem Flächennormaleneinheitsvektor, der vom Bereich 1 in den Bereich 2 weist.

Unter Verwendung von Gl.(V.5.7) gilt dann:

$$\vec{n}_{12} \cdot (\mu_0\vec{H}_2 + \mu_0\vec{M}_2 - \mu_0\vec{H}_1 - \mu_0\vec{M}_1) = 0$$

bzw.

$$\vec{n}_{12} \cdot (\mu_0\vec{H}_2 - \mu_0\vec{H}_1) = - \mu_0\vec{n}_{12} \cdot (\vec{M}_2 - \vec{M}_1) \; .$$

Da $\mu_0\vec{H}$ die magnetische Flußdichte im Vakuum ist, kann der Einfluß der Magnetisierung in der Grenzschicht auf die magnetische Erregung durch eine fiktive "magnetische Flächenladungsdichte"

$$\sigma_{magn} = \text{Div}\vec{H} = - \vec{n}_{12} \cdot (\vec{M}_2 - \vec{M}_1) \tag{V.5.19}$$

in der Grenzschicht beschrieben werden, die zusätzlich zu der nach Gl.(V.5.17) bzw. (V.5.18) angegebenen räumlichen Quellenverteilung das

Magnetfeld bestimmt. Damit gilt als Lösung für die skalare Potentialfunktion ψ (vgl. auch Gl.(III.6.1) und Gl.(III.6.2), Teil I, für das elektrostatische Potential φ) eines magnetisierten Körpers im Vakuum ($\vec{M}_2 = \vec{0}$, $\vec{M}_1 = \vec{M}$, $\vec{n}_{12} = \vec{n}$) mit dem Volumen V' und der geschlossenen Oberfläche A':

$$\psi(P) = -\frac{1}{4\pi} \iiint\limits_{V'} \frac{\mathrm{div}_{P'}\vec{M}(P')}{R_{P'P}}\, dV' + \frac{1}{4\pi} \iint\limits_{A'} \frac{\vec{M}(P')\cdot\vec{n}}{R_{P'P}}\, dA' \ .$$

Mit Hilfe der Vektoridentität

$$\mathrm{div}_{P'}\left[\frac{\vec{M}(P')}{R_{P'P}}\right] = \vec{M}(P')\cdot\mathrm{grad}_{P'}\frac{1}{R_{P'P}} + \frac{1}{R_{P'P}}\,\mathrm{div}_{P'}\vec{M}(P')$$

kann das Potential in der Form:

$$\psi(P) = -\frac{1}{4\pi} \iiint\limits_{V'} \mathrm{div}_{P'}\left[\frac{\vec{M}(P')}{R_{P'P}}\right] dV'$$

$$+ \frac{1}{4\pi} \iiint\limits_{V'} \vec{M}(P')\cdot\mathrm{grad}_{P'}\frac{1}{R_{P'P}}\, dV'$$

$$+ \frac{1}{4\pi} \oiint\limits_{A'} \frac{\vec{M}(P')}{R_{P'P}}\cdot\vec{n}\, dA'$$

geschrieben werden. Wird das erste Volumenintegral mit Hilfe des Gauß'schen Satzes umgewandelt, so gilt:

$$\psi(P) = -\frac{1}{4\pi} \oiint\limits_{A'} \frac{\vec{M}(P')}{R_{P'P}}\cdot\vec{n}\, dA'$$

$$+ \frac{1}{4\pi} \iiint\limits_{V'} \vec{M}(P')\cdot\mathrm{grad}_{P'}\frac{1}{R_{P'P}}\, dV'$$

$$+ \frac{1}{4\pi} \oiint\limits_{A'} \frac{\vec{M}(P')}{R_{P'P}}\cdot\vec{n}\, dA' \ ,$$

und damit:

$$\psi(P) = \frac{1}{4\pi} \iiint\limits_{V'} \vec{M}(P') \cdot \text{grad}_{P'} \, \frac{1}{R_{P'P}} \, dV' \; ,$$

$$\psi(P) = \frac{1}{4\pi} \iiint\limits_{V'} \vec{M}(P') \cdot \frac{\vec{R}_{P'P}}{R_{P'P}^3} \, dV' \; , \tag{V.5.20}$$

$$\vec{H}(P) = -\frac{1}{4\pi} \, \text{grad}_P \iiint\limits_{V'} \vec{M}(P') \cdot \frac{\vec{R}_{P'P}}{R_{P'P}^3} \, dV' \; . \tag{V.5.21}$$

Wird vorausgesetzt, daß der Abstand des Aufpunktes P vom Integrationspunkt P' sehr viel größer ist als die Linearabmessungen des Volumens V', in dem sich die Magnetisierung befindet, so kann die Größe $R_{P'P}$ (Abb.197) bei der Integration als näherungsweise konstant angesehen werden und vor das Integral gezogen werden. Es gilt dann:

$$\psi(P) \approx \frac{\vec{R}_{P'P}}{4\pi R_{P'P}^3} \cdot \iiint\limits_{V'} \vec{M}(P') dV' \; . \tag{V.5.22}$$

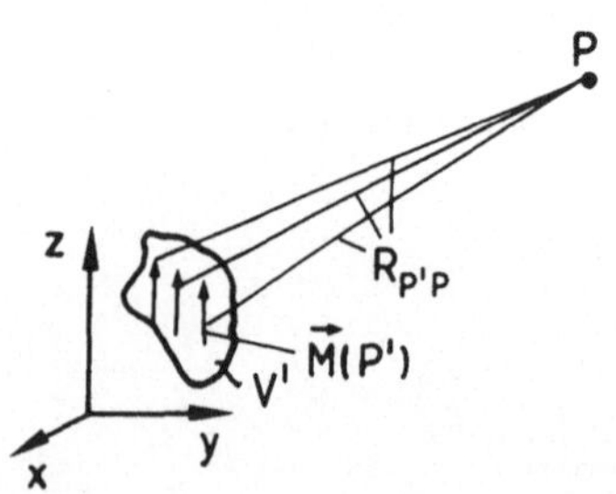

Dies ist das Potential eines Dipols (vgl.Gl.(III.7.7), und Gl.(III.7.8) Teil I) mit dem magnetischen Dipolmoment:

$$\vec{m} = \iiint\limits_{V'} \vec{M}(P') dV' \; . \tag{V.5.23}$$

Damit ergibt sich eine Beschreibung der magnetischen Felder, die von

Abb.197: Zur Auswertung der Gl.(V.5.20).

einem magnetisierten Körper erzeugt werden, die der Beschreibung des Dipolfeldes eines elektrischen Dipols äquivalent ist:

$$\psi_{\text{Dipol}} \approx \frac{\vec{m} \cdot \vec{R}_{P'P}}{4\,\pi R_{P'P}^{3}}\;. \qquad\qquad (V.5.24)$$

Entsprechend läßt sich die magnetische Erregung $\vec{H}$ dann aus dem Gradienten der Potentialfunktion (vgl. Gl.(III.7.3), Teil I)

$$\vec{H} = -\,\text{grad}_P\,\psi(P) \approx \frac{1}{4\pi R_{P'P}^{3}}\left[\,3(\vec{m}\cdot\vec{R}_{P'P})\,\frac{\vec{R}_{P'P}}{R_{P'P}^{2}} - \vec{m}\,\right] \qquad (V.5.25)$$

bestimmen.

V.5.3 ERSATZBILDER ZUR BERECHNUNG DER FELDER MAGNETISIERTER KÖRPER

Es sollen zwei mögliche Ersatzbilder diskutiert werden, die bei der Berechnung der Felder magnetisierter Körper nützlich sein können. Es wird je nach Problemstellung eines der beiden Ersatzbilder zur Berechnung der Felder herangezogen.

Betrachtet wird zunächst ein homogen magnetisierter Zylinder der Länge h. Die Magnetisierung sei innerhalb des Zylinders in Richtung der Zylinderachse vorgegeben. Außerhalb des Zylinders sei die Magnetisierung gleich null. Bereits in Kapitel V.5.2 wurde darauf hingewiesen (Gl.(V.5.11)), daß die räumliche Rotation der Magnetisierung formal einer Stromdichte $\vec{S}$ entspricht und daß (vgl. Gl.(V.5.13)) in der Oberfläche des magnetisierten Körpers eine fiktive magnetische Flächenstromdichte von der Größe der Flächenrotation $\text{Rot}\vec{M} = -\,\vec{n} \times \vec{M} = \vec{M} \times \vec{n}$ auftritt. Das heißt, die Felder im Außenraum und im Innenraum (mit gewissen Einschränkungen, siehe unten) des magnetisierten Körpers, die von der Magnetisierung $\vec{M}$ oder einer Stromdichte $\vec{S}$ bzw. Flächenstromdichte $\vec{S}_F$ erzeugt werden, können übereinstimmen, falls nur

$$\vec{S} \,\hat{=}\, \text{rot}\vec{M} \quad \text{und} \quad \vec{S}_F \,\hat{=}\, \vec{M} \times \vec{n} \qquad (\text{V.5.26})$$

gesetzt wird.

Für den Fall eines homogen in Zylinderachsenrichtung magnetisierten Zylinders gilt, da die Rotation der Magnetisierung im Volumen verschwindet: $\text{rot}\vec{M} = \vec{0}$, daß eine Rotation der Magnetisierung nur an der Stelle der sprunghaften Änderung der Magnetisierung in Richtung senkrecht zur Magnetisierung, also in den Mantelflächen des Zylinders in Form einer Flächenrotation, auftritt. Auf den Deckelflächen des Zylinders ist die Flächenrotation der Magnetisierung null.

Das heißt, für das Feld eines homogenen magnetisierten Zylinders läßt sich das folgende Ersatzbild angeben (Abb.198): Die von einem homogen in Achsenrichtung magnetisierten Zylinder (Magnetisierung $\vec{M}$) erzeugte magnetische Flußdichte ist im gesamten Raumbereich identisch mit der Flußdichte, die von einer Flächenstromdichte entlang der Oberfläche des Zylinders erzeugt wird, falls die gesamte, gleichmäßig über die Länge h des Zylinders verteilte, an der Oberfläche fließende Stromstärke wI einer Ersatzspule gerade gleich

$$wI = Mh \qquad (\text{V.5.27})$$

ist. Dieser Zusammenhang läßt sich leicht aus der Bedingung $\vec{S}_F = wI/h = M$ mit Hilfe des in Abb.198 eingezeichneten Integrationsweges beweisen, falls die formale Gleichheit von Stromdichte $\vec{S}$ und Rotation der Magnetisierung $\vec{M}$ berücksichtigt wird. Die gesamte durch die Fläche A tretende Stromstärke, das ist die gesamte in der Oberfläche des Zylinders fließende Stromstärke wI, berechnet sich aus dem Flächenintegral:

$$wI = \iint\limits_{A} \vec{S} \cdot \vec{n}\ dA = \iint\limits_{A} rot\vec{M} \cdot \vec{n}\ dA = \oint\limits_{C} \vec{M} \cdot \vec{ds}\ ,$$

$$wI = Mh\ .$$

Das zweite Flächenintegral wurde mit Hilfe des Stoke'schen Satzes in ein Linienintegral längs der Randkurve C der Fläche A umgewandelt. Es liefert nur über der Länge h des Zylinders einen Beitrag, da außerhalb des Zylinders die Magnetisierung verschwindet.

Das heißt, das Feld eines homogen magnetisierten Zylinders kann berechnet werden, indem das Feld einer zylindrischen (eng gewickelten) Spule mit w Windungen und mit den gleichen Abmessungen wie die des magnetisierten Zylinders berechnet wird. Die gesamte in der Spulenoberfläche fließende Stromstärke berechnet sich nach Gl.(V.5.27). Die Richtung der Magnetisierung und die Richtung des Bezugspfeils der Stromstärke sind einander im Sinne einer Rechtsschraube zugeordnet.

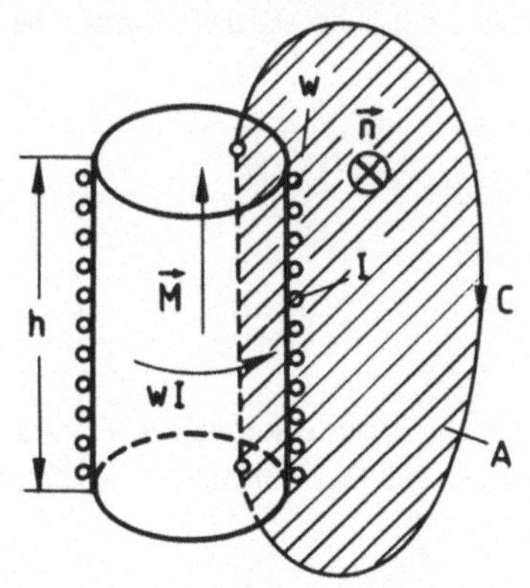

Die Spule ist ein Ersatzbild zur Berechnung der magnetischen Flußdichte im gesamten Raumbereich, hinsichtlich der magnetischen Erregung aber nur außerhalb des magnetisierten Zylinders. Innerhalb des magnetisierten Zylinders muß die magnetische Erregung aus der Beziehung (V.5.7): $\vec{H} = \vec{B}/\mu_0 - \vec{M}$ berechnet werden. Umgekehrt gilt, daß der magnetisierte Zylinder, mit den gleichen Einschränkungen, ein Ersatzbild für die stromdurchflossene

Abb198:   Spule als Ersatzbild des homogenen magnetisierten Zylinders

Spule ist; innerhalb der Spule muß die magnetische Erregung aus $\vec{B} = \mu_0 \vec{H}$ berechnet werden.

Wird die Höhe h des Zylinders sehr viel kleiner als der Durchmesser des Zylinders (flache Scheibe), so wird die dann entstehende magnetisierte Scheibe als "magnetisches Blatt" bezeichnet. Das magnetische Blatt kann entsprechend durch eine linienhafte Stromstärke I

$$I = Mh \ , \qquad (V.5.28)$$

die in seinem Rand fließt, ersetzt werden.

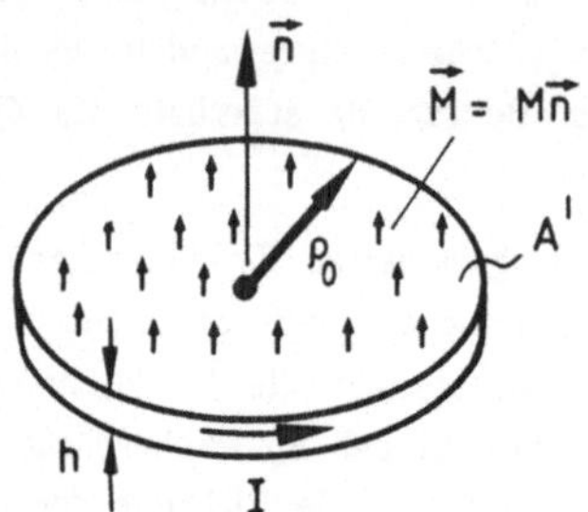

Abb.199: Magnetisches Blatt.

Wird das gesamte magnetische Dipolmoment des magnetischen Blattes berechnet:

$$\vec{m} = \iiint_{V'} \vec{M}(P') \, dV' = \iiint_{V'} M\vec{n} \, dV' \ ,$$

$$\vec{m} = Mh\pi\rho_0^2\vec{n} \ ,$$

so kann einem Kreisstrom der Stromstärke I in einer Leiterschleife des Radius ρ_0 und der Dicke des Leiters h entsprechend Gl.(V.5.28) das magnetische Dipolmoment

$$\vec{m} = I\pi\rho_0^2\vec{n} \ , \qquad (V.5.29)$$

oder verallgemeinert

$$\vec{m} = \iint\limits_{A'} \vec{\mathrm{In}} \; dA' \; , \tag{V.5.30}$$

mit A' der von der Leiterschleife berandeten Fläche, zugeordnet werden.

Ein zweites Ersatzbild zur Berechnung des Feldes eines magnetisierten Zylinders geht von der Beschreibung des Feldes durch das skalare Potential ψ aus. Nach Kapitel V.5.2 (Gl.(V.5.18) und Gl.(V.5.19)) wird das skalare Potential des Feldes eines magnetisierten Körpers durch eine fiktive "magnetische Raumladungsdichte" und eine fiktive "magnetische Flächenladungsdichte"

$$\rho_{magn} = - \, \mathrm{div}\vec{M} \; , \quad \sigma_{magn} = \vec{n} \cdot \vec{M}$$

beschrieben. Eine echte magnetische Raumladungsdichte existiert nicht, da die Divergenz der magnetischen Flußdichte immer verschwindet. Die Einführung der magnetischen Raumladungsdichte ist somit nur eine Hilfsvorstellung zur Vereinfachung der Rechnungen.

Für einen homogenen magnetisierten Zylinder gilt $\rho_{magn} = - \, \mathrm{div}\vec{M} = 0$ im Zylindervolumen. Die magnetische Flächenladungsdichte $\sigma_{magn} = \vec{n} \cdot \vec{M}$ tritt bei der Orientierung der Magnetisierung nach Abb.200 (positiv) auf der oberen Deckelfläche und (negativ) auf der unteren Deckelfläche auf.

Es kann daher ein Ersatzbild des homogenen magnetisierten Zylinders (Abb.200) dadurch angegeben werden, daß ein Zylinder mit gleichen Abmessungen betrachtet wird, der auf seinen Deckelflächen die "magnetische Flächenladungsdichte"

$$\sigma_{magn} = \pm \, |\vec{M}| \tag{V.5.31}$$

trägt.

5 Wolff

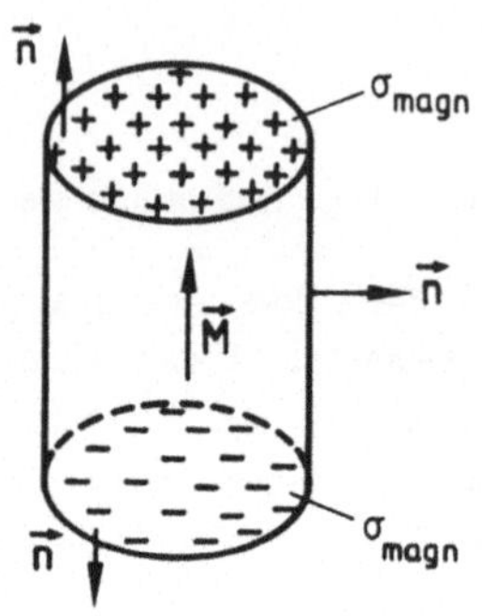

Abb. 200: Homogen magnetisierter
Zylinder und "magnetische
Flächenladungsdichte".

Das Feld dieses Ersatzbildes kann wie in der Elektrostatik aus der skalaren Potentialfunktion ψ bestimmt werden. Für große Abstände vom magnetisierten Körper ergibt sich wieder das Ersatzbild zweier sich gegenüberstehender, ungleichnamiger Ladungen (hier die fiktiven magnetischen Ladungen), also das Ersatzbild eines Dipols (vgl. Kapitel V.5.2).

Das Ersatzbild der Flächenladungsdichte auf den Deckelflächen des Zylinders ist ein Ersatzbild für den magnetischen Zylinder bezüglich der magnetischen Erregung im gesamten Raum, bezüglich der magnetischen Flußdichte nur im Außenraum des magnetisierten Körpers, d.h. im Bereich mit $\vec{M} = \vec{0}$. Innerhalb des magnetisierten Körpers muß die magnetische Flußdichte aus der Beziehung (V.5.7): $\vec{B} = \mu_0(\vec{H} + \vec{M})$ berechnet werden.

V.5.4 BERECHNUNG VON FELDERN MAGNETISIERTER KÖRPER

1. AUFGABE

Eine dünne Scheibe vom Radius ρ_0 und der Höhe h (h $\ll \rho_0$) ist gleichmäßig in einer Richtung senkrecht zur Scheibenfläche magnetisiert (magnetisches Blatt).Die Magnetisierung hat den konstanten Wert $\vec{M} = M\vec{e}_z$ (Abb.201).

a. Wie groß ist die äquivalente Stromstärke im Rand der Scheibe, die das gleiche magnetische Feld erzeugt, wie die magnetisierte Scheibe?

b. Wie groß ist das magnetische Moment der Scheibe?

c. Wie groß ist die magnetische Flußdichte im Mittelpunkt der Scheibe?

d. Wie groß ist die magnetische Erregung im Mittelpunkt der Scheibe?

<u>Lösung</u>

a. Da die Scheibe homogen magnetisiert ist, ist die Rotation der Magnetisierung im Volumen null. Im Rand der Scheibe tritt eine äquivalente Flächenstromdichte in Form der Flächenrotation der Magnetisierung $\text{Rot}\vec{M} = \vec{M} \times \vec{n}$ mit $\vec{n}$ dem senkrecht auf dem Rand stehenden Flächennormaleneinheitsvektor (Abb.201) auf. Die Flächenstromdichte hat den Betrag:

$$S_F = \frac{I}{h} = M \ .$$

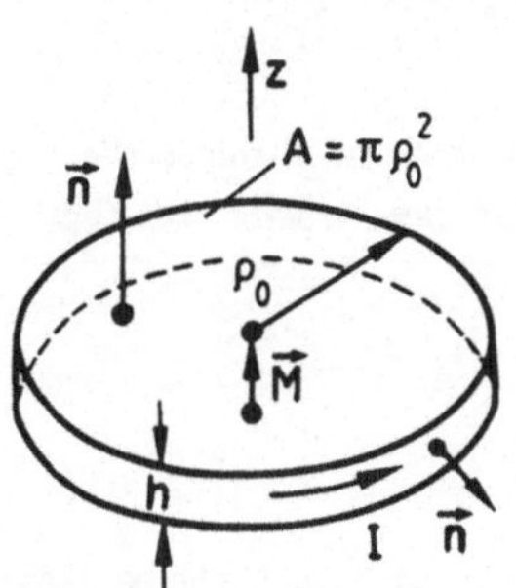

Abb.201: Magnetisches Blatt.

Die Bezugspfeilrichtung der Stromstärke und die Magnetisierung sind einander im Sinne einer Rechtsschraube zugeordnet. I ist die gesamte im Rand fließende äquivalente Stromstärke.

5*

b.   Nach Gl.(V.5.23) kann das Dipolmoment $\vec{m}$ des magnetisierten Körpers aus dem Volumenintegral

$$\vec{m} = \iiint\limits_{V'} \vec{M}(P')dV'$$

berechnet werden. Das bedeutet, falls der oben abgeleitete Zusammenhang zwischen äquivalenter Flächenstromdichte und Magnetisierung berücksichtigt wird und falls ferner berücksichtigt wird, daß die Magnetisierung $\vec{M}$ z-Richtung besitzt:

$$\vec{m} = \iiint\limits_{V'} \vec{M}dV' = \iiint\limits_{V'} \frac{I}{h}\,\vec{e}_z dV' \ .$$

Da die Magnetisierung über dem gesamten Volumen konstant ist, kann das Integral einfach gelöst werden:

$$\vec{m} = \frac{I}{h}\,V'\vec{e}_z = \frac{I}{h}\,Ah\,\vec{e}_z = IA\vec{e}_z = I\pi\rho_0^2\vec{e}_z = m\,\vec{e}_z \ .$$

A ist die Fläche der magnetisierten Scheibe.

Aus der Gleichung für das Dipolmoment folgt, daß die Stromstärke I gleich dem magnetischen Moment pro Flächeneinheit der Scheibe ist (vgl. auch Gl.(V.5.30)):

$$I = \frac{m}{A} \ .$$

c.   Die magnetische Flußdichte im Mittelpunkt MP der Scheibe läßt sich aus dem äquivalenten Kreisstrom I am Rande der Scheibe mit Hilfe des Biot-Savart'schen Gesetzes (vgl. Aufgabe 5, Kapitel V.4.2) berechnen. Dies ist möglich, weil der Kreisstrom bezüglich der magnetischen Flußdichte ein Ersatzbild ist, das im gesamten Raum gilt (vgl. Kapitel V.5.3). Damit ergibt sich die magnetische Flußdichte im Mittelpunkt MP der Scheibe (vgl. Abb.188) zu:

$$B(MP) = \frac{\mu_0 I}{2\rho_0} \ .$$

Wird die Stromstärke I durch die Magnetisierung ersetzt, so gilt:

$$B(MP) = \frac{\mu_0 Mh}{2\rho_0} \ , \qquad \vec{B}(MP) = \frac{\mu_0 Mh}{2\rho_0} \ \vec{e}_z \ .$$

Dieser Zusammenhang gilt nur näherungsweise für $h \ll \rho_0$, da die Dicke des stromführenden Leiters bei der Berechnung des Feldes nach Aufgabe 5, Kapitel V.4.2 als unendlich klein angesehen wurde.

d. Die zugehörige magnetische Erregung berechnet sich aus der Flußdichte und der Magnetisierung mit Hilfe der Beziehung (V.5.7):

$$\vec{B} = \mu_0(\vec{H} + \vec{M}) \ ,$$

$$\vec{H} = \frac{\vec{B}}{\mu_0} - \vec{M} \ , \qquad \vec{H} = H \ \vec{e}_z = \frac{B}{\mu_0} \ \vec{e}_z - M \ \vec{e}_z \ .$$

Das heißt, es gilt:

$$H(MP) = \frac{Mh}{2\rho_0} - M = - M(1 - \frac{h}{2\rho_0}) \ .$$

Da $h \ll \rho_0$ ist, hat die magnetische Erregung eine Richtung, die entgegengesetzt zu der der magnetischen Flußdichte ist:

$$\vec{B}(MP) = \frac{\mu_0 \vec{M}h}{2\rho_0} \ , \qquad \vec{H}(MP) = -\vec{M}(1 - \frac{h}{2\rho_0}) \ .$$

Flußdichte und Erregung sind also nicht mehr gleichgerichtet, sondern schließen einen Winkel von 180 Grad ein (entmagnetisierendes Feld).

2. AUFGABE

Ein magnetisch hartes Material hat die Form eines Kreiszylinders der Länge ℓ und des Radius ρ_0. Der Zylinder ist homogen magnetisiert und besitzt die Magnetisierung $\vec{M} = M\,\vec{e}_z$ parallel zu seiner Achse (z-Richtung, Abb.202). Wie groß ist die magnetische Erregung und die magnetische Flußdichte außerhalb des Zylinders für beliebige Aufpunkte mit einem Abstand vom Zylinder, der groß gegenüber der Länge des Zylinders ist ($R \gg \ell$), und für Aufpunkte innerhalb des Zylinders auf der Zylinderachse?

<u>Lösung</u>

Der magnetisierte Zylinder wird durch sein Ersatzbild nach Kapitel V.5.3 beschrieben. Danach kann das Feld des magnetisierten Zylinders als das Feld zweier "magnetischer Flächenladungsdichten" auf den Deckelflächen des Zylinders berechnet werden. Da die Größe dieser fiktiven Flächenladungsdichte gleich dem Betrag der Magnetisierung (mit dem jeweiligen Vorzeichen nach Abb.202) ist, kann die Anordnung für große Abstände im Außenraum als Dipol aufgefaßt werden. Es gilt (Gl.(V.5.31)): $\sigma_{magn} = \pm|\vec{M}|$. Das Potential dieses Dipols errechnet sich aus:

$$\psi(P) = \frac{|\vec{M}|A}{4\pi}\left[\frac{1}{R_+} - \frac{1}{R_-}\right],$$

$$\psi(P) = \frac{|\vec{M}|\pi\rho_0^2}{4\pi}\left[\frac{1}{R_+} - \frac{1}{R_-}\right] = \frac{|\vec{M}|\rho_0^2}{4}\left[\frac{1}{R_+} - \frac{1}{R_-}\right].$$

R_+ und R_- sind die Absolutbeträge der Abstandsvektoren nach Abb.202:

$$R_+ = \sqrt{x^2 + y^2 + (z - \tfrac{\ell}{2})^2}\,, \qquad R_- = \sqrt{x^2 + y^2 + (z + \tfrac{\ell}{2})^2}\,.$$

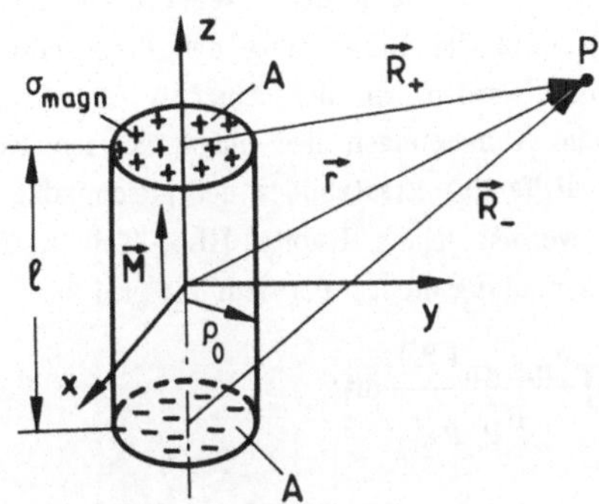

Abb.202: Magnetisierter Zylinder.

Mit einer entsprechenden Rechnung, wie sie in Kapitel III.7 für die elektrischen Dipole angegeben wurde, folgt für das Potential der Anordnung, falls die Abstandswerte R_+ und R_- sehr viel größer als ℓ sind (R_+, $R_- >> \ell$):

$$\psi(P) \approx \frac{2\rho_0^2 \ell \vec{M}\cdot\vec{r}}{8r^3} = \frac{\rho_0^2 \ell}{4} \frac{\vec{M}\cdot\vec{r}}{r^3} \; .$$

$\vec{r}$ ist der Ortsvektor des Aufpunktes, r sein Absolutbetrag. Durch Gradientenbildung kann hieraus die magnetische Erregung berechnet werden (vgl. Gl.(V.5.25)):

$$\vec{H} = -\mathrm{grad}\,\psi = \frac{\rho_0^2 \ell}{4r^3} \left[\; 3(\vec{M}\cdot\vec{r})\,\frac{\vec{r}}{r^2} - \vec{M} \; \right] \; .$$

Das Ersatzbild der mit Flächenladungsdichte belegten Deckelflächen war bezüglich der magnetischen Erregung allgemeingültig für den gesamten Raum

(Kapitel V.5.3). Damit kann auch im Innern des magnetisierten Körpers diese Darstellung zur Berechnung der magnetischen Erregung herangezogen werden. Allerdings muß die Berechnung der Potentialfunktion jetzt etwas anders vorgenommen werden, da der Abstand des Aufpunkts nicht mehr groß gegenüber den Abmessungen des magnetisierten Körpers ist. Es soll das Potential mit Hilfe des Ersatzbildes der gleichmäßig geladenen Deckelflächen bestimmt werden. Nach Kapitel III.6, Teil I, kann das Potential einer solchen Flächenladungsdichte aus dem Integral

$$\psi(P) = \frac{1}{4\pi} \iint\limits_{A} \frac{\sigma_{magn}(P')}{R_{P'P}} \, dA'$$

bestimmt werden. Damit ergibt sich für das Potential auf der Achse des Zylinders (Abb.203):

$$\psi(P) = \frac{1}{4\pi} \iint\limits_{A'_+} \frac{|\vec{M}| \, dA'}{R_+} - \frac{1}{4\pi} \iint\limits_{A'_-} \frac{|\vec{M}| \, dA'}{R_-} \, .$$

Ein Flächenelement in den Deckelflächen kann in Form eines Kreisringes mit der Breite $d\rho$ und vom Radius ρ gefunden werden. Da die Magnetisierung über dem gesamten Volumen des Zylinders und damit die fiktive Flächenladungsdichte über den Deckelflächen konstant ist, folgt:

$$\psi(P) = \frac{|\vec{M}|}{4\pi} \int\limits_{0}^{\rho_0} \frac{2\pi\rho \, d\rho}{R_+} -$$

$$- \frac{|\vec{M}|}{4\pi} \int\limits_{0}^{\rho_0} \frac{2\pi\rho \, d\rho}{R_-} \, .$$

R_+ und R_- sind wieder die Abstandswerte zwischen Auf- und Integrationspunkt (Abb.203):

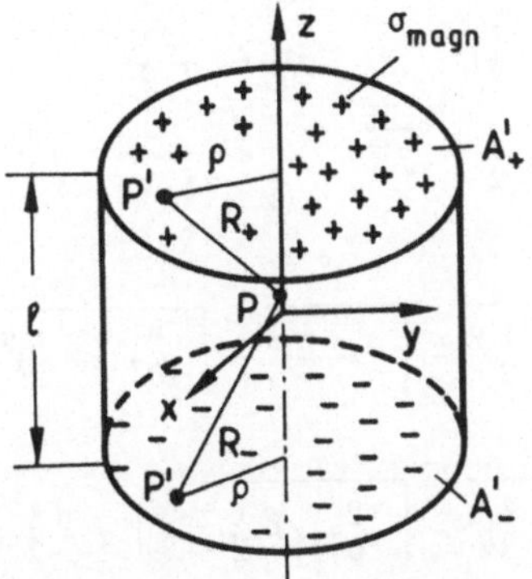

Abb.203: Zur Berechnung des Feldes innerhalb des Zylinders.

$$R_+ = \sqrt{x^2 + y^2 + (z - \tfrac{\ell}{2})^2} = \sqrt{\rho^2 + (z - \tfrac{\ell}{2})^2} \, ,$$

$$R_- = \sqrt{x^2 + y^2 + (z + \tfrac{\ell}{2})^2} = \sqrt{\rho^2 + (z + \tfrac{\ell}{2})^2} \, .$$

Also gilt für das Potential:

$$\psi(P) = \frac{|\vec{M}|}{2} \left[\int_0^{\rho_0} \frac{\rho \, d\rho}{\sqrt{\rho^2 + (z - \tfrac{\ell}{2})^2}} - \int_0^{\rho_0} \frac{\rho \, d\rho}{\sqrt{\rho^2 + (z + \tfrac{\ell}{2})^2}} \right] .$$

Mit der Substitution

$$\rho^2 + (z \pm \tfrac{\ell}{2})^2 = t, \qquad 2\rho \, d\rho = dt, \qquad (z \pm \tfrac{\ell}{2})^2 \leq t \leq \rho_0^2 + (z \pm \tfrac{\ell}{2})^2$$

folgt:

$$\psi(P) = \frac{|\vec{M}|}{4} \left[\int\limits_{(z-\frac{\ell}{2})^2}^{\rho_0^2+(z-\frac{\ell}{2})^2} \frac{dt}{\sqrt{t}} - \int\limits_{(z+\frac{\ell}{2})^2}^{\rho_0^2+(z+\frac{\ell}{2})^2} \frac{dt}{\sqrt{t}} \right],$$

$$\psi(P) = \frac{|\vec{M}|}{2} \left[\sqrt{\rho_0^2+(z-\tfrac{\ell}{2})^2} - \sqrt{(z-\tfrac{\ell}{2})^2} - \sqrt{\rho_0^2+(z+\tfrac{\ell}{2})^2} + \sqrt{(z+\tfrac{\ell}{2})^2} \right],$$

$$\psi(P) = \frac{|\vec{M}|}{2} \left[\sqrt{\rho_0^2+(z-\tfrac{\ell}{2})^2} - \sqrt{\rho_0^2+(z+\tfrac{\ell}{2})^2} - \left| z - \tfrac{\ell}{2} \right| + \left| z + \tfrac{\ell}{2} \right| \right].$$

Da bei der Berechnung des Feldes innerhalb des Zylinders immer die Bedingung $-\ell/2 \leq z \leq +\ell/2$ gilt, ist

$$-\left| z - \tfrac{\ell}{2} \right| + \left| z + \tfrac{\ell}{2} \right| = 2z$$

und damit das Potential:

$$\psi(P) = \frac{|\vec{M}|}{2} \left[\sqrt{\rho_0^2+(z-\tfrac{\ell}{2})^2} - \sqrt{\rho_0^2+(z+\tfrac{\ell}{2})^2} + 2z \right].$$

Durch Gradientenbildung im Aufpunkt P ergibt sich die magnetische Erregung zu:

$$\vec{H}(P) = -\mathrm{grad}\,\psi(P) = - \frac{\vec{M}}{2} \left[\frac{z-\tfrac{\ell}{2}}{\sqrt{\rho_0^2+(z-\tfrac{\ell}{2})^2}} - \frac{z+\tfrac{\ell}{2}}{\sqrt{\rho_0^2+(z+\tfrac{\ell}{2})^2}} + 2 \right].$$

Da $\psi(P)$ nur von der Koordinate z abhängt, geht die Gradientenbildung in eine Differentiation nach der z-Koordinate über. Die Richtung der Erregung ist die Richtung der negativen z-Achse, d.h. entgegengesetzt zur Richtung

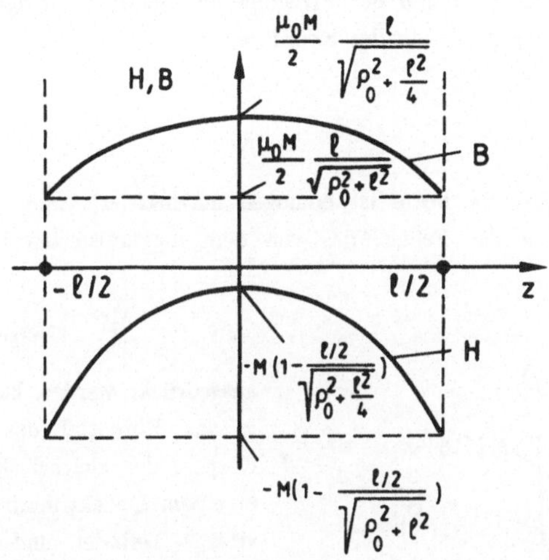

Abb.204: Verlauf der magnetischen Erregung und der Flußdichte im Innern des homogenen magnetisierten Zylinders.

der Magnetisierung $\vec{M}$ (entmagnetisierendes Feld). Aus der magnetischen Erregung folgt mit Hilfe der Beziehung (V.5.7)

$$\vec{B} = \mu_0(\vec{H} + \vec{M})$$

für die magnetische Flußdichte $\vec{B}$:

$$\vec{B}(P) = \frac{\mu_0 \vec{M}}{2}\left[\frac{\frac{\ell}{2} - z}{\sqrt{\rho_0^2 + (z - \frac{\ell}{2})^2}} + \frac{\frac{\ell}{2} + z}{\sqrt{\rho_0^2 + (z + \frac{\ell}{2})^2}} \right].$$

Die magnetische Flußdichte hat für alle Werte von z mit $-\ell/2 \leq z \leq +\ell/2$ dieselbe Richtung wie die Magnetisierung $\vec{M}$. Abb.204 zeigt qualitativ den

Verlauf der Flußdichte und der Erregung im Innern des magnetisierten Zylinders in Abhängigkeit von der Koordinate z.

3. AUFGABE

Ein Körper beliebiger Form ist homogen magnetisiert. Man zeige, daß das skalare Potential des Feldes, das von dem magnetisierten Körper erzeugt wird, durch

$$\psi = - \frac{\vec{M}\epsilon}{\rho} \cdot \text{grad}_\text{P}\varphi$$

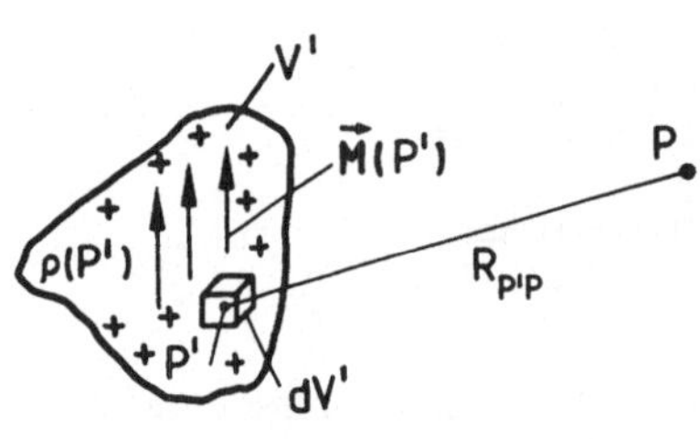

Abb.205:   Geladener bzw. magnetisierter Körper.

ausgedrückt werden kann. Dabei ist φ das Potential des Feldes eines Körpers der gleichen Form, der sich in einem Dielektrikum der Permittivität ϵ befindet und der mit der gleichmäßig verteilten Raumladungsdichte ρ geladen ist.

<u>Lösung</u>

Nach Gl.(V.5.20) kann für das Potential ψ des magnetischen Feldes als Funktion der Magnetisierung $\vec{M}$ der Ausdruck

$$\psi(\text{P}) = \frac{1}{4\pi} \iiint\limits_{V'} \vec{M}(\text{P}')\text{grad}_{\text{P}'} \frac{1}{R_{\text{P'P}}} \, dV'$$

angegeben werden. Da das Volumen V' homogen magnetisiert ist ($|\vec{M}| = $ const), kann die Magnetisierung vor das Integral gezogen werden:

$$\psi(\text{P}) = \frac{\vec{M}}{4\pi} \iiint\limits_{V'} \text{grad}_{\text{P}'} \frac{1}{R_{\text{P'P}}} \, dV' \; .$$

Das Potential φ einer Raumladungsverteilung $\rho(P')$ berechnet sich nach Gl.(III.6.1), Teil I, aus:

$$\varphi(P) = \frac{1}{4\pi\epsilon} \iiint\limits_{V'} \frac{\rho(P')}{R_{P'P}} \, dV' \ .$$

Wird der Gradient dieser Potentialfunktion gebildet und die Gradientenbildung unter dem Integral vorgenommen, so gilt:

$$\mathrm{grad}_P\varphi(P) = \frac{1}{4\pi\epsilon} \iiint\limits_{V'} \mathrm{grad}_P \ \frac{\rho(P')}{R_{P'P}} \, dV' \ .$$

Da auch die Raumladungsdichte über dem Volumen konstant ist, kann sie sowohl vor die Differentiation als auch vor die Integration gezogen werden. Damit gilt:

$$\mathrm{grad}_P\varphi(P) = \frac{\rho}{4\pi\epsilon} \iiint\limits_{V'} \mathrm{grad}_P \ \frac{1}{R_{P'P}} \, dV' \ .$$

Wird noch beachtet, daß einmal die Gradientenbildung im Aufpunkt, zum andern (bei der Bestimmung von ψ) im Integrationspunkt vorgenommen wurde, so gilt unter Berücksichtigung der Beziehung

$$\mathrm{grad}_{P'} \ \frac{1}{R_{P'P}} = - \ \mathrm{grad}_P \ \frac{1}{R_{P'P}}$$

der gesuchte Zusammenhang:

$$\psi = - \ \frac{\vec{M}\epsilon}{\rho} \cdot \mathrm{grad}_P\varphi \ .$$

4. AUFGABE

Eine homogen magnetisierte Kugel vom Radius r_0 befindet sich im Vakuum. Gesucht ist das magnetische Feld dieser Anordnung. Wie berechnet sich die Flächenstromdichte in der Oberfläche der Kugel, die ein entsprechendes Feld wie die homogene Magnetisierung hervorruft? Wie lautet der Zusammenhang zwischen Flächenstromdichte und Magnetisierung?

Lösung

Es wird angenommen, daß die konstante Magnetisierung in z-Richtung weist (Abb.206). Aufgrund der homogenen Magnetisierung innerhalb der Kugel wird das Feld im Innenraum der Kugel als homogen in z-Richtung angenommen:

$$\vec{H}_i = H_i \vec{e}_z \; .$$

Das Feld im Außenraum der Kugel wird durch ein Dipolfeld der Form

$$\vec{H}_a = \frac{1}{4\pi r^3} \left[(\vec{m}\cdot\vec{r}) \, \frac{3\vec{r}}{r^2} - \vec{m} \right]$$

mit dem magnetischen Dipolmoment $\vec{m}$ angesetzt. $\vec{r}$ ist der Ortsvektor des Aufpunktes P vom Mittelpunkt der Kugel aus. Mit diesen Feldern wird versucht, an der Grenzschicht zwischen magnetisierter Kugel und Vakuum die Grenzbedingungen für die magnetische Erregung und die magnetische Flußdichte zu erfüllen. Da in der Grenzschicht keine (wirkliche, physikalische) Flächenstromdichte existiert, muß die Normalkomponente der magnetischen Flußdichte und die Tangentialkomponente der magnetischen Erregung in der Grenzfläche ($r = r_0$) stetig sein:

$$\left. \begin{aligned} \vec{B}_a\cdot\vec{e}_r &= \vec{B}_i\cdot\vec{e}_r \\[2mm] \vec{H}_a\cdot\vec{e}_\vartheta &= \vec{H}_i\cdot\vec{e}_\vartheta \end{aligned} \right\} \quad \text{für } r = r_0 \; .$$

Die Einheitsvektoren des Kugelkoordinatensystems $\vec{e}_r$ und $\vec{e}_\vartheta$ sind gleichzeitig Normal- und Tangentialeinheitsvektoren auf der Kugeloberfläche. Da das Problem rotationssymmetrisch zur z-Achse ist und die Magnetisierung z-Richtung besitzt, wird keine Feldkomponente in azimutaler Richtung auftreten.

Die magnetische Flußdichte im Innenraum ($r \leq r_0$) der Kugel und im Außenraum ($r \geq r_0$) der Kugel berechnet sich aus der zugehörigen magnetischen Erregung zu:

$$\vec{B}_i = \mu_0(\vec{H}_i + \vec{M}) \; ,$$

$$\vec{B}_a = \mu_0\vec{H}_a \; .$$

Werden die Tangentialkomponenten der magnetischen Erregung in der Grenzfläche ($r = r_0$) gleichgesetzt, so gilt (Abb.206) mit $\vec{H}_i = H_i\vec{e}_z$ und $\vec{m} = m\vec{e}_z$

$$\vec{H}_i\cdot\vec{e}_\vartheta = - H_i\sin\vartheta = \vec{H}_a\cdot\vec{e}_\vartheta = \frac{1}{4\pi r_0^3}\, m\,\sin\vartheta \; ,$$

$$H_i = - \frac{m}{4\pi r_0^3} \; , \qquad\qquad \vec{H}_i = - \frac{\vec{m}}{4\pi r_0^3} \; .$$

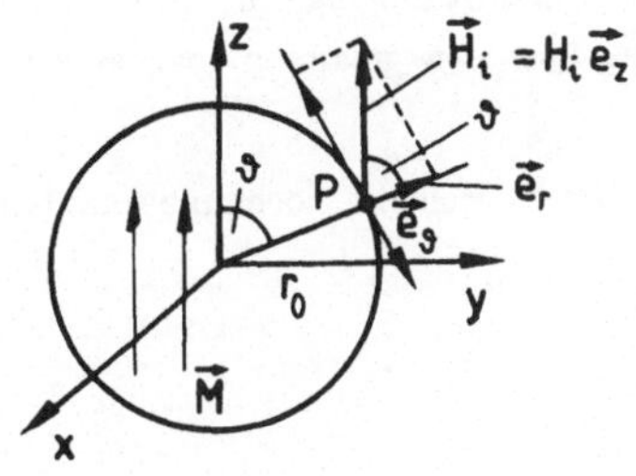

Das Produkt $\vec{H}_a\cdot\vec{e}_\vartheta$ kann aus der oben angegebenen Darstellung der magnetischen Erregung im Außenraum leicht berechnet werden, wenn berücksichtigt wird, daß der erste Term in der Klammer rein radiale Richtung hat und daß das Dipolmoment $\vec{m}$ die Richtung der Magnetisierung, also z-Richtung besitzt.

Abb.206: Homogen magnetisierte Kugel.

Aus der Grenzbedingung für die magnetische Flußdichte folgt mit $\vec{M}=M\vec{e}_z$:

$$\vec{B}_i \cdot \vec{e}_r = \mu_0(\vec{H}_i + \vec{M}) \cdot \vec{e}_r = \mu_0 \left[-\frac{m \cos\vartheta}{4\pi\, r_0^3} + M \cos\vartheta \right] =$$

$$= \vec{B}_a \cdot \vec{e}_r = \frac{\mu_0}{4\pi\, r_0^3} \left[3m \cos\vartheta - m \cos\vartheta \right] = \frac{\mu_0 m \cos\vartheta}{2\pi\, r_0^3} \ .$$

In diesen Gleichungen ist bereits der oben abgeleitete Ausdruck für die magnetische Erregung im Innenraum benutzt worden. Aus der Grenzbedingung für die magnetische Flußdichte folgt zunächst für das unbekannte Dipolmoment $\vec{m}$:

$$\mu_0\, M\cos\vartheta - \frac{\mu_0 m \cos\vartheta}{4\pi\, r_0^3} = \frac{\mu_0 m \cos\vartheta}{2\pi\, r_0^3} \ ,$$

$$m = \frac{4\pi\, r_0^3}{3}\, M = \iiint\limits_{V'} M dV' \ ,$$

$$\vec{m} = \frac{4\pi\, r_0^3}{3}\, \vec{M} \ .$$

Das Dipolmoment ergibt sich also hier in Übereinstimmung mit Gl.(V.5.23) als das Volumenintegral der Magnetisierung über den gesamten magnetisierten Körper.

Mit dem so abgeleiteten Dipolmoment lassen sich die noch unbekannten Felder angeben. Es gilt für das Außenfeld ($r \geq r_0$):

$$\vec{H}_a = \frac{r_0^3}{3r^3} \left[3(\vec{M} \cdot \vec{r})\, \frac{\vec{r}}{r^2} - \vec{M} \right] \ ,$$

$$\vec{B}_a = \frac{\mu_0 r_0^3}{3r^3} \left[3(\vec{M} \cdot \vec{r})\, \frac{\vec{r}}{r^2} - \vec{M} \right] \ .$$

Entsprechend ergibt sich für das Innenfeld ($r \leq r_0$):

$$\vec{H}_i = - \frac{\vec{m}}{4\pi \ r_0^3} = - \frac{\vec{M}}{3} \ ,$$

$$\vec{B}_i = \mu_0\vec{M} + \mu_0\vec{H}_i = \mu_0\vec{M} - \mu_0 \ \frac{\vec{M}}{3} \ ,$$

$$\vec{B}_i = \frac{2}{3} \ \mu_0\vec{M} \ .$$

In Abb.207 ist der Feldlinienverlauf innerhalb und außerhalb der Kugel qualitativ skizziert.

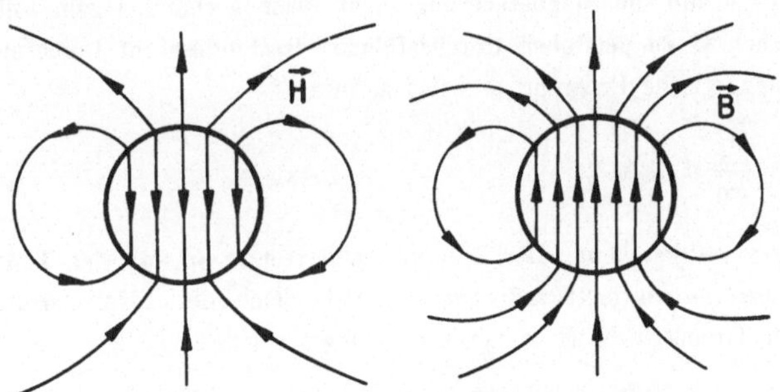

Abb.207: Feldlinien der magnetisierten Kugel.

Die Feldlinienbilder der magnetischen Flußdichte und der magnetischen Erregung unterscheiden sich charakteristisch dadurch, daß die magnetische Flußdichte immer geschlossene Feldlinien besitzt, während die Feldlinien der magnetischen Erregung auf der Kugeloberfläche entspringen. Dort existiert also die fiktive Flächenladungsdichte als Quelle der magnetischen Erregung. Im Innenraum der Kugel sind die magnetische Flußdichte und die magnetische Erregung entgegengesetzt zueinander gerichtet (entmagnetisierendes Feld).

Soll die Magnetisierung in einem Ersatzbild durch eine Flächenstromdichte in der Oberfläche der Kugel ersetzt werden, so kann von folgender Überlegung ausgegangen werden: Die Flächenstromdichte soll dasselbe Feld erzeugen wie die Magnetisierung. Wird die Magnetisierung durch die Flächenstromdichte ersetzt, so ist dieses Ersatzbild allgemeingültig bezüglich der magnetischen Flußdichte im gesamten Raum (vgl. Kapitel V.5.3). Das heißt, die oben berechnete Flußdichte muß auch die Flußdichte des Ersatzbildes sein. Da aber für den Fall des von der Flächenstromdichte erzeugten Feldes sowohl im Innen- als auch im Außenraum die Bedingung

$$\vec{B}_i = \mu_0 \vec{H}_i, \qquad \vec{B}_a = \mu_0 \vec{H}_a$$

gilt (weil ja nun die Magnetisierung nicht mehr vorhanden sein soll), folgt im Unterschied zu den oben durchgeführten Rechnungn im Innenraum eine andere magnetische Erregung, die formal durch

$$\vec{H}_i = \frac{\vec{B}_i}{\mu_0} = \frac{2}{3} \vec{M}$$

beschrieben werden kann. Der nunmehr auftretende Sprung der Tangentialkomponente der magnetischen Erregung ist gleich der Flächenstromdichte, die in der Grenzschicht ($r = r_0$) angenommen wurde:

$$\vec{S}_F = \text{Rot}\vec{H} = \vec{n} \times (\vec{H}_a - \vec{H}_i) \ ,$$

mit $\vec{n}$ dem aus dem Innenbereich der Kugel in den Außenbereich weisenden Flächennormalen-Einheitsvektor $\vec{n}=\vec{e}_r$. Damit gilt mit $\vec{r}=\vec{r}_0$ und $M=M\vec{e}_z$:

$$\vec{S}_F = \vec{e}_r \times \left[(\vec{M} \cdot \vec{r}_0) \frac{\vec{r}_0}{r_0^2} - \frac{\vec{M}}{3} - \frac{2}{3} \vec{M} \right] \ ,$$

$$\vec{S}_F = - \vec{e}_r \times \vec{M} = M\vec{e}_z \times \vec{e}_r = M \sin\vartheta \, \vec{e}_\alpha \ ,$$

$$S_F = M \sin\vartheta \ ,$$

in Übereinstimmung mit den allgemeinen Überlegungen in Kapitel V.5.2, nach denen sich (vgl. Gl.(V.5.13), $\vec{n} = \vec{n}_{12} = \vec{e}_r$, $\vec{M}_1 = \vec{M}$, $\vec{M}_2 = 0$) die Flächenstromdichte aus $\vec{S}_F = \vec{M} \times \vec{n}$ bestimmt. Das von dieser Flächenstromdichte erzeugte Feld der magnetischen Flußdichte stimmt im gesamten Bereich mit der Flußdichte der magnetisierten Kugel überein. Die magnetische Erregung, die von dieser Flächenstromdichte erzeugt wird, ist nur im Außenraum der Kugel mit der magnetischen Erregung der magnetisierten Kugel identisch. Im Innenraum der Kugel muß die magnetische Erregung mit Gl.(V.5.7) aus $\vec{H} = \vec{B}/\mu_0 - \vec{M}$ bestimmt werden.

V.6   MAGNETISCHE KREISE

Aufgrund der Divergenzfreiheit der magnetischen Flußdichte sind die Feldlinien der Flußdichte immer in sich geschlossene Linien. Anordnungen, die es gestatten, den Verlauf der magnetischen Flußdichte auf einem bestimmten Weg zu führen, werden als magnetische Kreise bezeichnet. Magnetische Kreise bestehen im allgemeinen aus Materialien mit großer Permeabilitätszahl und sind im Idealfall so geartet, daß der magnetische Fluß durch den Querschnitt eines solchen Kreises entlang des Kreises konstant bleibt. Als einfaches Beispiel zeigt Abb.208 einen magnetischen Kreis in Form eines Ringkerns. Der Querschnitt des Ringkerns sei rechteckförmig, er besitze den Innenradius ρ_i, den Außenradius ρ_a und die Höhe h. Um den Ringkern ist eine Spule gelegt, in der ein Strom der Stromstärke I fließt. Das Material des Ringkerns besitze eine große Permeabilitätszahl $\mu_r (\mu_r \gg 1)$. Aufgrund der großen Permeabilitätszahl des Kernmaterials wird die magnetische Flußdichte an der Berandung Luft-Kernmaterial im Innern des Kerns fast parallel zur Berandung verlaufen (vgl. Kapitel V.3 und die dort diskutierten Grenzfälle) und die Flußdichte außerhalb des

Kerns wird wegen der geforderten Stetigkeit der (zur Grenzfläche tangentialen) magnetischen Erregung und wegen $\mu_a = \mu_0 << \mu_i = \mu_r\mu_0$ verschwindend klein sein. Damit wird das Feld der magnetischen Flußdichte im wesentlichen innerhalb des Ringkerns geführt. Da die Permeabilitätszahl jedoch einen endlichen Wert besitzt, treten einige Feldlinien in den Luftraum aus und schließen sich über den Luftraum. Wird der magnetische Fluß Φ_m durch den Querschnitt des Ringkerns A (Abb.208) berechnet, so ist er aufgrund des im Luftbereich auftretenden Feldes nicht in jeder Querschnittsfläche des Kerns konstant, falls nicht eine symmetrische Kernkonstruktion vorliegt. Der Fluß, der den Luftbereich durchsetzt, wird als Streufluß bezeichnet, der Fluß durch den Querschnitt des Ringkerns als Nutzfluß. Ist die Permeabilitätszahl, wie vorausgesetzt, sehr viel größer als eins, so ist der Streufluß vernachlässigbar klein gegenüber dem Nutzfluß, und der Nutzfluß kann entlang dem Ringkern als eine in erster Näherung konstante Größe angesehen werden.

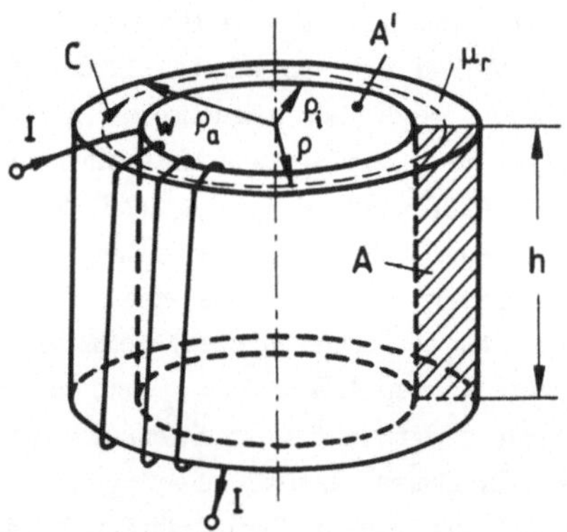

Abb.208: Magnetischer Kreis.

Zur Berechnung des Feldes des magnetischen Kreises wird das Durchflutungsgesetz betrachtet:

$$\oint_C \vec{H}\cdot\vec{ds} = \iint_A \vec{S}\cdot\vec{n} \; dA \; .$$

Das Linienintegral über die magnetische Erregung entlang eines Weges C ist gleich der elektrischen Durchflutung (Stromstärke), die die von C berandete Fläche durchsetzt. Auf den hier betrachteten magnetischen Kreis (Abb.208) angewendet lautet dieses Gesetz für einen kreisförmigen Integrationsweg mit dem Radius ρ (Abb.208, $\rho_i \leq \rho \leq \rho_a$) mit $\vec{H} = H\vec{e}_\alpha$ und $\vec{e}_\alpha$ dem Einheitsvektor in azimutaler Richtung (Richtung des Integrationswegs):

$$\oint_C \vec{H}\cdot\vec{ds} = H2\pi\rho = \iint_{A'} \vec{S}\cdot\vec{n} \; dA = wI = \Theta \; .$$

$2\pi\rho$ ist die Länge (Umfang) des betrachteten, kreisförmigen Integrationsweges. Die gesamte elektrische Durchflutung Θ, die die vom Integrationsweg berandete Fläche A' durchsetzt, ist die in den w Windungen fließende Stromstärke. Bei der Auswertung des Linienintegrals über die magnetische Erregung wurde angenommen, daß diese auf einer Linie $\rho =$ const. im Betrag konstant ist. Dies gilt wegen der oben gemachten Voraussetzungen näherungsweise.

Mit Hilfe der magnetischen Erregung $\vec{H}$ kann unter den oben angegebenen Voraussetzungen der magnetische Fluß durch die Querschnittsfläche A (Abb.208) des Ringkerns bestimmt werden. Er ist:

$$\Phi_m = \iint_A \vec{B}\cdot\vec{n} \; dA = \iint_A \mu_0\mu_r\vec{H}\cdot\vec{n} \; dA = \frac{\mu_0\mu_r \; h\Theta}{2\pi} \int_{\rho_i}^{\rho_a} \frac{d\rho}{\rho} \; ,$$

$$\Phi_m = \frac{\mu_0\mu_r \; h}{2\pi} \ln \frac{\rho_a}{\rho_i} \, \Theta = \frac{1}{R_M} \, \Theta \; .$$

Zwischen dem magnetischen Fluß Φ_m und der elektrischen Durchflutung Θ besteht ein linearer Zusammenhang, der dem Ohmschen Gesetz für Stromstärke und Spannung an einem elektrischen Widerstand gleicht. Wird die Äquivalenz elektrische Stromstärke I $\quad\Leftrightarrow\quad$ magnetischer Fluß Φ_m

elektrische Spannung U $\quad\Leftrightarrow\quad$ elektrische Durchflutung Θ

eingeführt, so kann R_m als "magnetischer Widerstand"

$$R_m = \frac{2\pi}{\mu_0\mu_r h \ln(\rho_a/\rho_i)} = \frac{\Theta}{\Phi_m}$$

des hier betrachteten Ringkerns bezeichnet werden.

Zur Berechnung des magnetischen Flusses Φ_m bei vorgegebener Durchflutung Θ kann demnach ein Ersatzschaltbild in Form eines elektrischen Kreises, wie in Abb.209 dargestellt, angegeben werden:

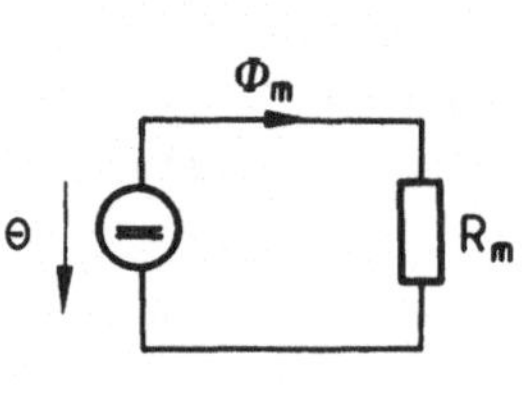

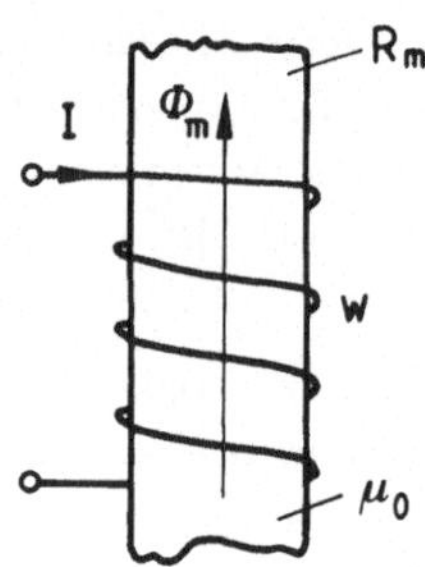

Abb.209: Ersatzschaltbild des magnetischen Kreises.

Abb.210: Zur Zählpfeilzuordnung.

Das in Abb.209 angegebene Ersatzschaltbild ist nur eindeutig, wenn eine Zählpfeilzuordnung für die Durchflutung und den magnetischen Fluß festgelegt wird. Der Zählpfeilzuordnung liegt nicht ein vektorieller Charakter der Größen zugrunde. Durchflutung und magnetischer Fluß sind Skalare und haben damit keine Richtung. Um mit der Ersatzschaltung Abb.209 und eindeutigen Vorzeichen rechnen zu können, muß aber eine Zählpfeilrichtung eingeführt werden, wie dies auch bei den Größen elektrische Spannung und elektrische Stromstärke, die auch skalare Größen sind, vorgenommen wird, um das Vorzeichen der Größen eindeutig festzulegen. Die Richtung der Zählpfeile kann beliebig festgelegt werden, da sie nur Rechenhilfen darstellen und keine physikalische Bedeutung besitzen. Es soll hier vereinbart werden, daß die Zählpfeilzuordnung in Abb.210 gelten soll, daß also der Zählpfeil der felderzeugenden Stromstärke I (die die Durchflutung Θ hervorruft) und der Zählpfeil des magnetischen Flusses Φ_m im Kern einander im Rechtsschraubensinn zugeordnet sind (Abb.210). Dann gilt der oben angegebene Zusammenhang zwischen Φ_m und Θ, wie angegeben, mit positivem Vorzeichen.

Der oben definierte Begriff des magnetischen Kreises soll etwas erweitert werden, indem auch verzweigte Kreise zugelassen werden. Dazu wird ein System von verzweigten Eisenschenkeln betrachtet, wie es vor allem in Transformatoren eine große Rolle spielt (Abb.211).

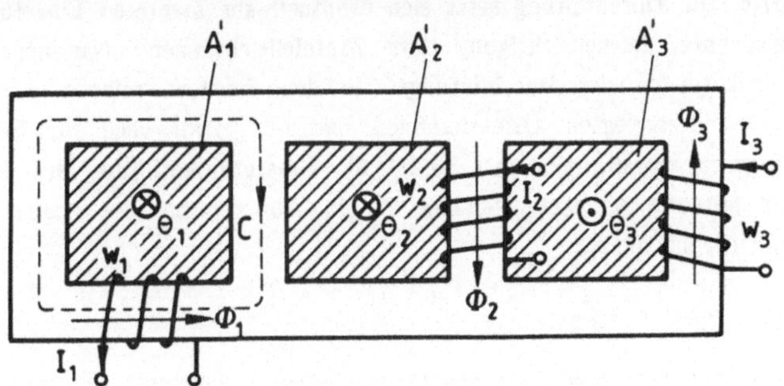

Abb.211: Verzweigter magnetischer Kreis.

Es wird vorausgesetzt, daß die Eisenschenkel jeweils den abschnittsweise konstanten Querschnitt A_ν (ν sei der Zählindex des betrachteten ν-ten Eisenschenkels), die abschnittsweise konstante Permeabilitätszahl $\mu_{r\nu}$, sowie die Länge l_ν besitzen. Störungen des Feldverlaufs sowie auftretender Streufluß an den Verzweigungsstellen seien vernachlässigbar klein. Wird ferner angenommen, daß die magnetische Erregung längs der einzelnen Schenkel und über dem Querschnitt der einzelnen Schenkel konstant ist, so kann das Durchflutungsgesetz auf einen geschlossenen Integrationsweg, der innerhalb der Eisenschenkel verläuft (z.B. C in Abb. 211), angewendet werden. Es gilt dann:

$$\oint_C \vec{H}\cdot d\vec{s} = \sum_{\nu=1}^{n} H_\nu l_\nu = \iint_{A'_\mu} \vec{S}\cdot\vec{n}\ dA = \Theta_\mu \ .$$

H_ν ist die magnetische Erregung im Schenkelabschnitt ν, A'_μ der Flächeninhalt des μ-ten "Fensters", das vom Integrationsweg berandet und von den Eisenschenkeln gebildet wird, und Θ_μ ist entsprechend die gesamte elektrische Durchflutung (elektrische Stromstärke), die durch dieses Fenster hindurchtritt. Die Durchflutung setzt sich eventuell aus mehreren Einzeldurchflutungen unter Berücksichtigung ihrer Zählpfeilrichtungen zusammen. (Die Zählpfeilrichtungen der Durchflutungen in den Fenstern müssen ihrerseits wieder den festgelegten Orientierungen der Integrationswege im Rechtsschraubensinn zugeordnet sein.) So ist die Gesamtdurchflutung des dritten Fensters mit der Querschnittsfläche A'_3 in Abb.211 bei der angegebenen Zählpfeilrichtung gleich:

$$\Theta_3 = w_2 I_2 + w_3 I_3 \ .$$

Aufgrund der gemachten Voraussetzungen über Querschnitt, Permeabilität und magnetische Erregung kann das Durchflutungsgesetz mit Hilfe einer Erweiterung in der Form:

$$\oint_C \vec{H}\cdot d\vec{s} = \sum_{\nu=1}^{n} H_\nu l_\nu = \sum_{\nu=1}^{n} \mu_0 \mu_{r\nu} H_\nu A_\nu \frac{l_\nu}{\mu_0 \mu_{r\nu} A_\nu} = \Theta_\mu$$

oder

$$\sum_{\nu=1}^{n} \pm \, \Phi_{m\nu} R_{m\nu} = \Theta_{\mu} \qquad\qquad (V.6.1)$$

mit

$$\Phi_{m\nu} = \mu_0 \mu_{r\nu} H_\nu A_\nu$$

dem magnetischen Fluß durch den Querschnitt A_ν des ν-ten Schenkels und

$$R_{m\nu} = \frac{l_\nu}{\mu_0 \mu_{r\nu} A_\nu} \qquad\qquad (V.6.2)$$

dem magnetischen Widerstand des ν-ten Schenkels, angegeben werden. Das abgeleitete Gesetz (V.6.1) entspricht formal der Kirchhoff'schen Maschenregel für elektrische Kreise, wenn wieder die schon oben angegebene Zuordnung von elektrischen und magnetischen Größen getroffen wird (vgl. Kapitel IV.2, Gl.(IV.2.7)). Das in Gl.(V.6.1) angegebene doppelte Vorzeichen soll wieder darauf hinweisen, daß die Zählpfeilrichtungen für den magnetischen Fluß berücksichtigt werden müssen.

Neben der "Maschenregel" Gl.(V.6.1) kann auch eine der Kirchhoff'schen Knotenregeln (vgl. Kapitel IV.2, Gl.(IV.2.9)) entsprechende Beziehung für den magnetischen Fluß abgeleitet werden. Aus der Maxwell'schen Gleichung

$$\oiint_{A} \vec{B} \cdot \vec{n} \; dA = 0$$

folgt, falls sie auf einen Verzweigungspunkt der Schenkel (Abb.212) angewendet wird:

$$\oiint_{A} \vec{B} \cdot \vec{n} \; dA = \sum_{\nu=1}^{m} \iint_{A_\nu} \vec{B} \cdot \vec{n} \; dA = \sum_{\nu=1}^{m} \pm \, \Phi_{m\nu} = 0 \; ,$$

$$\sum_{\nu=1}^{m} \pm \Phi_{m\nu} = 0 \ .$$

(V.6.3)

Die Summe aller magnetischen Teilflüsse der Schenkel, die in einem Knotenpunkt vereinigt werden, ist gleich null. Dabei ist der magnetische Teilfluß der einzelnen Schenkel je nach Zählpfeilrichtung positiv oder negativ zu zählen. Es soll vereinbart werden, daß der Fluß, dessen Zählpfeil aus der in Abb.212 eingezeichneten Hülle herausweist, als positiv gezählt wird. Damit gilt für die Anwendung von Gl.(V.6.3) auf den Verzweigungspunkt in Abb.212:

$$\Phi_1 - \Phi_2 - \Phi_3 - \Phi_4 = 0 \ .$$

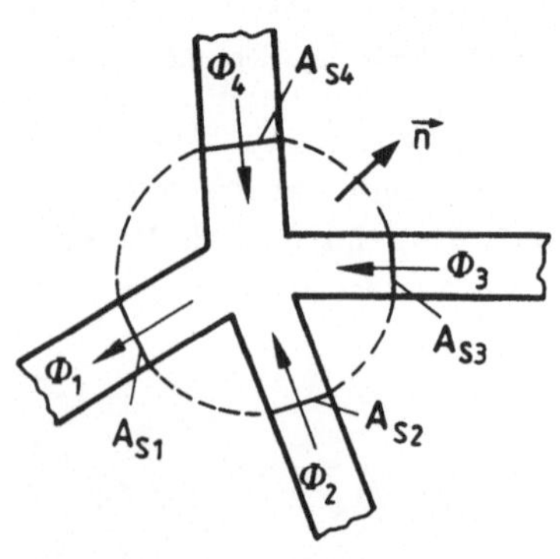

Abb.212: Zur Knotenpunktregel.

Mit den Gesetzen Gl.(V.6.1) und Gl.(V.6.3) bestehen zwei Beziehungen, die es (unter den gemachten Voraussetzungen) ermöglichen, magnetische Netzwerke auf ein elektrisches Netzwerk zurückzuführen und somit den magnetischen Fluß bzw. die magnetischen Felder in den einzelnen Kernbereichen auf der Basis eines elektrischen Ersatzschaltbildes zu berechnen.

V.6.1 AUFGABEN ZUR BERECHNUNG MAGNETISCHER KREISE

1. AUFGABE

Gegeben ist ein magnetischer Kreis in Form eines kreisringförmigen Eisenrings der Permeabilität $\mu = \mu_0\mu_r$, der durch einen Luftspalt ($\mu = \mu_0$) der Länge d unterbrochen ist. Der Eisenring hat einen rechteckförmigen Querschnitt, die Höhe h sowie den Innenradius ρ_i und den Außenradius ρ_a (Abb.213). Gesucht ist das Ersatzbild in Form eines elektrischen Netzwerkes für den magnetischen Kreis. Wie groß ist der magnetische Widerstand des Eisenrings und des Luftspaltes, wenn der auftretende Streufluß vernachlässigt werden kann und wenn angenommen wird, daß die Breite des Eisenrings $\rho_a - \rho_i$ sehr viel kleiner als der Radius ρ_i ist. Man berechne den auftretenden magnetischen Fluß sowie die Größe der magnetischen Flußdichte und der magnetischen Erregung im gesamten Kreis.

Lösung

Das Ersatzschaltbild in Form eines elektrischen Netzwerkes für den in Abb.213 dargestellten magnetischen Kreis kann mit Hilfe der Überlegungen im Kapitel V.6 wie in Abb.214 dargestellt angegeben werden. Hierin sind R_{mE} und R_{mL} die magnetischen Widerstände des Eisenrings bzw. des Luftspaltes. Aufgrund der Annahme, daß der Eisenschenkel sehr schmal sein soll ($\rho_a - \rho_i << \rho_i$) und daß der Streufluß vernachlässigt werden kann, kann gefolgert werden, daß die magnetische Erregung über dem Querschnitt des Eisenschenkels und des Luftspalts konstant ist. Ferner gilt, falls das Flußgesetz

$$\oiint_A \vec{B}\cdot\vec{n}\ dA = 0$$

auf die in Abb.213, Ausschnittszeichnung eingezeichnete geschlossene Fläche angewendet wird, daß der magnetische Fluß durch den Eisenkern gleich dem magnetischen Fluß durch den Luftbereich ist, $\Phi_{mE} = \Phi_{mL}$. Da darüberhinaus der Streufluß vernachlässigt werden soll, d. h. die vom Magnetfeld durchsetzten Flächen im Eisen- und Luftbereich sind gleich groß, sind auch die magnetischen Flußdichten in beiden Bereichen vom Betrag gleich groß, $B_E = B_L$. Die magnetischen Widerstände können näherungsweise nach Gl.(V.6.2) berechnet werden. Es gilt für den magnetischen Widerstand des Eisenschenkels:

$$R_{ME} = \frac{\ell}{\mu_0 \mu_r\, A} = \frac{\ell}{\mu_0 \mu_r (\rho_a - \rho_i) h} \; .$$

ℓ ist die mittlere Länge des Eisenschenkels, die sich mit Hilfe des mittleren Radius

$$\rho_m = \frac{\rho_a + \rho_i}{2}$$

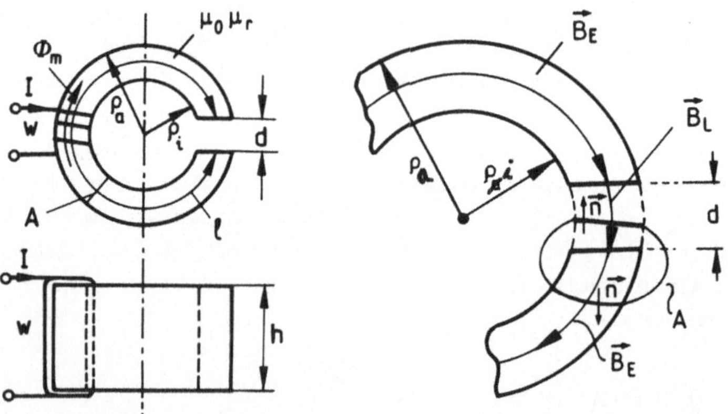

Abb.213: Magnetischer Kreis und Ausschnitt aus dem Luftspaltbereich.

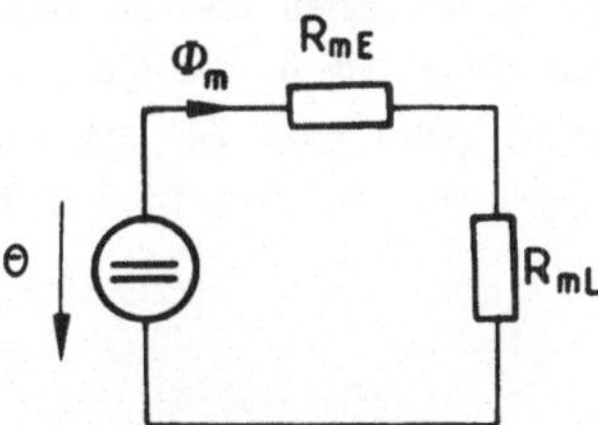

Abb.214: Ersatzbild zu Abb.213.

näherungsweise zu

$$\ell = 2\pi\rho_m - d = \pi(\rho_a + \rho_i)\text{-}d$$

berechnet. Für den magnetischen Widerstand des Luftspaltes gilt:

$$R_{mL} = \frac{d}{\mu_0 A} = \frac{d}{\mu_0(\rho_a - \rho_i)h} \, .$$

Mit Hilfe dieser Widerstände kann der magnetische Fluß aus

$$\sum_{\nu=1}^{2} \pm \Phi_{m\nu} R_{M\nu} = \Theta$$

berechnet werden. Für das spezielle Ersatzschaltbild nach Abb.214 folgt wegen $\Phi_{m1} = \Phi_{m2} = \Phi_m$

$$\Phi_m = \frac{\Theta}{\displaystyle\sum_{\nu=1}^{2} R_{m\nu}} = \frac{\Theta}{R_{mE} + R_{mL}} \, ,$$

$$\Phi_m = \frac{wI}{\dfrac{\ell}{\mu_0\mu_r(\rho_a - \rho_i)h} + \dfrac{d}{\mu_0(\rho_a - \rho_i)h}} = \frac{\mu_0\mu_r wI(\rho_a - \rho_i)h}{\ell + \mu_r d} \, .$$

Für die magnetische Flußdichte, die als näherunsgweise konstant über dem Querschnitt des Eisenschenkels und des Luftspaltes angesehen wurde, kann der Wert

$$B = \frac{\Phi_m}{A} = \frac{\mu_0\mu_r \, wI}{\ell + \mu_r d}$$

angegeben werden. Die magnetische Flußdichte im Eisen und im Luftspalt sind aufgrund der angenommenen Streuungsfreiheit (d. h. die Querschnitte des Eisenkern und des Luftspalts sind gleich) gleich groß. Die magnetische Erregung im Eisen unterscheidet sich dagegen von der magnetischen Erregung im Luftspalt:

a.   Erregung im Eisen:

$$H_E = \frac{B}{\mu_0 \mu_r} = \frac{wI}{\ell + \mu_r d} \ ,$$

b.   Erregung im Luftspalt:

$$H_L = \frac{B}{\mu_0} = \frac{\mu_r \ wI}{\ell + \mu_r d} = \frac{w\,I}{\dfrac{\ell}{\mu_r} + d} \ .$$

Als Probe für richtiges Rechnen kann das Durchflutungsgesetz überprüft werden. Es lautet:

$$\oint_C \vec{H} \cdot \vec{ds} = H_E \, \ell + H_L \, d = \frac{wI \ \ell}{\ell + \mu_r d} + \frac{wI \ d}{\dfrac{\ell}{\mu_r} + d} \ ,$$

$$\oint_C \vec{H} \cdot \vec{ds} = \frac{wI}{\ell + \mu_r d} \, (\ell + \mu_r d) = wI = \Theta \ .$$

2. AUFGABE

Gegeben ist ein magnetischer Kreis nach Abb.215. Die einzelnen Schenkel des Kreises seien gleichartig, sie besitzen dieselbe mittlere Länge ℓ_m, denselben mittleren Querschnitt A und dieselbe Permeabilität $\mu = \mu_0 \mu_r$

($\mu_r \gg 1$). Der an den Kanten auftretende Streufluß sei vernachlässigbar klein. Gesucht ist das Ersatzbild dieses Kreises in Form eines elektrischen Netzwerkes sowie der magnetische Fluß und die magnetische Flußdichte in den einzelnen Schenkeln.

Lösung

Jeder Schenkel des magnetischen Kreises wird als magnetischer Widerstand von der Größe

$$R_m = \frac{\ell_m}{\mu_0 \mu_r A}$$

aufgefaßt. Darin ist ℓ_m die mittlere Länge der Schenkel (die Feldstörungen an den rechtwinkligen Kanten werden vernachlässigt) und A ihr Querschnitt. Die magnetischen Widerstände der Schenkel haben aufgrund der gemachten Voraussetzungen alle denselben Wert. Damit kann das Ersatzbild in Form eines elektrischen Kreises für den magnetischen Kreis nach Abb.215 unter Berücksichtigung der Zählpfeilrichtungen wie in Abb.216 dargestellt angegeben werden.

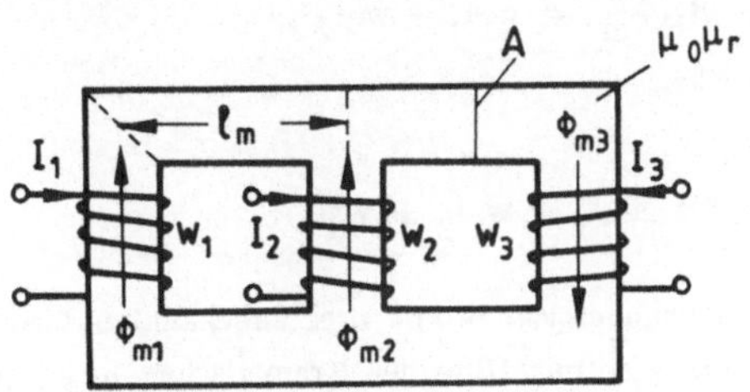

Abb.215: Magnetischer Kreis.

Durch Zusammenfassen der jeweils in Reihe geschalteten magnetischen Widerstände läßt sich dann ein vereinfachtes Ersatzbild nach Abb.217 angeben.

Auf das elektrische Netzwerk nach Abb.217 werden die Knotenregel und die Maschenregel (Gl.(V.6.1) und Gl.(V.6.3)) angewendet. Sie liefern die folgenden drei Gleichungen:

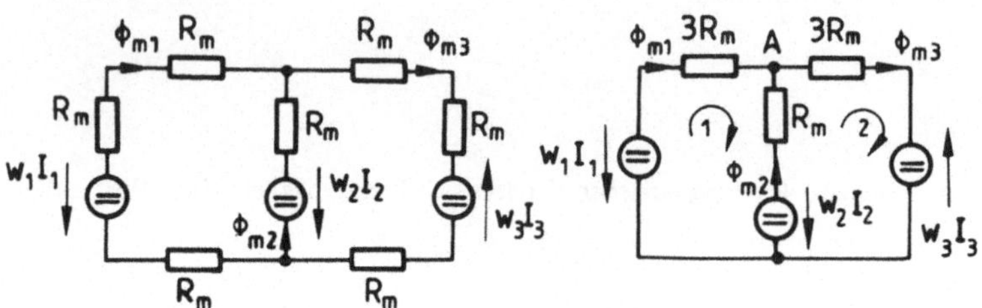

Abb.216: Ersatzbild zu Abb.215.   **Abb.217:** Vereinfachtes Ersatzbild.

1. Knotenpunkt A (Abb.217):

$$-\Phi_{m1} - \Phi_{m2} + \Phi_{m3} = 0 \ ,$$

2. Masche 1.:

$$3R_m\Phi_{m1} - R_m\Phi_{m2} = w_1I_1 - w_2I_2 \ ,$$

3. Masche 2.:

$$R_m\Phi_{m2} + 3R_m\Phi_{m3} = w_2I_2 + w_3I_3 \ .$$

Damit ist ein Gleichungssystem mit drei unbekannten Größen (Φ_{m1}, Φ_{m2}, Φ_{m3}) gegeben, das z.B. mit Hilfe der Kramer'schen Regel oder durch einfaches Einsetzen gelöst werden kann:

$$\Phi_{m1} = \frac{1}{15R_m} (4w_1I_1 - 3w_2I_2 + w_3I_3) = \frac{\mu_0\mu_r A}{15\ell_m} (4w_1I_1 - 3w_2I_2 + w_3I_3) \ ,$$

$$\Phi_{m2} = \frac{1}{5R_m} (-w_1I_1 + 2w_2I_2 + w_3I_3) = \frac{\mu_0\mu_r A}{5\ell_m} (-w_1I_1 + 2w_2I_2 + w_3I_3) \ ,$$

$$\Phi_{m3} = \frac{1}{15R_m} (w_1I_1 + 3w_2I_2 + 4w_3I_3) = \frac{\mu_0\mu_r A}{15\ell_m} (w_1I_1 + 3w_2I_2 + 4w_3I_3) \ .$$

Aus dem magnetischen Fluß läßt sich für die einzelnen Schenkel die magnetische Flußdichte berechnen:

$$B_1 = \frac{\mu_0\mu_r}{15\ell_m} (4w_1I_1 - 3w_2I_2 + w_3I_3) \ ,$$

$$B_2 = \frac{\mu_0\mu_r}{5\ell_m} (-w_1I_1 + 2w_2I_2 + w_3I_3) \ ,$$

$$B_3 = \frac{\mu_0\mu_r}{15\ell_m} (w_1I_1 + 3w_2I_2 + 4w_3I_3) \ .$$

Die Flußdichte B_2 bzw. der Fluß Φ_{m2} tritt nur im Mittelschenkel des Kreises auf, während B_1 (Φ_{m1}) und B_3 (Φ_{m3}) jeweils in den äußeren Schenkeln auftreten. Die Richtung der Flußdichte in den einzelnen Schenkeln entspricht für positive Werte B_1, B_2 und B_3 aufgrund der getroffenen Definition der Zählpfeilzuordnung (Rechtsschraubenzuordnung zwischen Bezugspfeil der Stromstärke und Bezugspfeil des magnetischen Flusses) der Richtung der Zählpfeile der magnetischen Flüsse in den einzelnen Schenkeln.

V.7   LADUNGEN IM ZEITLICH KONSTANTEN ELEKTRO-MAGNETISCHEN FELD

Es soll untersucht werden, wie sich geladene Teilchen zunächst unter dem Einfluß eines zeitlich konstanten magnetischen Feldes, sodann unter dem gleichzeitigen Einfluß eines zeitlich konstanten elektrischen und magnetischen Feldes verhalten. Wie bereits in Kapitel III.15, Teil I ausführlich behandelt wurde, wird in einem elektrischen Feld der Feldstärke $\vec{E}$ auf ein Teilchen mit der Ladung Q die Kraft

$$\vec{F} = Q\vec{E} \tag{V.7.1}$$

ausgeübt. Dieses Gesetz ist ein Erfahrungsgesetz, das in der Elektrostatik zur Definition der elektrischen Feldstärke verwendet wurde (vgl. Kapitel III.1, Teil I). Wird ein elektrisch geladenes Teilchen mit der Ladung Q in ein magnetisches Feld gebracht, so zeigt die Erfahrung, daß auf das Teilchen keine Kraft ausgeübt wird, falls es sich in Ruhe befindet. Bewegt sich das Teilchen mit einer Geschwindigkeit $\vec{v}$ in einem magnetischen Feld der magnetische Flußdichte $\vec{B}$, so wird eine Kraft auf es ausgeübt, die mit Hilfe der Gleichung

$$\vec{F} = Q(\vec{v} \times \vec{B}) \tag{V.7.2}$$

beschrieben werden kann. Das heißt, der Absolutbetrag der Kraft $\vec{F}$ ist direkt proportional der Ladung Q und dem Absolutbetrag der Geschwindigkeit $\vec{v}$ sowie der magnetischen Flußdichte $\vec{B}$. Die Richtung der Kraft ist die Richtung senkrecht zu der Ebene, die von den Vektoren der Geschwindigkeit und der Flußdichte aufgespannt wird.

Es soll wiederum vorausgesetzt werden (vgl. Kapitel III.15, Teil I), daß die Bewegung der geladenen Teilchen im magnetischen bzw. elektromagnetischen Feld keinen Einfluß auf die Größe der angelegten Felder hat. Unter diesen Voraussetzungen kann die Bewegungsgleichung, die die Bahnkurve eines elektrisch geladenen Teilchens unter dem gleichzeitigen Einfluß eines elektrischen und magnetischen Feldes beschreibt, mit Hilfe des Newtonschen Grundgesetzes der Mechanik (vgl. Kapitel III.15, Teil I), durch

$$\vec{F} = m_0\vec{a} = m_0\,\frac{d\vec{v}}{dt} = m_0\,\frac{d^2\vec{r}}{dt^2} = Q\vec{E} + Q\left[\frac{d\vec{r}}{dt} \times \vec{B}\right] \tag{V.7.3}$$

angegeben werden. m_0 ist die Ruhemasse des geladenen Teilchens. Das heißt, es wird angenommen, daß die Geschwindigkeit $\vec{v} = d\vec{r}/dt = \dot{\vec{r}}$ der Teilchen so klein ist, daß die relativistische Massenveränderlichkeit (vgl. Kapitel III.15, Teil I) vernachlässigt werden kann. $d^2\vec{r}/dt^2 = \ddot{\vec{r}}$ ist die zweite Ableitung des Ortsvektors der Bahnkurve nach der Zeit (Beschleunigung $\vec{a}$), $d\vec{r}/dt = \dot{\vec{r}}$ entsprechend die erste Ableitung, die gleich der Geschwindigkeit $\vec{v}$ des Teilchens ist.

Es soll zunächst untersucht werden, welche Bahnkurve ein geladenes Teilchen der Ladung Q durchläuft, wenn es mit einer Anfangsgeschwindigkeit $\vec{v}_0$ unter einem Eintrittswinkel α in ein homogenes, zeitlich konstantes Magnetfeld der magnetische Flußdichte $\vec{B}$ eintritt. Ohne Einschränkung der Allgemeinheit wird angenommen, daß der Vektor $\vec{v}_0$ in der y-z-Ebene liegt. Die Richtung der magnetischen Flußdichte wird als in y-Richtung vorgegeben betrachtet (Abb.218). Die Bewegungsgleichung

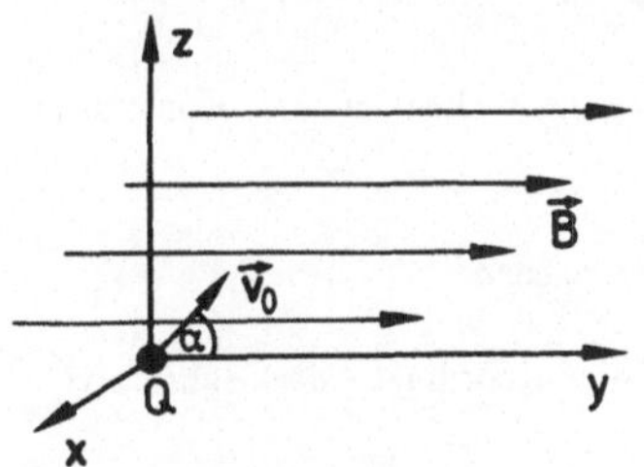

$$\vec{F} = m_0\ddot{\vec{r}} = Q(\dot{\vec{r}} \times \vec{B})$$

kann für diese spezielle Anordnung unter Berücksichtigung der Richtung von $\vec{B}$ mit Hilfe des Zusammenhangs

Abb.218: Geladenes Teilchen im magetischen Feld.

$$\dot{\vec{r}} \times \vec{B} = \dot{\vec{r}} \times B\vec{e}_y = B \begin{vmatrix} \vec{e}_x & \vec{e}_y & \vec{e}_z \\ \dot{x} & \dot{y} & \dot{z} \\ 0 & 1 & 0 \end{vmatrix} = B(\dot{x}\vec{e}_z - \dot{z}\vec{e}_x)$$

in die drei Differentialgleichungen

6*

$$1)\ \ \ddot{x} = - \frac{QB}{m_0}\,\dot{z}, \qquad 2)\ \ \ddot{y} = 0, \qquad 3)\ \ \ddot{z} = \frac{QB}{m_0}\,\dot{x}$$

zerlegt werden. Neben diesen Differentialgleichungen sind bei der Berechnung der Bewegung des Teilchens weiterhin die Anfangsbedingungem für die Ortskoordinaten der Bahnkurve und die Geschwindigkeit des Teilchens zu beachten. Es wird festgesetzt, daß das Teilchen im Zeitpunkt $t = 0$ mit der Anfangsgeschwindigkeit $\vec{v}_0$ im Koordinatensprung ($\vec{r} = \vec{0}$) in das magnetische Feld eintritt. Der Vektor der Anfangsgeschwindigkeit bilde mit dem Vektor der Flußdichte $\vec{B}$ einen Winkel α (Abb.218). Wird die Anfangsgeschwindigkeit in Komponenten in Richtung der Koordinaten x, y, z zerlegt, so gilt zur Zeit $t = 0$:

$$t = 0:\quad x = y = z = 0,\quad \dot{x} = 0,\quad \dot{y} = v_0\cos\alpha,\quad \dot{z} = v_0\sin\alpha\ .$$

Bei der Integration der Differentialgleichungen wird zunächst von Gleichung 2) ausgegangen:

$$\ddot{y} = 0,\qquad y = c_1 t + c_2\ .$$

Unter Berücksichtigung der Anfangsbedingungen können die Konstanten c_1 und c_2 wegen

$$y(t{=}0) = c_2 = 0,\qquad \dot{y}(t{=}0) = c_1 = v_0\cos\alpha$$

sofort ermittelt werden. Damit gilt für die y-Koordinate der Bahnkurve:

$$y = v_0\ t\ \cos\alpha\ .$$

Die Gleichungen 1) und 3) bilden ein verkoppeltes Differentialgleichungssystem, das hier am einfachsten gelöst wird, indem Gleichung 1) einmal integriert wird und in die Gleichung 3) eingesetzt wird:

$$\dot{x} = - \frac{QB}{m_0}\,z + c_3\ .$$

Da $\dot{x}$ und z zur Zeit t = 0 verschwinden, wird c_3 = 0. Es ist immer günstig, diejenige Differentialgleichung einmal zu integrieren, deren Geschwin-
digkeitskoordinate (hier $\dot{x}$) im Zeitpunkt t = 0 verschwindet. Wird die oben
stehende Differentialgleichung (unter Berücksichtigung von c_3 = 0) in die
Differentialgleichung 3) eingesetzt, so folgt eine Differentialgleichung zweiten
Grades für die Koordinate z der Bahnkurve:

$$\ddot{z} + \left[\frac{QB}{m_0} \right]^2 z = 0 \ ,$$

die die Lösung

$$z = c_4 \cos(bt) + c_5 \sin(bt), \qquad b = \frac{QB}{m_0}$$

besitzt. Unter Berücksichtigung der Anfangsbedingungen für z und $\dot{z}$ kann
gezeigt werden, daß c_4 = 0 und $c_5 = v_0 \sin(\alpha)/b$ wird.

$$z = \frac{v_0 \sin\alpha}{b} \sin(bt) = \frac{v_0 m_0 \sin\alpha}{QB} \sin\left[\frac{QB}{m_0} t \right] \ .$$

Aus der abgeleiteten Differentialgleichung

$$\dot{x} = - \frac{QB}{m_0} z$$

ergibt sich durch einmalige Integration und Berücksichtigung der Anfangsbedingungen für die Koordinate x der Bahnkurve (x(t = 0) = 0):

$$x = \frac{v_0 m_0 \sin\alpha}{QB} \left[\cos\left[\frac{QB}{m_0} t \right] -1 \right] \ .$$

Zur Diskussion der durch die Gleichungen

$$x = \frac{v_0 m_0 \sin\alpha}{QB} \left[\cos\left[\frac{QB}{m_0} t \right] -1 \right] \ ,$$

$$y = v_0 t \cos\alpha \, , \qquad\qquad\qquad\qquad\qquad (V.7.4)$$

$$z = \frac{v_0 m_0 \sin\alpha}{QB} \, \sin\left[\, \frac{QB}{m_0} \, t \,\right]$$

beschriebenen Bahnkurve des geladenen Teilchens werden zunächst die beiden Spezialfälle $\alpha = 0$ und $\alpha = \pi/2$ betrachtet:

a.   Für $\alpha = 0$ folgt aus den Koordinaten der Bahnkurve:

$$x = 0, \qquad y = v_0 t, \qquad z = 0 \, , \qquad\qquad\qquad (V.7.5)$$

daß die Bewegung des geladenen Teilchens durch das Magnetfeld nicht beeinflußt wird. Das Teilchen fliegt mit unveränderter Geschwindigkeit in der Richtung weiter, mit der es in das Magnetfeld eingetreten ist. Auf ein Teilchen, das sich parallel zur magnetischen Flußdichte bewegt, wird keine Kraft ausgeübt (vgl. Gl.(V.7.2)).

b.   Tritt das Teilchen mit einer Geschwindigkeit senkrecht zur Richtung der magnetischen Flußdichte in das Magnetfeld ein ($\alpha = \pi/2$), so kann die Bahnkurve in Parameterdarstellung (Parameter: Zeit t)

$$x = \frac{v_0 m_0}{QB} \left[\, \cos\left[\, \frac{QB}{m_0} \, t \,\right] - 1 \,\right] \, ,$$

$$y = 0 \, , \qquad\qquad\qquad\qquad\qquad\qquad (V.7.6)$$

$$z = \frac{v_0 m_0}{QB} \, \sin\left[\, \frac{QB}{m_0} \, t \,\right]$$

auf die Gleichung

$$\left[\, x + \frac{v_0 m_0}{QB} \,\right]^2 + z^2 = \left[\, \frac{v_0 m_0}{QB} \,\right]^2 \qquad\qquad (V.7.7)$$

reduziert werden. Diese Gleichung erhält man durch einfaches Quadrieren der x- und z-Koordinaten und unter Beachtung bekannter Additionstheoreme für die Sinus- und die Cosinusfunktion. Die abgeleitete Gleichung beschreibt einen Kreis in der x-z-Ebene vom Radius

$$r_0 = \left| \frac{v_0 m_0}{QB} \right| \tag{V.7.8}$$

und mit dem Mittelpunkt

$$x_M = - \frac{v_0 m_0}{QB} \,, \qquad z_M = 0 \,.$$

Wie aus der Bahngleichung in Parameterdarstellung ersehen werden kann, durchläuft das geladene Teilchen die Bahnkurve mit der Winkelgeschwindigkeit

$$\omega = 2\pi f = \frac{2\pi}{T} = \frac{QB}{m_0} \,. \tag{V.7.9}$$

Die Zeit, in der das Teilchen den Kreis einmal durchläuft,

$$T = \frac{2\pi m_0}{QB} \,, \tag{V.7.10}$$

hängt also von der Ruhemasse m_0, der Ladung Q und der Flußdichte B ab. Sie hängt aber nicht von der Geschwindigkeit $\vec{v}$ des Teilchens ab.

Die allgemeine Bahnkurve, die sich bei einem Eintritt in das Feld unter einem beliebigen Winkel α ergibt, setzt sich aus der Überlagerung der beiden Einzelbewegungen für $\alpha = 0$ und $\alpha = \pi/2$ zusammen. Die Bahnkurve ist in der Projektion auf die x-z-Ebene ein Kreis der Gleichung:

$$\left[x + \frac{v_0 m_0 \sin\alpha}{QB} \right]^2 + z^2 = \left[\frac{v_0 m_0 \sin\alpha}{QB} \right]^2 \,. \tag{V.7.11}$$

Dieser Kreisbewegung ist eine lineare Bewegung in y-Richtung überlagert, so daß sich insgesamt eine Schraubenlinienbewegung ergibt (Abb.219).

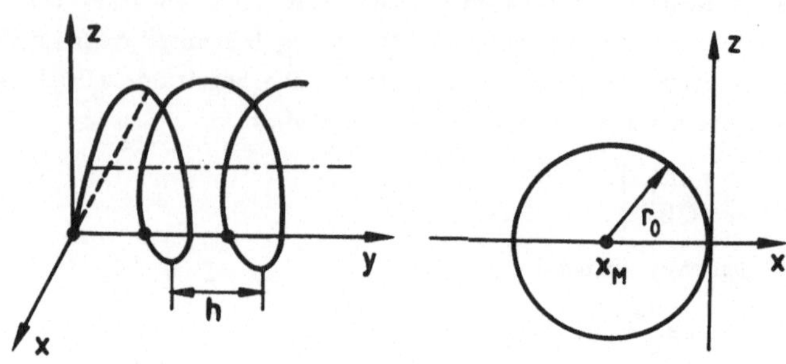

Abb.219: Bahnkurve eines geladenen Teilchens im Magnetfeld.

Der Radius der Kreisbewegung ist

$$r_0 = \left| \frac{v_0 m_0 \sin\alpha}{QB} \right| \qquad\qquad\qquad (V.7.12)$$

und der Mittelpunkt des Kreises in der x–z–Ebene liegt bei

$$x_M = -\frac{v_0 m_0 \sin\alpha}{QB}\,, \qquad\qquad z_M = 0\,.$$

Die Teilchen durchlaufen einen vollen Kreis in der x–z–Ebene wieder in der Zeit

$$T = \frac{2\pi m_0}{QB}\,. \qquad\qquad\qquad (V.7.13)$$

In der gleichen Zeit haben die Teilchen in y-Richtung die Strecke

$$y = v_0 T \cos\alpha = \frac{v_0\, 2\pi m_0}{QB}\cos\alpha$$

durchlaufen. Diese Strecke wird als die Ganghöhe h der Schraubenlinie (Abb.219)

$$h = \frac{v_0^2 \,\pi m_0}{QB} \cos\alpha \qquad\qquad\qquad (V.7.14)$$

bezeichnet.

Wird der Absolutbetrag der Geschwindigkeit $\vec{v}$ des Teilchens

$$|\vec{v}| = |\dot{\vec{r}}| = \sqrt{\dot{x}^2 + \dot{y}^2 + \dot{z}^2}\,,$$

$$|\vec{v}| = \sqrt{v_0^2 \sin^2\alpha \, \sin^2\left[\frac{QB}{m_0} t\right] + v_0^2 \cos^2\alpha + v_0^2 \sin^2\alpha \, \cos^2\left[\frac{QB}{m_0} t\right]}\,,$$

$$|\vec{v}| = \sqrt{v_0^2 \sin^2\alpha + v_0^2 \cos^2\alpha} = \sqrt{v_0^2} = v_0$$

berechnet, so zeigt sich, daß er über der Zeit konstant bleibt. Das heißt, das magnetische Feld leistet am bewegten Teilchen mit der Ladung Q keine Arbeit.

Bei der Bewegung der Teilchen auf der Kreisbahn ($\alpha = \pi/2$) greift am geladenen Teilchen eine radial nach außen gerichtete zeitunabhängige Zentrifugalkraft der Größe

$$|\vec{F}_r| = m_0 r_0 \omega^2 = m_0 \left| \frac{v_0 m_0}{QB} \right| \frac{Q^2 B^2}{m_0^2}\,,$$

$$|\vec{F}_r| = |v_0 QB|$$

an. Ihr entgegengesetzt gerichtet ist die vom Magnetfeld erzeugte Kraft vom gleichen Betrag (vgl. Gl.(V.7.2)), so daß sich wegen $|\vec{v}| = v_0$ eine stationäre Kreisbahn ergibt.

Die folgende Betrachtung der Bewegung elektrisch geladener Teilchen in einem magnetischen und einem elektrischen Feld soll nicht den allgemeinen Fall behandeln, sondern sie beschränkt sich auf einen Spezialfall. Es wird angenommen, daß die magnetische Erregung und die elektrische Feldstärke voneinander unabhängig sind, daß die Richtungen der beiden Felder senkrecht zueinander sind (Abb.220) und daß die Felder homogen und zeitlich konstant sind. Ein geladenes Teilchen mit der Ruhemasse m_0 und der Ladung Q möge sich zur Zeit $t = 0$ im Ruhezustand ($v_0 = 0$) im Koordinatenursprung eines x, y, z-Koordinatensystems befinden. Soll die Bahnkurve des geladenen Teilchens als Lösung der Bewegungsgleichung

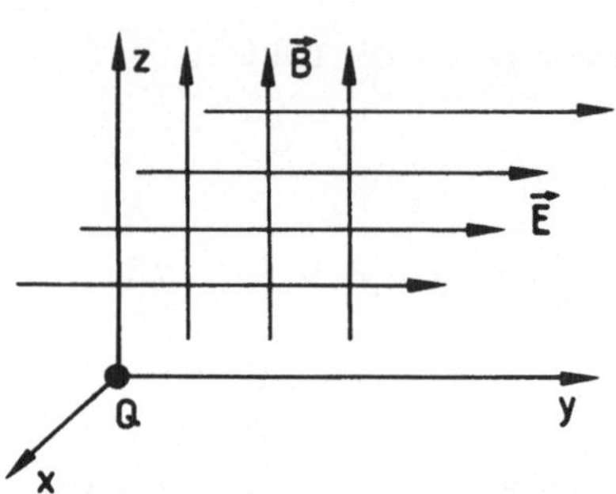

Abb.220: Elektrisch geladenes Teilchen im elektrischen und magnetischen Feld.

$$m_0 \ddot{\vec{r}} = Q\vec{E} + Q(\dot{\vec{r}} \times \vec{B})$$

gefunden werden, so müssen mit den vorgegebenen Richtungen der Felder (Abb.220)

$$\vec{E} = E\vec{e}_y \,, \qquad \vec{B} = B\vec{e}_z$$

die verkoppelten Differentialgleichungen

$$1) \quad \ddot{x} = \frac{QB}{m_0} \dot{y} \,,$$

$$2) \quad \ddot{y} = - \frac{QB}{m_0} \dot{x} + \frac{QE}{m_0} \,,$$

$$3) \quad \ddot{z} = 0$$

unter Berücksichtigung der Anfangsbedingungen

$$t = 0: \quad x = y = z = 0 \,, \quad \dot{x} = \dot{y} = \dot{z} = 0$$

gelöst werden.

Aus der Differentialgleichung 3) folgt unter Berücksichtigung der Anfangsbedingungen sofort, daß die Bahnkurve in der x-y-Ebene liegt, daß also

$$z \equiv 0$$

für alle Zeiten ist. Das verbleibende Differentialgleichungssystem 1) und 2) läßt sich wiederum lösen, wenn die Gleichung 1) einmal integriert wird und der so erhaltene Ausdruck für $\dot{x}$ in Gleichung 2) eingesetzt wird. Aus Gleichung 1) folgt, falls sie einmal integriert wird und die Anfangsbedingungen eingesetzt werden:

$$\dot{x} = \frac{QB}{m_0}\, y \ .$$

Damit kann aus Gleichung 2) eine Differentialgleichung zweiten Grades nur für die y-Koordinate berechnet werden:

$$\ddot{y} + \left[\frac{QB}{m_0} \right]^2 y = \frac{QE}{m_0} \ .$$

Die Lösung dieser inhomogenen Differentialgleichung setzt sich aus der Lösung der homogenen Differentialgleichung

$$y_h = c_1 \cos\left[\frac{QB}{m_0}\, t \right] + c_2 \sin\left[\frac{QB}{m_0}\, t \right]$$

und einer partikulären Lösung y_p zusammen. Zur Berechnung der partikulären Lösung wird ein "Störgliedansatz" in Form einer Konstanten gemacht. Wird dieser Ansatz in die inhomogene Differentialgleichung eingesetzt, so gilt:

$$\ddot{y}_p + \left[\frac{QB}{m_0} \right]^2 y_p = \left[\frac{QB}{m_0} \right]^2 y_p = \frac{QE}{m_0} \, ,$$

$$y_p = \frac{Em_0}{QB^2} \, .$$

Damit wird als Gesamtlösung der Ausdruck

$$y = y_h + y_p = c_1 \cos\left[\frac{QB}{m_0} t \right] + c_2 \sin\left[\frac{QB}{m_0} t \right] + \frac{Em_0}{QB^2}$$

gefunden. Werden noch die Anfangsbedingungen ($t = 0$: $y = \dot{y} = 0$) eingesetzt, so verschwindet c_2 und als endgültige Lösung folgt:

$$y = \frac{Em_0}{QB^2} \left[1 - \cos\left[\frac{QB}{m_0} t \right] \right] \, .$$

Aus der oben angegebenen Differentialgleichung

$$\dot{x} = \frac{QB}{m_0} y$$

kann durch einmalige Integration die x-Koordinate bestimmt werden:

$$\dot{x} = \frac{QEBm_0}{m_0 QB^2} \left[1 - \cos\left[\frac{QB}{m_0} t \right] \right] \, ,$$

$$x = \frac{E}{B} t - \frac{Em_0}{QB^2} \sin\left[\frac{QB}{m_0} t \right] \, .$$

Die bei der Integration auftretende Integrationskonstante verschwindet aufgrund der Anfangsbedingungen ($t = 0$: $x = 0$). Die Bahnkurve ist eine Zykloide, d.h. eine Kurve, die durch die Überlagerung einer kreisförmigen Bewegung in der x-y-Ebene und einer Linearbewegung, hier in x-Richtung, gebildet wird. Die Kreisbewegung wird durch die Gleichungen in Parameterdarstellung

$$x = - \frac{Em_0}{QB^2} \sin\left[\frac{QB}{m_0} t \right] ,$$

$$(V.7.15)$$

$$y = \frac{Em_0}{QB^2} \left[1 - \cos\left[\frac{QB}{m_0} t \right] \right]$$

beschrieben. Die Gleichung der Kreisbahn kann auch in der Form

$$x^2 + \left[y - \frac{Em_0}{QB^2} \right]^2 = \left[\frac{Em_0}{QB^2} \right]^2$$

geschrieben werden. Der Kreisbewegung ist die durch

$$x = \frac{E}{B} t$$

beschriebene Linearbewegung in x-Richtung überlagert.

Abb.221 zeigt qualitativ den Verlauf der Bahnkurve in der x-y-Ebene. Da die Kreisbewegung wieder mit der Winkelgeschwindigkeit

$$\omega = \frac{QB}{m_0} .$$

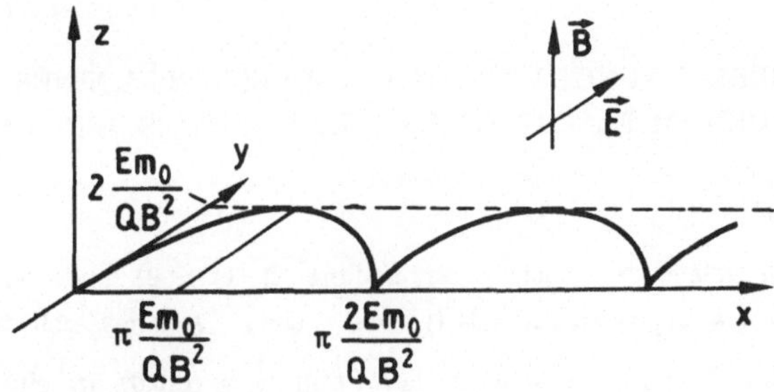

Abb.221: Zykloidenbahn des geladenen Teilchens im elektrischen und magnetischen Feld.

durchlaufen wird, wird der maximale y-Wert zur Zeit

$$t = \frac{T}{2} = \frac{\pi m_0}{QB}$$

angenommen. Dieser maximale y-Wert ist:

$$y_{max} = 2 \frac{E m_0}{QB^2} \; .$$

In dem Zeitpunkt, in dem der maximale y-Wert angenommen wird, hat die x-Koordinate den Wert:

$$x = \pi \frac{E m_0}{QB^2} \; .$$

Zur Zeit $t = T$

$$T = 2 \frac{\pi m_0}{QB}$$

ist die y-Koordinate wieder null und die x-Koordinate hat den Wert:

$$x = \pi \frac{2 E m_0}{QB^2} \; .$$

V.7.1 BERECHNUNG VON BAHNKURVEN GELADENER TEILCHEN IM ELEKTRISCHEN UND MAGNETISCHEN FELD

1. AUFGABE

Ein elektrisch geladenes Teilchen der Ladung Q ($Q > 0$) und der Ruhemasse m_0 ($m \approx m_0 = $ const.) tritt mit einer Anfangsgeschwindigkeit $\vec{v}_0 = v_0 \vec{e}_x$ im Zeitpunkt $t = 0$ an der Stelle $\vec{r} = (0,0,0)$ in ein zeitlich konstantes, homogenes Magnetfeld der magnetischen Flußdichte $\vec{B} = B \vec{e}_z$. Das Magnetfeld ist auf den Bereich $x \geq 0$ beschränkt (Abb.222).

a. Wie lautet die Gleichung der Bahnkurve in der x-y-Ebene?

b. Tritt das geladene Teilchen wieder aus dem Feld aus? Wenn ja, an welcher Stelle? Wie groß ist die Laufzeit des Teilchens im Magnetfeld?

c. Wie groß ist die Geschwindigkeit des Teilchens nach Durchlaufen des Magnetfeldes?

<u>Lösung:</u>

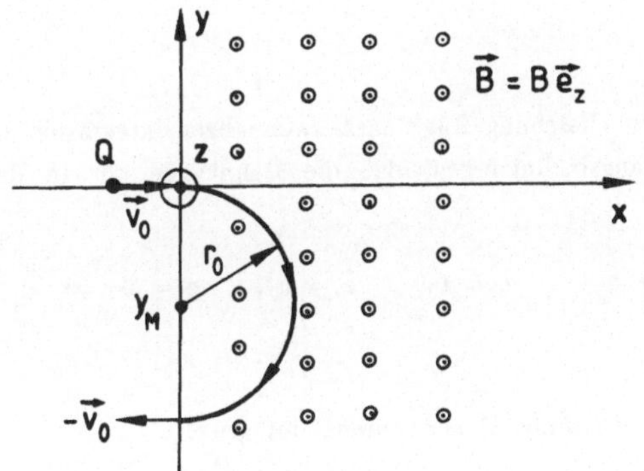

Abb.222: Geladenes Teilchen und Magnetfeld.

a. Die Bahnkurve des Teilchens kann aus der Differentialgleichung

$$m_0 \ddot{\vec{r}} = Q(\dot{\vec{r}} \times \vec{B})$$

mit

$$\dot{\vec{r}} \times \vec{B} = \dot{\vec{r}} \times B\vec{e}_z = B(\dot{y}\vec{e}_x - \dot{x}\vec{e}_y)$$

sowie den Anfangsbedingungen

$$t = 0: \quad x = y = z = 0, \quad \dot{x} = v_0, \quad \dot{y} = \dot{z} = 0$$

berechnet werden. Wird die Differentialgleichung für die einzelnen Koordinaten geschrieben, so gilt:

1) $\ddot{x} = \dfrac{QB}{m_0} \dot{y}$,

2) $\ddot{y} = - \dfrac{QB}{m_0} \dot{x}$,

3) $\ddot{z} = 0$.

Aus der dritten Gleichung folgt nach zweimaliger Integration unter Anwendung der Anfangsbedingungen, daß die Bahnkurve nur in der x-y-Ebene verläuft:

$$z = c_1 t + c_2 , \quad t = 0: \quad \dot{z} = 0 , \quad z = 0 \implies c_1 = c_2 = 0 ,$$

$$z \equiv 0 .$$

Die Differentialgleichung 2) wird einmal integriert:

$$\dot{y} = - \dfrac{QB}{m_0} x + c_3 \qquad (t = 0: \dot{y} = 0, x = 0 \implies c_3 = 0)$$

und in die Differentialgleichung 1) eingesetzt:

$$\ddot{x} + \left[\dfrac{QB}{m_0} \right]^2 x = 0 .$$

Als Lösung dieser Differentialgleichung zweiten Grades kann für die x-Koordinate der Bahnkurve der Zusammenhang

$$x = c_4 \cos\left[\dfrac{QB}{m_0} t \right] + c_5 \sin\left[\dfrac{QB}{m_0} t \right]$$

angegeben werden. Da die Koordinate x zur Zeit t = 0 nach der vorgegebenen Anfangsbedingung verschwinden soll, wird $c_4 = 0$,

$$x = c_5 \sin\left[\frac{QB}{m_0} t \right] \, .$$

Aus der weiteren Anfangsbedingung für die Geschwindigkeit in x-Richtung zur Zeit t = 0 kann c_5 zu

$$\dot{x}(t = 0) = c_5 \frac{QB}{m_0} = v_0 \, ,$$

$$c_5 = \frac{v_0 m_0}{QB}$$

bestimmt werden. Wird der so erhaltene Ausdruck für die x-Koordinate in die schon oben abgeleitete Beziehung

$$\dot{y} = - \frac{QB}{m_0} x$$

eingesetzt und dieser Ausdruck einmal integriert, so kann für die y-Koordinate die Gleichung in Parameterdarstellung

$$y = \frac{v_0 m_0}{QB} \cos\left[\frac{QB}{m_0} t \right] + c_6$$

berechnet werden. Die bei der Integration auftretende Integrationskonstante nimmt aufgrund der Anfangsbedingung (t = 0: y = 0) den Wert

$$c_6 = - \frac{v_0 m_0}{QB}$$

an, so daß die Parameterdarstellung der Bahnkurve in der x-y-Ebene durch

$$x = \frac{v_0 m_0}{QB} \sin\left[\frac{QB}{m_0} t \right] \, ,$$

$$y = \frac{v_0 m_0}{QB} \left[\cos\left[\frac{QB}{m_0} t \right] - 1 \right]$$

angegeben werden kann. Diese Bahngleichung gilt nur für die Zeit, in der sich das Teilchen im Magnetfeld befindet, bzw. für den Raumbereich $x \geq 0$.

Werden die Koordinaten $x(t)$ und $y(t)$ quadriert und addiert, so kann der Parameter (die Zeit t) eliminiert werden und die Bahnkurve in der Form

$$x^2 + \left[y + \frac{v_0 m_0}{QB} \right]^2 = \left[\frac{v_0 m_0}{QB} \right]^2$$

geschrieben werden. Hiernach ist die Bahnkurve im Bereich $x \geq 0$ ein Kreis mit dem Radius

$$r_0 = \frac{v_0 m_0}{QB}$$

und dem Mittelpunkt

$$x_M = 0 , \qquad y_M = - \frac{v_0 m_0}{QB} .$$

b.   Nach Durchlaufen eines Halbkreises tritt das Teilchen wieder aus dem magnetischen Feld aus (Abb.222) und zwar an der Stelle

$$x = 0 , \qquad y = -2r_0 = - \frac{2v_0 m_0}{QB} , \qquad z = 0 .$$

Das Teilchen braucht zum Durchlaufen eines vollen Kreises die Zeit

$$T = \frac{2\pi}{\omega} = \frac{2\pi m_0}{QB} .$$

Damit tritt das Teilchen zur Zeit

$$t = \frac{T}{2} = \frac{\pi m_0}{QB}$$

wieder aus dem Feld aus. Diese Zeit ist gleichzeitig die Laufzeit des Teilchens im Magnetfeld.

c.   Zur Zeit $t = T/2$ berechnet sich die Geschwindigkeit des Teilchens aus:

$$\dot{x}(t = \tfrac{T}{2}) = v_0 \cos\left[\frac{QB}{m_0}\, t\right]\Bigg|_{t\, =\, T/2} = -\, v_0 \, ,$$

$$\dot{y}(t = \tfrac{T}{2}) = -\, v_0 \sin\left[\frac{QB}{m_0}\, t\right]\Bigg|_{t\, =\, T/2} = 0 \, .$$

Das Teilchen hat also beim Austritt aus dem magnetischen Feld die Geschwindigkeit v_0 und bewegt sich in negativer x-Richtung.

Wie aus den Beziehungen erkannt werden kann, wird der Radius des durchlaufenen Kreises mit wachsender Ladung Q und wachsender magnetischer Flußdichte B kleiner. Wird z. B. die magnetische Flußdichte sehr groß ($B \to \infty$), so wird der Kreisradius beliebig klein. Das geladene Teilchen tritt nicht mehr in das Magnetfeld ein, sondern wird an der y–z-Ebene mit der Geschwindigkeit $\vec{v} = -\vec{v}_0$ reflektiert.

2. AUFGABE

In einer Katodenstrahlröhre (Braun'sche Röhre) kann außer einem elektrischen Feld (vgl. Aufgabe 2, Kapitel III. 15.1, Teil I) auch ein magnetisches Feld zur Ablenkung der Elektronenstrahlen benutzt werden. Dazu durchläuft der Elektronenstrahl (Ladung der Elektronen $Q = -e$, Masse der Elektronen $m \approx m_0 = $ const. (vgl. Anhang, Teil I)) in einer Länge ℓ ein homogenes Magnetfeld der Flußdichte $\vec{B} = -B\vec{e}_x$ senkrecht zur Ausbreitungsrichtung des Strahls (Abb.223). Die Elektronen des Strahles haben vor Eintritt in das Magnetfeld eine Beschleunigungsspannung U_0 durchlaufen. Wie groß ist die Auslenkung des Strahles aus der Achse des Systems auf einem Leuchtschirm, der sich im Abstand L vom Ende des Magnetfeldbereiches entfernt befindet? Wie groß muß umgekehrt die notwendige Flußdichte $\vec{B}$ sein, um eine vorgegebene Auslenkung zu erzeugen?

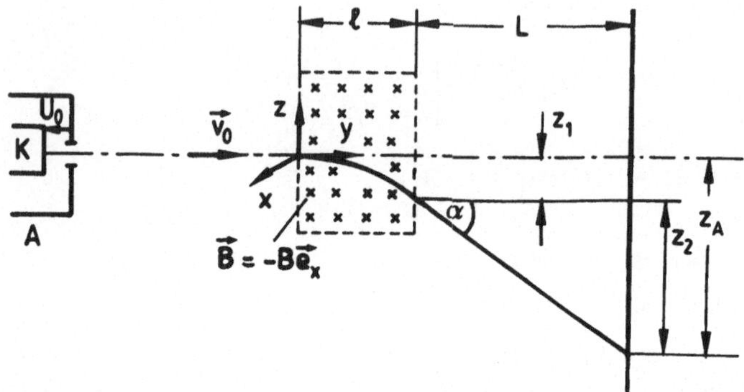

Abb.223: Ablenkung von Elektronenstrahlen mit Hilfe eines Magnetfeldes.

<u>Lösung</u>

Es wird angenommen, daß <u>ein</u> Elektron mit vernachlässigbar kleiner Anfangsgeschwindigkeit aus der Katode K der Röhre austritt und nach Durchlaufen der positiven Beschleunigungsspannung U_0 zwischen Anode A und Katode K die Geschwindigkeit (vgl. Kapitel III.15, Teil I)

$$\vec{v}_0 = \sqrt{\frac{2\,e\,U_0}{m_0}}\;\vec{e}_y$$

besitzt. Mit dieser Geschwindigkeit tritt das Elektron in das magnetische Feld der magnetischen Flußdichte $\vec{B} = -B\vec{e}_x$ (Abb.223) senkrecht zur Richtung der Flußdichte ein und durchläuft im magnetischen Feld eine Kreisbahn. Es soll angenommen werden, daß der Radius r_0 der Kreisbahn so groß ist, daß das Elektron das Magnetfeld, das im Bereich $0 \leq y \leq \ell$ vorhanden ist, in der Ebene $y = \ell$ wieder verläßt, d.h. es soll $r_0 >> \ell$ sein. Aufgrund der kreisförmigen Bahnkurve im Bereich des Magnetfeldes wird das Elektron den Feldbereich mit einer Richtung verlassen, die mit der

Richtung der Achse den Winkel α einschließt (Abb.223). Außerhalb des Feldes fliegt das Elektron geradlinig weiter, so daß sich die Gesamtauslenkung z_A auf dem Schirm aus zwei Anteilen berechnen läßt: Einmal aus dem Anteil z_1 (Abb.223), der durch die kreisfömige Bahn im Bereich $0 \leq y \leq \ell$ hervorgerufen wird, sodann aus der Auslenkung $z_2 = L \tan(\alpha)$, die aufgrund des vorhandenen Winkels α zwischen Bewegungsrichtung und Richtung der Achse des Systems nach Durchlaufen der Länge L im feldfreien Raum auftritt.

Die Bahnkurve eines Elektrons im Magnetfeld berechnet sich für das in Abb.223 eingeführte Koordinatensystem und das vorgegebene Magnetfeld unter Verwendung der schon in Kapitel V.7 und Aufgabe 1 dieses Kapitels beschriebenen Rechenmethoden aus der Differentialgleichung

$$m_0 \ddot{\vec{r}} = Q(\dot{\vec{r}} \times \vec{B}) = - eB(\dot{y}\vec{e}_z - \dot{z}\vec{e}_y)$$

zu:

$$x \equiv 0 \, ,$$

$$y = \frac{v_0 m_0}{eB} \sin\left[\frac{eB}{m_0} t \right] \, ,$$

$$z = \frac{v_0 m_0}{eB} \left[\cos\left[\frac{eB}{m_0} t \right] - 1 \right] \, .$$

Das heißt, die Bahnkurve ist ein Kreis in der y-z-Ebene von der Form

$$y^2 + \left[z + \frac{v_0 m_0}{eB} \right]^2 = \left[\frac{v_0 m_0}{eB} \right]^2 \, .$$

Da hier die Auslenkung z_1 nach Durchlaufen der Strecke ℓ in der y-Richtung im Magnetfeld interessiert, wird die Gleichung nach der z-Koordinate aufgelöst:

$$z = + \sqrt{ \left[\frac{v_0 m_0}{eB} \right]^2 - y^2 } - \frac{v_0 m_0}{eB} \, .$$

(Bei der Wahl des Vorzeichens der Wurzel wurde berücksichtigt, daß nur die Kreisbahn im Bereich $y \geq 0$, $z > -v_0 m_0/(eB)$, d.h. die obere Hälfte des Halbkreises in der Ebene $y > 0$, interessiert, damit also nur das positive Wurzelvorzeichen in Betracht kommt, Abb.223).

Das bedeutet, nach Durchlaufen der Strecke ℓ in y-Richtung ergibt sich die zugehörige z-Koordinate und damit die Auslenkung z_1 zu:

$$z_1 = z(\ell) = \sqrt{\left[\frac{v_0 m_0}{eB}\right]^2 - \ell^2} - \frac{v_0 m_0}{eB} \; .$$

Zur Berechnung der Auslenkung y_2

$$y_2 = L \tan\alpha$$

wird die Steigung der Bahnkurve an der Stelle des Austritts des Elektrons aus dem Magnetfeld bestimmt:

$$\tan\alpha = \left.\frac{dz}{dy}\right|_{y=\ell} = - \left.\frac{2y}{2\sqrt{\left[\frac{v_0 m_0}{eB}\right]^2 - y^2}}\right|_{y=\ell} \; ,$$

$$\tan\alpha = - \frac{\ell}{\sqrt{\left[\frac{v_0 m_0}{eB}\right]^2 - \ell^2}} \; .$$

Demnach gilt, falls noch für die Anfangsgeschwindigkeit v_0 die Beschleunigungsspannung U_0 gemäß $v_0 = (2eU_0/m_0)^{1/2}$ (vgl. Kapitel III.15, Teil I) eingeführt wird, für die gesamte Auslenkung z_A:

$$z_A = z_1 + z_2 = z_1 + L\tan\alpha = \sqrt{\frac{2m_0 U_0}{eB^2} - \ell^2} - \frac{1}{B}\sqrt{\frac{2m_0 U_0}{e}} - \frac{L\ell}{\sqrt{\frac{2m_0 U_0}{eB^2} - \ell^2}} \; .$$

Ist

$$\ell \ll \frac{2m_0 U_0}{e\,B^2} \; ,$$

was der gemachten Voraussetzung $\ell \ll r_0$ entspricht, so ist die Auslenkung z_1 in erster Näherung zu vernachlässigen und es gilt:

$$z_A \approx z_2 = L \tan\alpha = -\frac{L\ell}{\sqrt{\dfrac{2m_0 U_0}{e\,B^2} - \ell^2}} = -\frac{L\ell B}{\sqrt{\dfrac{2m_0 U_0}{e} - \ell^2 B^2}} \; .$$

Soll die Flußdichte B berechnet werden, die notwendig ist, um eine Auslenkung z_A bei sonst fest vorgegebenen Werten U_0, ℓ, L zu erhalten, so kann keine exakte Lösung gefunden werden, da die exakte Gleichung für z_A, die sowohl z_1 als auch z_2 berücksichtigt, nicht analytisch nach B aufgelöst werden kann. Es soll deshalb hier von der Näherungslösung $z_A \approx z_2$ ausgegangen werden:

$$B \approx \sqrt{\frac{2m_0 U_0}{e\left[\dfrac{L^2\ell^2}{z_2^2} + \ell^2\right]}} \approx \frac{z_2}{L\ell}\sqrt{\frac{2m_0 U_0}{e}} \; .$$

3. AUFGABE

In einem Zyklotron sollen Ionen der Ruhemasse m_0 und der Ladung Q beschleunigt werden. Das Zyklotron besteht aus zwei kreiszylindrischen Halbdosen (Duanten, Abb.224) zwischen denen eine von außen angelegte Spannung ein elektrisches Wechselfeld mit dem zeitlichen Verlauf nach Abb.225

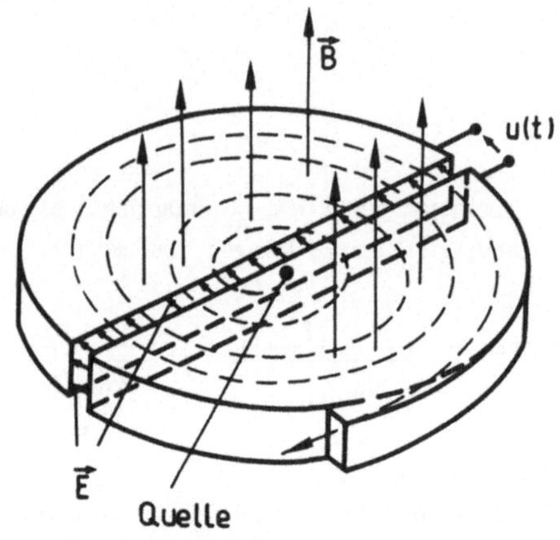

Abb.224: Prinzip des Zyklotrons.

erzeugt. Der Abstand der Dosen zueinander sei vernachlässigbar klein gegenüber den Abmessungen des Zyklotrons. Der Radius der halbkreisförmigen Dosen sei r_0.

a. Man beschreibe kurz die Wirkungsweise des Zyklotrons.

b. Wie groß muß die Zeit T (Abb.225) gewählt werden, damit die geladenen Teilchen beim Durchgang durch das elektrische Feld immer beschleunigt werden?

c. Wie groß ist die Energie der Teilchen beim Verlassen des Zyklotrons?

d. Wie ändern sich die Verhältnisse, wenn statt der Rechteckspannung (Abb.225) eine sinusförmige Wechselspannung an die Duanten gelegt wird?

e. Wie groß ist die von den Teilchen insgesamt durchlaufene Spannung? Wie groß ist demnach die Anzahl der vollen Umläufe, die die Teilchen im Fall b. (Rechteckspannung) und im Fall d. (sinusförmige Spannung, Scheitelwert û) mindestens durchlaufen?

<u>Lösung</u>

a.   Das Zyklotron dient zur Beschleunigung schwerer Teilchen (Ionen). Dazu wird die kreisförmige Bewegung geladener Teilchen in einem Magnetfeld senkrecht zur Bewegungsrichtung ausgenutzt. Aus einer Quelle im Mittelpunkt der kreisförmigen Anordnung (Abb.224) werden Ionen emittiert. Zwischen den Duanten des Zyklotrons baut sich aufgrund der angelegten Spannung ein elektrisches Feld auf, das hier als homogenes Feld angesehen werden soll. Durch dieses Feld werden die Teilchen, die aus der Quelle austreten, beschleunigt, und sie treten mit einer bestimmten Anfangsgeschwindigkeit in den magnetfelderfüllten Raum innerhalb der Duanten ein. In diesem Raum durchlaufen die Teilchen eine halbkreisförmige Bahn. Der Radius der Kreisbahn hängt nach Kapitel V.7 linear von der Anfangsgeschwindigkeit v_0 der Teilchen ab; die Umlaufzeit, die die Teilchen zum Durchlaufen eines halben Kreises benötigen, ist dagegen von der Geschwindigkeit unabhängig. Das heißt, daß alle Teilchen, die zur Zeit $t = 0$ in das Magnetfeld eintreten, nach gleich langer Laufzeit einen Halbkreis unabhängig von dessen Halbmesser durchlaufen haben und damit zum gleichen Zeitpunkt wieder in das elektrische Feld eintreten. Ist nun die Laufzeit der Teilchen beim Durchlaufen eines vollen Kreises gerade gleich der Periodendauer T der angelegten Wechselspannung nach Abb.225, so erreichen die Teilchen den Bereich des elektrischen Feldes nach einer Zeit $t = T/2$. Da zur Zeit $t = T/2$ das elektrische Feld umgepolt wird, treten die Teilchen wieder in ein Beschleunigungsfeld ein und treten nach Durchlaufen des elektrischen Feldes mit einer vergrößerten Geschwindigkeit wieder in

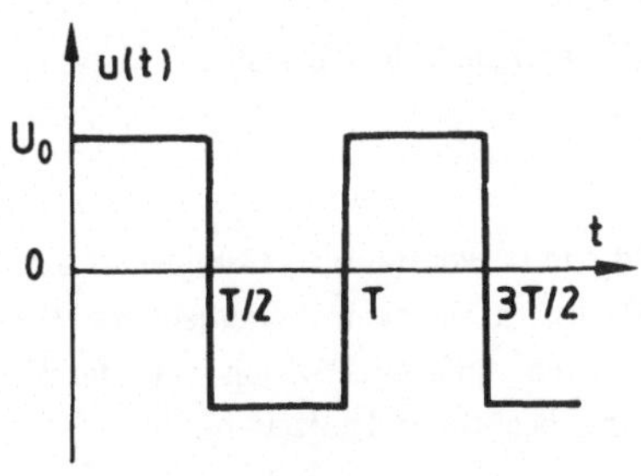

Abb.225:   Am Zyklotron angelegte Spannung.

das Magnetfeld ein. Hier durchlaufen sie einen ensprechend größeren Halbkreis und werden beim erneuten Eintritt in das elektrische Feld weiter beschleunigt. Wird der Radius des durchlaufenen Halbkreises gerade gleich dem Radius der Duanten, so haben die Teilchen ihre maximal mögliche Geschwindigkeit erreicht und werden aus dem Feldbereich durch Abschalten des Magnetfeldes abgeleitet.

b. Die Periodenzeit T der Wechselspannung muß gerade gleich der Zeit sein, die ein Teilchen für einen vollen Umlauf im Zyklotron benötigt. Diese Zeit kann nach Kapitel V.7 zu

$$T = \frac{2\pi m}{QB}$$

berechnet werden. Wird vorausgesetzt, daß die Masse m des Teilchens konstant $m \approx m_0$ bleibt, so ist die Laufzeit eine konstante Größe. Wird die Massenveränderlichkeit berücksichtigt, so muß die Periodendauer der Wechselspannung im Verlauf des Beschleunigungsvorgangs verändert werden (Synchro-Zyklotron, siehe z.B. Ollendorff [b40], S.586). Hier soll darauf nicht näher eingegangen werden.

c. Die Energie der Teilchen ist gleich ihrer kinetischen Energie:

$$W_{kin} = \frac{m_0}{2} v^2 .$$

Da die Teilchen sich im Magnetfeld mit konstanter Geschwindigkeit $v = $ const. bewegen (siehe Kapitel V.7), haben sie beim Verlassen des Zyklotrons eine Geschwindigkeit, die sich durch einfache Division von durchlaufenem Weg am Rande der Duanten und benötigter Laufzeit ergibt:

$$v = \frac{\pi r_0}{T/2} = \frac{2\pi r_0 QB}{2\pi m_0} = \frac{QBr_0}{m_0} .$$

Damit kann für die kinetische Energie der Teilchen beim Verlassen des Zyklotrons der Wert

$$W_{kin} = \frac{m_0}{2}\, v^2 = \frac{Q^2\, r_0^2 B^2}{2m_0}$$

angegeben werden.

d. Die physikalischen Vorgänge innerhalb des Zyklotrons ändern sich wenig, wenn anstatt der angegebenen Rechteckspannung eine sinusförmige Spannung an die Duanten angelegt wird, außer daß nicht alle Teilchen die gleiche elektrische Beschleunigungsspannung bei einem Umlauf durchlaufen. Teilchen, die in einem Zeitpunkt durch das Beschleunigungsfeld treten, in dem eine kleine Spannung zwischen den Duanten liegt, müssen daher eine größere Anzahl von Umläufen ausführen, um zum Rand des Zyklotrons zu gelangen. Teilchen, die im Zeitpunkt z. B. des maximalen Spannungswertes durch das Beschleunigungsfeld treten, durchlaufen eine minimale Anzahl von vollen Kreisen im Zyklotron.

e. Die insgesamt von den Teilchen durchlaufene Spannung läßt sich aus der kinetischen Energie berechnen, wenn beachtet wird, daß nur das elektrische Feld Arbeit an den Teilchen leistet. Es gilt dann:

$$W_{kin} = \frac{Q^2\, r_0^2 B^2}{2m_0} = W_{el} = QU_{durchl} \cdot$$

Damit ergibt sich für die von den Teilchen insgesamt durchlaufene Spannung:

$$U_{durchl} = \frac{Q\, r_0^2 B^2}{2m_0} \cdot$$

Liegt eine Rechteckspannung an, so wird jedes Teilchen bei einem vollen Umlauf zweimal die Spannung U_0 durchlaufen, so daß die Anzahl der Umläufe

$$n = \frac{U_{durchl}}{2U_0} = \frac{Q\, r_0^2 B^2}{4\, m_0 U_0}$$

ist. Liegt eine sinusförmige Wechselspannung an, so werden die Teilchen eine Anzahl von Umläufen ausführen, die vom Zeitpunkt ihres Durchtritts durch das elektrische Feld abhängt. Teilchen, die im Zeitpunkt maximaler Spannungsamplitude durch das elektrische Feld treten, werden eine minimale Anzahl von Umläufen ausführen. Diese Teilchen durchlaufen bei einem vollen Umlauf zweimal den Scheitelwert $\hat{u}$ der Wechselspannung. Damit gilt für die Mindestzahl der Umläufe:

$$n_{min} = \frac{U_{durchl}}{2\hat{u}} = \frac{Q\, r_0^2 B^2}{4\, m_0 \hat{u}} \; .$$

Alle anderen Teilchen müssen die Kreisbahn öfter durchlaufen.

4. AUFGABE

Gegeben ist ein Kaufmann-Thomson Massenspektrograph, der zur Trennung und Bestimmung der in einem Materialstrahl enthaltenen Teilchen unterschiedlicher Masse und Ladung dient (Abb.226). Die auszumessenden Teilchen durchlaufen einen Bereich, in denen ein elektrisches Feld der Feldstärke $\vec{E}$ und ein magnetisches Feld der magnetischen Flußdichte $\vec{B}$ parallel zueinander gerichtet sind und treffen dann auf einen Leuchtschirm, auf dem sie einen Lichtpunkt erzeugen. Treten mehrere Teilchen mit verschiedener Anfangsgeschwindigkeit durch den Feldbereich, so ergibt die Gesamtheit der auf dem Leuchtschirm erzeugten Lichtpunkte eine Kurve, aus der das Verhältnis Q/m der Teilchen (Q = Ladung, m = Masse $\approx m_0$= Ruhemasse) bestimmt werden kann.

a. Man berechne die Bahnkurve der Teilchen im Feldbereich.

b. Man bestimme näherungsweise die Auslenkung des Bildpunktes eines
    Teilchens aus der Strahlachse, wenn angenommen wird, daß die Brei-
    te ℓ des Feldbereichs (Abb.226) sehr klein ist und daß das Teilchen die
    Anfangsgeschwindigkeit $\vec{v}_0$ besitzt.

c. Man bestimme die Gleichung der Bildkurve auf dem Leuchtschirm,
    wenn die Teilchen verschiedene Anfangsgeschwindigkeiten besitzen.

d. Wie läßt sich aus der Bahnkurve bei bekannter Ladung die Masse der
    Teilchen sowie das Vorzeichen der Ladung der Teilchen bestimmen?

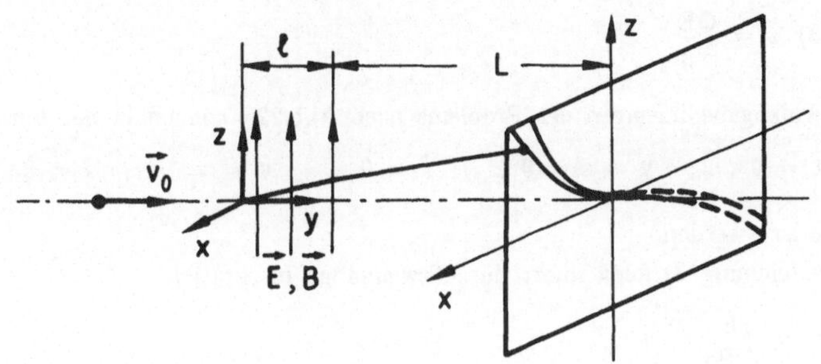

Abb.226: Prinzip des Kaufmann-Thomson Massenspektrographen.

Lösung

a. Wird ein Koordinatensystem nach Abb.226 eingeführt, so kann die Bewegungsgleichung

$$m_0\ddot{\vec{r}} = Q\vec{E} + Q(\dot{\vec{r}} \times \vec{B})$$

aufgrund der Richtung der Felder

$$\vec{E} = E\vec{e}_z, \qquad \vec{B} = B\vec{e}_z$$

in der Form

$$m_0 \ddot{\vec{r}} = QE\vec{e}_z + QB(\dot{y}\vec{e}_x - \dot{x}\vec{e}_y)$$

geschrieben werden. Diese vektorielle Gleichung kann in Komponenten zerlegt werden:

$$\text{1)} \quad \ddot{x} = \frac{QB}{m_0}\,\dot{y}\ ,$$

$$\text{2)} \quad \ddot{y} = -\frac{QB}{m_0}\,\dot{x}\ ,$$

$$\text{3)} \quad \ddot{z} = \frac{QE}{m_0}\ .$$

Die Anfangsbedingungen des Problems nach Abb.226 können in der Form

$$t = 0 : x = y = z = 0\ , \qquad \dot{x} = 0\ , \qquad \dot{y} = v_0\ , \qquad \dot{z} = 0$$

formuliert werden.

Aus Gleichung 3) folgt sofort durch zweimalige Integration:

$$z = \frac{QE}{2m_0}\,t^2 + c_1 t + c_2\ .$$

Die Konstanten c_1 und c_2 verschwinden aufgrund der Anfangsbedingungen,
so daß

$$z = \frac{QE}{2m_0}\,t^2$$

gilt.

Aus den restlichen, verkoppelten Differentialgleichungen 1) und 2) läßt sich
nach den schon in Kapitel V.7 ausführlich angegebenen Rechenmethoden
durch einfache Integration der Gleichung 1)

$$\dot{x} = \frac{QB}{m_0}\,y$$

und Einsetzen in Gleichung 2) die Differentialgleichung 2. Grades

$$\ddot{y} + \left[\frac{QB}{m_0}\right]^2 y = 0$$

mit der Lösung

$$y = c_3 \sin\left[\frac{QB}{m_0} t\right] + c_4 \cos\left[\frac{QB}{m_0} t\right]$$

ableiten. Da y zur Zeit $t = 0$ null wird, verschwindet die Konstante c_4 ($c_4 = 0$). Aus der Anfangsbedingung für die Geschwindigkeit in y-Richtung folgt dann:

$$\dot{y}(t = 0) = c_3 \frac{QB}{m_0} = v_0 ; \qquad c_3 = \frac{v_0 m_0}{QB} .$$

Somit gilt für y:

$$y = \frac{v_0 m_0}{QB} \sin\left[\frac{QB}{m_0} t\right] .$$

Aus dem oben angegebenen Zusammenhang

$$\dot{x} = \frac{QB}{m_0} y$$

und der Anfangsbedingung kann die Koordinate x zu

$$x = \frac{v_0 m_0}{QB} \left[1 - \cos\left[\frac{QB}{m_0} t\right] \right]$$

berechnet werden.

Das heißt, die Bahnkurve setzt sich aus einer Kreisbewegung

$$y^2 + \left[x - \frac{v_0 m_0}{QB} \right]^2 = \left[\frac{v_0 m_0}{QB} \right]^2$$

in der x-y-Ebene und einer Bewegung in z-Richtung nach dem Zusammenhang

$$z = \frac{QE}{2m_0}\, t^2$$

zusammen.

b. Es wird angenommen, daß der Bereich, in dem die Felder existieren ($0 \leq y \leq \ell$) sehr schmal ist ($\ell << r_0 = v_0 m_0/(QB)$), so daß die Laufzeit des Teilchens im Feld klein ist und damit die Auslenkungen in x-Richtung und z-Richtung näherungsweise berechnet werden können. Die Auslenkung in x-Richtung setzt sich aus dem Anteil x_1, der gleich der Koordinate $x(\ell)$ der Bahnkurve an der Stelle $y = \ell$ ist, und dem Anteil x_2, der aufgrund des gradlinigen Verlaufs der Bahnkurve im feldfreien Raum unter dem Winkel α zur Achse des Systems hervorgerufen wird, zusammen. Der Anteil x_1 wird vernachlässigt (vgl. Aufgabe 2 dieses Kapitels).

Aus der Gleichung der Bahnkurve in der x-y-Ebene läßt sich die Steigung der Bahnkurve bei Austritt des Teilchens aus dem Feldbereich ($y = \ell$) berechnen:

$$x = \frac{v_0 m_0}{QB} - \sqrt{\left[\frac{v_0 m_0}{QB}\right]^2 - y^2}\ .$$

Da die Bahnkurve nur im Bereich $y \geq 0$ und $x < (v_0 m_0)/(QB)$ interessiert, wird nur das negative Wurzelvorzeichen zugelassen.

$$\tan\alpha = \left.\frac{dx}{dy}\right|_{y=\ell} = \left.\frac{y}{\sqrt{\left[\frac{v_0 m_0}{QB}\right]^2 - y^2}}\right|_{y=\ell} = \frac{\ell}{\sqrt{\left[\frac{v_0 m_0}{QB}\right]^2 - \ell^2}}\ .$$

Damit ergibt sich für die Auslenkung in x-Richtung näherungsweise:

$$x_A \approx L \tan\alpha = \frac{L\ell}{\sqrt{\left[\dfrac{v_0 m_0}{QB}\right]^2 - \ell^2}} \ .$$

Die Zeit t, die das Teilchen benötigt, um im Feldbereich eine bestimmte Strecke in y-Richtung zu durchlaufen, kann errechnet werden, wenn die Parameterdarstellung der y-Koordinate der Bahnkurve

$$y = \frac{v_0 m_0}{QB} \sin\left[\frac{QB}{m_0} t\right]$$

nach der Zeit t aufgelöst wird:

$$t = \frac{m_0}{QB} \arcsin\left[\frac{QB}{v_0 m_0} y\right] \approx \frac{m_0}{QB} \frac{QB}{v_0 m_0} y \ ,$$

$$t \approx \frac{y}{v_0} \ .$$

Die Näherung (Reihenentwicklung der arcsin-Funktion und Abbrechen dieser Reihenentwicklung nach dem ersten Glied) konnte angesetzt werden, weil der Feldbereich als sehr schmal vorausgesetzt war und damit die Laufzeit t im Feldbereich immer klein gegen die Periode $T = 2\pi m_0/(QB)$ ist. Wird der so ermittelte Parameter t in die Gleichung für die z-Koordinate eingeführt, so kann die Bahnkurve in der y-z-Ebene näherungsweise durch

$$z \approx \frac{QE}{2m_0 v_0^2} y^2$$

angegeben werden. Wird auch hier wieder die Auslenkung im Feld (das ist $z_1 = z(y = \ell)$) vernachlässigt und nur die Auslenkung z_2 berücksichtigt, die sich ergibt, weil das Teilchen in der y-z-Ebene ebenfalls unter einem bestimmten Winkel zur Achse aus dem Feldbereich austritt (vgl. Aufgabe 2, Kapitel III.15.1, Teil I):

7 Wolff

$$z_A \approx L \left.\frac{dz}{dy}\right|_{y=\ell} = \frac{QE}{m_0 v_0^2} L\ell \;,$$

so sind die Koordinaten des ausgelenkten Bildpunktes auf dem Schirm näherungsweise bekannt.

c.   Treten Teilchen verschiedener Anfangsgeschwindigkeiten durch den Feldbereich, so ergeben sich verschiedene Bildpunkte. Wird der Parameter v_0 z.B. aus der z-Koordinate

$$v_0^2 \approx \frac{QE}{m_0 z_A} \ell L$$

eliminiert und in die Gleichung für die x-Auslenkung eingesetzt:

$$x_A \approx \frac{\ell L}{\sqrt{\left[\frac{v_0 m_0}{QB}\right]^2 - \ell^2}} = \frac{\ell L}{\sqrt{\frac{QEm_0^2 \ell L}{Q^2 B^2 m_0 z_A} - \ell^2}} \;,$$

$$x_A \approx \frac{\ell L}{\sqrt{\frac{Em_0 \ell L}{QB^2 z_A} - \ell^2}} \approx \frac{\ell L}{\sqrt{\frac{Em_0 \ell L}{QB^2 z_A}}} \;,$$

so kann die auf dem Bildschirm auftretende Kurve in der Form

$$x_A^2 \approx \frac{Q}{m_0} \frac{B^2 \ell L}{E} z_A$$

geschrieben werden. Die Kurve ist eine Parabel.

d.   Das Quadrat der Auslenkung x_A ist direkt proportional dem Quotienten Q/m_0. Aus der Form der Parabel kann daher auf die Masse geschlossen werden, wenn die Ladung Q der Teilchen bekannt ist. Insbesondere ergeben sich mehrere Parabeln auf dem Schirm, wenn im Teilchenstrahl mehrere Teilchen unterschiedlicher Masse vorhanden sind. Ist die Ladung Q positiv, so liegen die Parabeln im ersten Quadranten des x-z-Koordinatensystems, ist Q negativ, liegen die Parabeln, wie die Parameterdarstellungen $x = x(t)$ und $z = z(t)$ bzw. die oben stehende Parabelgleichung zeigen, im dritten Quadranten.

5. AUFGABE

Ein Magnetron ist eine Hochvakuum-Elektronenröhre, deren Strom durch ein von außen angelegtes magnetisches Feld gesteuert werden kann. Man berechne für die einfachste Form eines ebenen Magnetrons (Abb.227) die Bahnkurve eines Elektrons, das die Katode K mit vernachlässigbar kleiner Anfangsgeschwindigkeit verläßt. Wie groß ist der Wert der "kritischen Flußdichte" B_{krit}, für den die Stromstärke I im Außenkreis vom Wert $I = I_s$ (I_s = Sättigungsstromstärke) auf den Wert $I = 0$ übergeht?

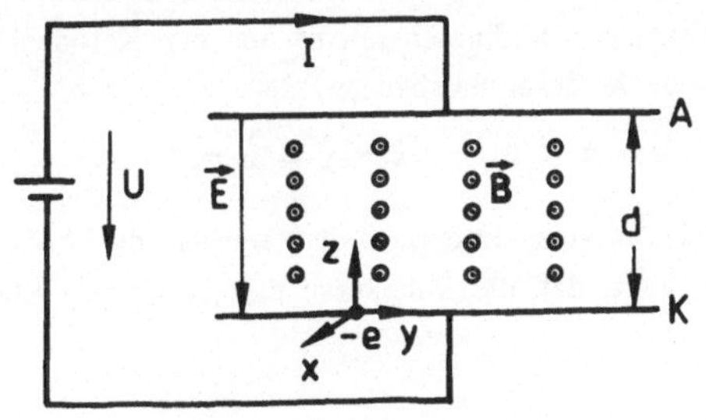

Abb.227: Ebenes Magnetron.

7*

Lösung

Es wird zur Idealisierung des Problems angenommen, daß die Abmessungen der Katoden- und Anodenoberfläche sehr groß gegenüber dem Abstand der beiden Elektroden sind. Für die Bahnkurve der aus der Katode K austretenden Elektronen gilt mit dem nach Abb.227 eingeführten Koordinatensystem und damit $\vec{E} = -E\vec{e}_z$ und $\vec{B} = B\vec{e}_x$:

$$m_0\ddot{\vec{r}} = Q\vec{E} + Q(\dot{\vec{r}} \times \vec{B}) = -e(-E\vec{e}_z) - eB(\dot{z}\vec{e}_y - \dot{y}\vec{e}_z) \ .$$

Dabei wird angenommen, daß die Masse m der Elektronen konstant gleich der Ruhemasse m_0 ist. Die Ladung des Elektrons ist $Q = -e$ (siehe Anhang, Teil I).

Die Bewegungsgleichung kann in Koordinaten aufgespalten werden:

1) $\ddot{x} = 0 \ ,$

2) $\ddot{y} = -\dfrac{eB}{m_0}\,\dot{z} \ ,$

3) $\ddot{z} = \dfrac{eE}{m_0} + \dfrac{eB}{m_0}\,\dot{y} \ .$

Als Anfangsbedingungen für die Bahnkurve eines Teilchens, das im Nullpunkt des eingeführten Koordinatensystems aus der Katode K austritt, gelten zur Zeit $t = 0$ die Zusammenhänge:

$$t = 0 : x = y = z = 0, \qquad \dot{x} = \dot{y} = \dot{z} = 0 \ .$$

Wird Gleichung 1) zweimal integriert und werden die Anfangsbedingungen berücksichtigt, so folgt, daß die Bahnkurve nur in der y-z-Ebene verläuft,

$$x \equiv 0 \ .$$

Aus der Differentialgleichung 2) folgt durch einfache Integration und Berücksichtigung der Anfangsbedingungen:

$$\dot{y} = - \frac{e\,B}{m_0}\,z \ .$$

Wird diese Gleichung in die Differentialgleichung 3) eingesetzt, so kann eine inhomogene Differentialgleichung für die z-Koordinate der Bahnkurve

$$\ddot{z} + \left[\frac{e\,B}{m_0} \right]^2 z = \frac{e\,E}{m_0}$$

abgeleitet werden. Die Lösung dieser Differentialgleichung setzt sich aus der Lösung der homogenen Differentialgleichung und einer partikulären Lösung der inhomogenen Differentialgleichung zusammen. Dabei kann die partikuläre Lösung durch einen "Störgliedansatz" in Form einer Konstanten gefunden werden (vgl. Ableitung der beiden Lösungsanteile in Kapitel V.7), so daß sich die Lösung für die z-Koordinate in der Form

$$z = z_h + z_p = c_1 \cos\left[\frac{e\,B}{m_0}\,t \right] + c_2 \sin\left[\frac{e\,B}{m_0}\,t \right] + \frac{E\,m_0}{e\,B^2}$$

angeben läßt. Werden die Anfangsbedingungen berücksichtigt, so gilt schließlich:

$$z = \frac{E\,m_0}{e\,B^2} \left[1 - \cos\left[\frac{e\,B}{m_0}\,t \right] \right] \ .$$

Aus dem bereits oben abgeleiteten Zusammenhang

$$\dot{y} = - \frac{e\,B}{m_0}\,z = - \frac{e\,B}{m_0}\,\frac{E\,m_0}{e\,B^2} \left[1 - \cos\left[\frac{e\,B}{m_0}\,t \right] \right]$$

folgt schließlich durch nochmalige Integration und Einsetzen der Anfangsbedingungen:

$$y = \frac{E\,m_0}{e\,B^2} \sin\left[\frac{e\,B}{m_0}\,t \right] - \frac{E}{B}\,t \ .$$

Die Bahnkurve ist eine Zykloide in der y–z-Ebene, Abb.228. Die Abbildung zeigt drei charakteristische Bahnkurven, die die Elektronen durchlaufen können. Im Fall ① werden alle Elektronen, die an der Katode K emittiert werden, die Anode A erreichen; es fließt der maximal mögliche Strom der Sättigungsstromstärke I_s im Außenkreis. Im Fall③ erreicht kein Elektron die Anode, die Röhre ist gesperrt, im Außenkreis fließt kein Strom: $I = 0$. Der Fall② ist ein Grenzfall, in dem die Elektronen die Anode gerade streifend erreichen. Bei fester elektrischer Feldstärke $\vec{E}$ kann durch Variation der magnetischen Flußdichte $\vec{B}$ der Fall①,② oder③ eingestellt werden.

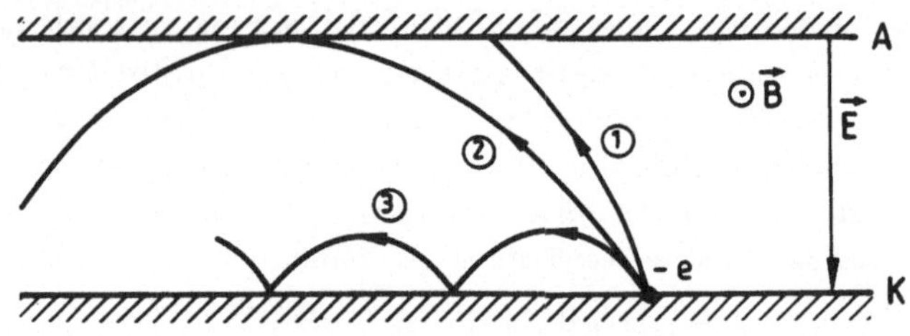

Abb.228: Bahnkurven im Magnetron.

Die kritische Flußdichte, bei der der Grenzfall 2 erreicht wird, kann berechnet werden, falls der Maximalwert der z-Koordinate untersucht wird. Die z-Koordinate nimmt einen maximalen Wert an, falls

$$\cos\left[\ \frac{eB}{m_0}\ t\ \right] = -1$$

wird. Ist der dadurch bestimmte maximale Wert von z gerade gleich dem Elektrodenabstand d, so erreichen die Elektronen die Anode streifend:

$$z_{max} = 2\ \frac{Em_0}{eB_{krit}^2} = d\ .$$

Der zugehörige Wert der magnetischen Flußdichte B_{krit} ist der gesuchte Wert der kritischen Flußdichte:

$$B_{krit} = \sqrt{\frac{2m_0 E}{e\,d}}\ .$$

KAPITEL VI QUASISTATIONÄRE FELDER

Um die Diskussion der zeitunabhängigen magnetischen Felder zu vervollständigen, müssen noch die dem Kapazitätsbegriff der Elektrostatik entsprechende Größe der Induktivität sowie der Energieinhalt des magnetischen Feldes und die aus den Energiebetrachtungen resultierenden Kraftberechnungen behandelt werden.

Sollen die genannten Größen berechnet werden, so zeigt sich, daß einige Eigenschaften zeitabhängiger Magnetfelder bekannt sein müssen. Soll z. B. bei der Ableitung des Energieinhaltes so vorgegangen werden, wie in der Elektrostatik (Kapitel III.13, Teil I), so müssen Stromkreise, in denen ein stationäres Strömungsfeld existiert, aus dem unendlich Fernen in ein betrachtetes Raumgebiet transportiert werden. Bei dem Transportvorgang wird aber in den verschiedenen Leiterschleifen aufgrund des sich ändernden, mit den Leiterschleifen verketteten, magnetischen Flusses eine Spannung induziert, so daß die im Stromkreis vorhandenen Quellen, die die Ströme erzeugen, Arbeit leisten müssen, um einen konstanten Strom zu garantieren. Diese Arbeit muß bei der Ableitung des Energieinhalts mit berücksichtigt werden. Das bedeutet, daß vor der Definition des Energieinhalts das Induktionsgesetz für zeitvariable Felder bekannt sein muß.

Hier sollen aber zunächst nur Felder untersucht werden, die als zeitlich langsam veränderlich (quasistationär) bezeichnet werden können. Eine solche Zeitabhängigkeit liegt vor, falls die der Änderungsfrequenz zugeordnete Wellenlänge $\lambda = c_0/f$ ($c_0 = 2{,}9979 \cdot 10^8$ m/s, Lichtgeschwindigkeit im freien Raum) immer sehr viel größer als die Abmessungen der auftretenden Bauelemente bzw. der betrachteten Feldbereiche ist. Unter diesen Voraussetzungen können die Bauelemente als konzentriert und die räumliche Struktur der Felder als unabhängig von der Zeit angesehen werden. Die Größe der Felder ist von der Zeit abhängig und ändert sich im gesamten Feldbereich gleichphasig.

VI.1 DIE MAXWELL'SCHEN GLEICHUNGEN DER QUASISTATIONÄREN FELDER

Da die Felder als zeitlich langsam veränderlich vorausgesetzt werden, kann im Durchflutungsgesetz bei Auftreten einer Leitungsstromdichte $\vec{S}$

$$\oint_C \vec{H} \cdot \vec{ds} = \iint_A \vec{S} \cdot \vec{n} \; dA + \frac{d}{dt} \iint_A \vec{D} \cdot \vec{n} \; dA \qquad (VI.1.1)$$

der Anteil der Erregungsstromstärke (Verschiebungsstromstärke), (das ist das nach der Zeit abgeleitete Integral über die elektrische Erregung, vgl. Kapitel VII.1, Gl.(VII.1.14)) zum Gesamtstrom auch weiterhin vernachlässigt werden, das heißt, die erste Maxwell'sche Gleichung läßt sich auch weiterhin in der Form

$$\oint_C \vec{H} \cdot \vec{ds} \approx \iint_A \vec{S} \cdot \vec{n} \; dA \qquad (VI.1.2)$$

schreiben. Außer dieser Näherung müssen aber alle Maxwell'schen Gleichungen in ihrer vollständigen Form berücksichtigt werden, das heißt, es gelten die Zusammenhänge:

$$\oint_C \vec{E} \cdot \vec{ds} = - \frac{d}{dt} \iint_A \vec{B} \cdot \vec{n} \; dA \; , \qquad (VI.1.3)$$

$$\oiint_A \vec{B} \cdot \vec{n} \; dA = 0 \; , \qquad (VI.1.4)$$

$$\oiint_A \vec{D} \cdot \vec{n} \; dA = \iiint_V \rho \; dV \; . \qquad (VI.1.5)$$

Insbesondere muß also in Gl.(VI.1.3) der sich zeitlich ändernde magnetische Fluß und der hieraus resultierende Beitrag zum elektrischen Feld berücksichtigt werden. Gl.(VI.1.3) gilt in der angegebenen Form für unbewegte Leitersysteme; eine differenzierte Formulierung unter Berücksichtigung einer Leiterbewegung wird in Kapitel VI.2 diskutiert.

Um von der Integralform der Maxwell'schen Gleichungen zur Differentialform überzugehen wird vom Stoke'schen Satz und vom Gauß'schen Satz Gebrauch gemacht. Die Anwendung des Stoke'schen Satzes auf Gl.(VI.1.2) ergibt die Differentialform des Durchflutungsgesetzes:

$$\mathrm{rot}\vec{H} \approx \vec{S} \; . \tag{VI.1.6}$$

Werden zunächst, wie vorausgesetzt, nur unbewegte Leitersysteme betrachtet, d. h. Leitersysteme, die weder ihre Kontur noch ihre Lage in einem Koordinatensystem verändern, so kann die Differentiation in Gl.(VI.1.3) mit der Integration vertauscht werden, weil die Änderung des magnetischen Flusses nur auf einer zeitlichen Änderung der magnetischen Flußdichte beruht:

$$\oint_C \vec{E}\cdot\vec{ds} = - \iint_A \frac{\partial}{\partial t} \vec{B}\cdot\vec{n} \; dA \; .$$

Dabei geht das vollständige Differential d/dt in eine partielle Differentiation über, da $\vec{B}$ außer von der Zeit auch von den Ortskoordinaten abhängt. Damit folgt nach Anwendung des Stoke'schen Satzes die Differentialform des Induktionsgesetzes:

$$\mathrm{rot}\vec{E} = - \frac{\partial}{\partial t} \vec{B} \; . \tag{VI.1.7}$$

Das heißt, die Wirbel der elektrischen Feldstärke sind in jedem Raumpunkt gleich der Abnahme der magnetischen Flußdichte mit der Zeit.

Während die Rotation der magnetischen Erregung weiterhin (näherungsweise) gleich der Stromdichte $\vec{S}$ ist, ist das elektrische Feld wegen Gleichung (VI.1.7) im Gegensatz zu den stationären Feldern nicht mehr rotationsfrei. Damit kann die elektrische Feldstärke auch nicht mehr, wie bisher, durch eine skalare Potentialfunktion φ beschrieben werden. Die restlichen Maxwell'schen Gleichungen in Differentialform haben denselben Aufbau, wie er bereits für die stationären Felder angegeben wurde (vgl. Kapitel V.2):

$$\mathrm{div}\ \vec{B} = 0\ , \qquad\qquad\qquad\qquad\qquad (VI.1.8)$$

$$\mathrm{div}\ \vec{D} = \rho\ . \qquad\qquad\qquad\qquad\qquad (VI.1.9)$$

Entsprechend gelten auch für die zeitlich langsam veränderlichen Felder dieselben Grenzbedingungen wie für die statischen und stationären Felder. Auch die Materialeigenschaften bleiben, solange unbewegte Systeme betrachtet werden, unverändert. Dispersionseigenschaften (Abhängigkeit der Materialparameter von der Frequenz) sollen unberücksichtigt bleiben.

VI.2   DAS INDUKTIONSGESETZ

Im Jahre 1831 führte Faraday folgenden Versuch durch: Um einen Eisenkern wurden zwei Spulen gewickelt und die eine Spule mit einer Batterie, die andere mit einem Galvanometer verbunden. Faraday stellte fest, daß jedesmal, wenn der Stromkreis geschlossen wurde, d. h. die Batterie an die erste Spule angeschaltet wurde, in der zweiten Spule ein Stromstoß auftrat. Wurde die Batterie abgeschaltet, so trat der Stromstoß mit entgegengesetztem Vorzeichen auf.

Faraday schloß hieraus, daß aufgrund eines sich änderndes Magnetfeldes, das einen geschlossenen Leiter durchsetzt, in diesem Leiter ein elektrischer Strom induziert wird. Dabei ist es gleichgültig, ob das sich ändernde Magnetfeld von einem zeitlich veränderlichen Strom erzeugt wird, oder ob ein Permamentmagnet in der Umgebung der Leiterschleife bewegt wird.

Wird als Ursache des in der (unbewegten) Leiterschleife induzierten Stromes i_{ind} ein induziertes elektrisches Feld im Leiter betrachtet, so kann der Zusammenhang zwischen der auftretenden elektrischen Feldstärke und dem magnetischen Feld, wie experimentell bewiesen werden kann, durch

$$\oint_C \vec{E}\cdot d\vec{s} = R i_{ind} = -\frac{d}{dt}\iint_A \vec{B}\cdot\vec{n}\ dA = -\iint_A \frac{\partial B}{\partial t}\cdot\vec{n}\ dA \qquad (VI.2.1)$$

beschrieben werden. Dabei ist das Linienintegral über den Linienleiter zu erstrecken, in dem der Stromstoß induziert wird und der als in der Randkurve C liegend angesehen wird. A ist die Fläche, die vom Leiter berandet wird und $\vec{n}$ der Flächennormalen-Einheitsvektor auf dieser Fläche, dessen Richtung der Richtung des Umlaufsinns der Randkurve C im Rechtsschraubensinn zugeordnet ist. R ist der Widerstand der geschlossenen Leiterschleife.

Nun kann aber die Interpretation des angegebenen Induktionsgesetzes (VI.2.1) noch einen Schritt weiter geführt werden. Da der Wert des Linienintegrals in Gl.(VI.2.1) nur von der Änderung des magnetischen Flusses, der den Leiter durchsetzt, nicht aber von der spezifischen Beschaffenheit des Leiters abhängt, wurde bereits von Faraday die Auffassung vertreten, daß die induzierte elektrische Feldstärke auch auftritt, falls der Leiter gar nicht vorhanden ist. Der Leiter wurde im Versuch von Faraday nur benutzt, um den Nachweis für das Auftreten der elektrischen Feldstärke zu erbringen.

Damit kann das Induktionsgesetz in folgender Form interpretiert werden: Wird eine beliebige, offene Fläche betrachtet, die von der Randkurve C berandet wird, so tritt in der Randkurve dieser Fläche eine induzierte elektrische Feldstärke $\vec{E}$ auf, falls sich der magnetische Fluß, der die Fläche durchsetzt, ändert. Das Linienintegral

$$\oint_C \vec{E} \cdot \vec{ds} = u_{ind} \qquad\qquad (VI.2.2)$$

über den geschlossenen Integrationsweg C ist von null verschieden und wird als induzierte Spannung u_{ind} bezeichnet. Der Bezugspfeil der Spannung weist in Richtung des Wegelements $\vec{ds}$.

Das in Gl.(VI.2.1) auftretende Minuszeichen zeigt an, daß die induzierte Feldstärke so gerichtet ist, daß sie im Leiter einen Strom erzeugt, dessen Magnetfeld die Änderung des Originalmagnetfeldes (das die elektrische Feldstärke induziert hat) zu verhindern sucht. Diese Tatsache, daß das Magnetfeld des induzierten Stromes stets der Änderung des Originalfeldes entgegenwirkt, wird als Lenz'sche Regel bezeichnet.

Bereits weiter oben wurde darauf hingewiesen, daß eine induzierte elektrische Feldstärke immer auftritt, falls ein zeitlich veränderliches Magnetfeld vorhanden ist. Dabei ist es gleichgültig, ob dieses zeitlich veränderliche Magnetfeld durch einen zeitlich veränderlichen elektrischen Strom erzeugt wurde oder aber z. B. durch einen gegenüber der ruhenden Leiterschleife bewegten Permanentmagneten.

In Ergänzung zur bisherigen Betrachtung, bei der der Leiter als unbewegt und mit zeitlich unveränderlicher Kontur betrachtet wurde, sollen jetzt Leitersysteme betrachtet werden, die sich in einem räumlich inhomogenen Magnetfeld bewegen. Dabei sei vorausgesetzt, daß das Feld der magnetischen Flußdichte sich zusätzlich mit der Zeit ändern kann.

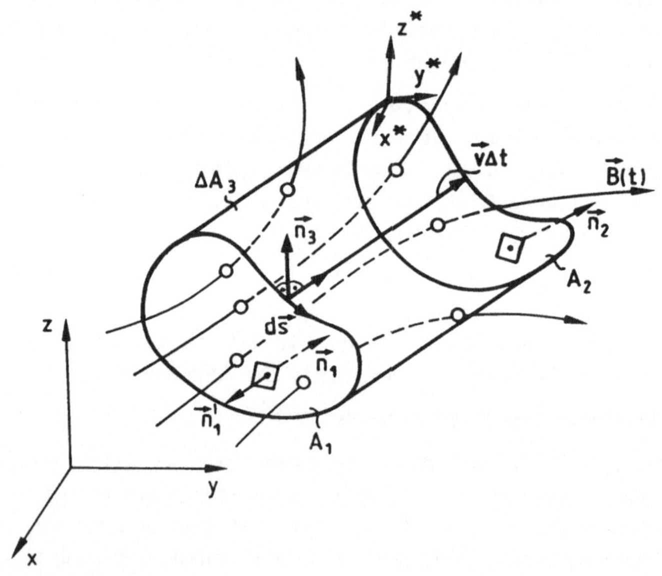

Abb.229: Bewegte Leiterschleife im ruhenden Koordinatensystem x, y, z.

Die Bewegungsgeschwindigkeit $\vec{v}$ der Leiterschleife im ruhenden Koordinatensystem x, y, z sei sehr viel kleiner als die Lichtgeschwindigkeit im freien Raum $c_0 = 2.9989 \cdot 10^8$ m/s. Ein Koordinatensystem x^*, y^*, z^* wird mit der Leiterschleife mitgeführt und hat damit die Geschwindigkeit $\vec{v} = \vec{0}$ gegenüber der Leiterschleife. In diesem mitgeführten System sei die elektrische Feldstärke $\vec{E}^*$ und die magnetische Flußdichte $\vec{B}^*$, dann gilt Gl.(VI.2.1) für $\vec{E}^*$, da die Leiterschleife in x^*, y^*, z^* unbewegt ist:

$$\oint_{C^*} \vec{E}^* \cdot d\vec{s}^* = - \frac{d}{dt} \iint_{A^*} \vec{B}^* \cdot \vec{n}^* \, dA^* = - \iint_{A^*} \frac{\partial \vec{B}^*}{\partial t} \cdot \vec{n}^* \, dA^*. \qquad \text{(VI.2.3)}$$

Für die magnetische Flußdichte $\vec{B}^*$ kann die Flußdichte $\vec{B}(\vec{r},t)$, gemessen im ruhenden Koordinatensystem am Ort $\vec{r}$ der Leiterschleife zur Zeit t eingesetzt werden. Bewegt sich die Leiterschleife in der Zeit Δt von der Position 1 zur Position 2 (Abb.229), so gilt mit A(t) der Fläche der Leiterschleife im ruhenden Koordinatensystem zur Zeit t:

$$- \frac{d}{dt} \iint_{A^*} \vec{B}^* \cdot \vec{n}^* \, dA^* = - \frac{d}{dt} \iint_{A(t)} \vec{B}(\vec{r}(t),t) \cdot \vec{n} \, dA \approx$$

$$\approx - \frac{1}{\Delta t} \, \Delta \iint_{A(t)} \vec{B}(\vec{r}(t),t) \cdot \vec{n} \, dA \approx$$

$$\approx - \frac{1}{\Delta t} \left\{ \iint_{A_2} \vec{B}(\vec{r}_2,t+\Delta t) \cdot \vec{n} \, dA - \iint_{A_1} \vec{B}(\vec{r}_1,t) \cdot \vec{n} \, dA \right\}.$$

Wird für $\vec{B}(\vec{r}_2,t+\Delta t)$ eine Reihenentwicklung angenommen, die nach dem zweiten Glied abgebrochen wird:

$$\vec{B}(\vec{r}_2,t+\Delta t) \approx \vec{B}(\vec{r}_2,t) + \frac{\partial \vec{B}(\vec{r}_2,t)}{\partial t} \Delta t \; ,$$

so kann der oben stehende Ausdruck wie folgt geschrieben werden:

$$- \frac{d}{dt} \iint\limits_{A^*} \vec{B}^* \cdot \vec{n}^* \; dA^* \approx - \frac{1}{\Delta t} \left\{ \iint\limits_{A_2} \frac{\partial \vec{B}(\vec{r}_2,t)}{\partial t} \; \Delta t \cdot \vec{n} \; dA + \iint\limits_{A_2} \vec{B}(\vec{r}_2,t) \cdot \vec{n} \; dA \right. $$

$$\left. - \iint\limits_{A_1} \vec{B}(\vec{r}_1,t) \cdot \vec{n} \; dA \right\} .$$

Aus dem Flußgesetz (VI.1.4) folgt, daß (siehe Abb.229):

$$\iint\limits_{A_1} \vec{B}(\vec{r}_1,t) \cdot \vec{n}_1' \; dA + \iint\limits_{A_2} \vec{B}(\vec{r}_2,t) \cdot \vec{n}_2 \; dA + \iint\limits_{\Delta A_3} \vec{B}(\vec{r}_3,t) \cdot \vec{n}_3 \; dA = 0$$

ist und damit unter Berücksichtigung von $\vec{n}_1 = -\vec{n}_1'$ (Abb.229):

$$\iint\limits_{A_2} \vec{B}(\vec{r}_2,t) \cdot \vec{n}_2 \; dA - \iint\limits_{A_1} \vec{B}(\vec{r}_1,t) \cdot \vec{n}_1 \; dA = - \iint\limits_{\Delta A_3} \vec{B}(\vec{r}_3,t) \cdot \vec{n}_3 \; dA \; ,$$

mit ΔA_3 der von der Leiterschleife bei ihrer Bewegung im Zeitbereich Δt überstrichenen "Mantelfläche" (Abb.229). Da außerdem gilt, daß

$$\vec{n}_3 \; dA = d\vec{s} \times \vec{v} \Delta t$$

mit der in Abb.229 angegebenen Umlaufrichtung des Linienelements $d\vec{s}$ in der Leiterschleife ist, gilt schließlich:

$$- \frac{d}{dt} \iint\limits_{A^*} \vec{B}^* \cdot \vec{n}^* \; dA^* = - \iint\limits_{A} \frac{\partial \vec{B}(r,t)}{\partial t} \cdot \vec{n} \; dA + \oint\limits_{C} (\vec{v} \times \vec{B}(r,t)) \cdot d\vec{s}$$

Also gilt für die in der bewegten Leiterschleife induzierte Spannung, gemessen im mitbewegten System:

$$\oint_{C^*} \vec{E}^* \cdot d\vec{s}^* = - \iint_A \frac{\partial \vec{B}(r,t)}{\partial t} \cdot \vec{n} \, dA + \oint_C (\vec{v} \times \vec{B}(r,t)) \cdot d\vec{s} \; , \qquad (VI.2.4)$$

Die oben stehende Beziehung enthält gemischte Größen, die im ruhenden und im bewegten Koordinatensystem gemessen werden. Um dies zu ändern, wird die Kraft auf einen Ladungsträger in einem Leiter, der in einem Magnetfeld bewegt wird (vgl. Kapitel V.1.1), betrachtet. Für sie gilt, gemessen im ruhenden Koordinatensystem

$$\vec{F} = Q(\vec{E} + \vec{v} \times \vec{B}) = Q\vec{E}^* \; , \qquad (VI.2.5)$$

worin $\vec{E}$ und $\vec{B}$ die im ruhenden Koordinatensystem gemessenen Felder sind. Da die Ladungen durch den Bewegungsvorgang nicht geändert werden, ist die Größe im Klammerausdruck gleich der elektrischen Feldstärke gemessen im bewegten Koordinatensystem, da ein Beobachter in diesem Koordinatensystem die Leiterschleife unbewegt sieht. Damit gilt im ruhenden Koordinatensystem die Beziehung:

$$\oint_C (\vec{E} + \vec{v} \times \vec{B}) \cdot d\vec{s} = - \iint_A \frac{\partial \vec{B}(t)}{\partial t} \cdot \vec{n} \, dA + \oint_C (\vec{v} \times \vec{B}) \cdot d\vec{s} \qquad (VI.2.6)$$

bzw.:

$$\oint_C \vec{E} \cdot d\vec{s} = - \iint_A \frac{\partial \vec{B}(t)}{\partial t} \cdot \vec{n} \, dA \qquad (VI.2.7)$$

und damit mit Anwendung des Stoke'schen Satzes zunächst wiederum das Induktionsgesetz in Differentialform im ruhenden Koordinatensystem:

$$\mathrm{rot}\vec{E} = - \frac{\partial \vec{B}}{\partial t} \; . \qquad (VI.2.8)$$

Aus Gl.(VI.2.5) folgt, daß die Materialgleichung (IV.2.6) für den Fall bewegter Leitersysteme im ruhenden Koordinatensystem durch:

$$\vec{S} = \kappa[\vec{E} + (\vec{v} \times \vec{B})] \tag{VI.2.9}$$

ersetzt werden muß, um die Verhältnisse richtig zu beschreiben. Bewegt sich also eine geschlossene Linienleiterschleife in einem Magnetfeld, so gilt:

$$u_{ind} = \oint_C \frac{1}{\kappa}\, \vec{S}\cdot d\vec{s} = i_{ind} \oint_C \frac{ds}{\kappa A} = i_{ind}R$$

$$= - \iint_A \frac{\partial \vec{B}(t)}{\partial t}\cdot \vec{n}\, dA + \oint_C (\vec{v} \times \vec{B})\cdot d\vec{s}\ , \tag{VI.2.10}$$

mit i_{ind} der in der Leiterschleife induzierten Stromstärke und R dem Widerstand der Leiterschleife. Sie wird hervorgerufen durch eine magnetische Flußänderung aufgrund der sich zeitlich ändernden magnetischen Flußdichte und aufgrund eines Anteils, der durch die Bewegung der Leiterschleife induziert wird. Die induzierte Spannung fällt längs des stromführenden Leiters am Widerstand R ab.

Wird die Leiterschleife an einer Stelle unterbrochen, so kann in ihr kein Stromn fließen, es gilt:

$$\vec{S} = \kappa(\vec{E} + \vec{v} \times \vec{B}) = \vec{0}\ . \tag{VI.2.11}$$

Damit gilt im bewegten Leiter im Magnetfeld, daß eine Feldstärke $\vec{E} = - \vec{v} \times \vec{B}$ aufgebaut wird, um die vom Magnetfeld erzeugte Kraft $Q(\vec{v} \times \vec{B})$ auf die Ladungsträger zu kompensieren. An den offenen Klemmen der unterbrochenen Leiterschleife tritt eine Spannung auf, die sich z. B. durch Aufaddition von $\vec{E} = - \vec{v} \times \vec{B}$ längs des Leiters bestimmen läßt (vgl. Aufgabe 2, Kapitel VI.2.1).

1. AUFGABE

Eine Spule besteht aus einer Windung eines sehr dünnen Drahtes, und ist über eine bifilar gewickelte Zuleitung (d. h. die Zuleitung spannt keine Fläche auf und in ihr kann keine Spannung induziert werden) an ein ballistisches Galvanometer angeschlossen. Die Spule wird aus einem Raumbereich, in dem kein magnetisches Feld auftritt, in einen Bereich eines zeitlich konstanten, magnetischen Feldes gebracht. Im magnetischen Feld wird die Spule von einem magnetischen Fluß Φ_{m0} durchsetzt.

Wie groß ist der Spannungsstoß, der vom Galvanometer angezeigt wird, wenn die Spule

a.   in das Feld gebracht wird,

b.   im Feld um 180° gedreht wird und dann

c.   wieder aus dem Feld genommen wird?

<u>Lösung</u>

Als Spannungsstoß wird das Integral

$$\int_0^{t_0} u\,dt$$

bezeichnet. Das heißt, der in der Spule induzierte Spannungsstoß berechnet sich entsprechend aus

$$\int_0^{t_0} u_{ind}\,dt \ .$$

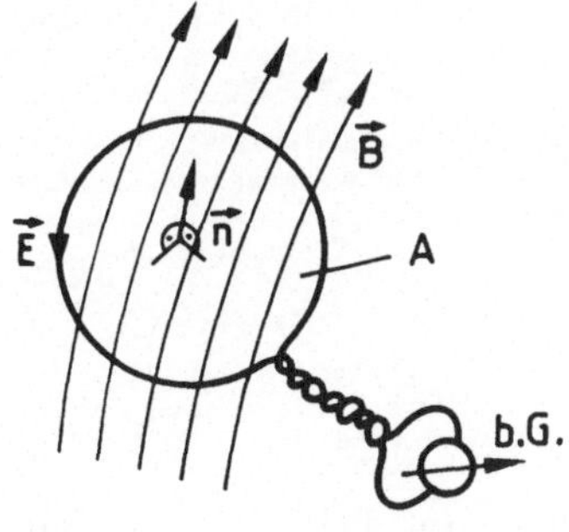

Abb.230: Spule im Magnetfeld.

Die Integrationsgrenzen sind die Zeitpunkte, in dem einerseits die betrachtete Bewegung der Spule beginnt (t = 0) und in dem andererseits die Bewegung abgeschlossen ist (t = t_0). Wird z. B. ein auf der Leiterschleife mitbewegter Beobachter betrachtet, so befindet sich für ihn die Leiterschleife in
Ruhe, das Magnetfeld aber ändert sich für ihn vom Wert $\vec{B} = \vec{0}$ bis zum
Wert $\vec{B}$ am Ende des Einbringvorgangs. Damit ändert sich für ihn der
magnetische Fluß durch die Leiterschleife vom Wert null auf einen Endwert,
beschrieben durch das Flußintegral nach Gl.(V.2.13). Mit Hilfe des Induktionsgesetzes,

$$u_{ind} = \oint_C \vec{E} \cdot d\vec{s} = -\frac{d}{dt} \iint_A \vec{B} \cdot \vec{n} \, dA = -\frac{d\Phi_m}{dt} \, ,$$

kann für den gesuchten Spannungsstoß der Wert

$$\int_0^{t_0} u_{ind} dt = -\int_0^{t_0} \frac{d\Phi_m}{dt} \, dt = -\int_{\Phi_m(t=0)}^{\Phi_m(t=t_0)} d\Phi_m = \Phi_m(t=0) - \Phi_m(t=t_0)$$

angegeben werden. Mit diesem Ergebnis ergibt sich für die einzelnen Fälle:

a. $\quad \displaystyle\int_0^{t_0} u_{ind} dt = -\Phi_{m0} \, ,$

b. $\quad \displaystyle\int_0^{t_0} u_{ind} dt = \Phi_{m0} + \Phi_{m0} = 2\Phi_{m0} \, ,$

c. $\quad \displaystyle\int_0^{t_0} u_{ind} dt = \Phi_{m0} \, .$

Ist der Widerstand der Leiterschleife null, so fällt die Spannung am Widerstand des Meßinstruments ab.

2. AUFGABE

Ein sehr dünner Draht wird zu einer rechteckförmigen Leiterschleife
(Abb.231) gebogen. Die Spule wird um eine Achse parallel zur Seite der
Länge b (Abb.231) in einem zeitlich konstanten, homogenen Magnetfeld der
magnetische Flußdichte $\vec{B}$ mit der Winkelgeschwindigkeit ω gedreht. Die
Richtung der magnetischen Flußdichte sei senkrecht zur Richtung der Dreh-
achse. Zur Zeit $t = 0$ sei die Flußdichte $\vec{B}$ parallel zum Flächennormalen-
vektor $\vec{n}$ gerichtet. Wie groß ist die an den Klemmen der Schleifkontakte
(Abb.231) auftretende Spannung und welchen zeitlichen Verlauf besitzt sie?

<u>Lösung</u>

Ein mit der Leiterschleife mitbewegter Beobachter sieht ein sich in der
Richtung änderndes Magnetfeld, dessen Betrag konstant ist. Mit Hilfe des
Induktionsgesetzes im mitbewegten System (ohne daß die Größen besonders
gekennzeichnet werden, vgl. Kapitel VI.2)

$$u_{ind} = - \frac{d}{dt} \iint_A \vec{B} \cdot \vec{n} \; dA = - \iint_A \frac{\partial}{\partial t} (\vec{B} \cdot \vec{n}) dA$$

läßt sich deshalb aufgrund der zeitlich betragsmäßig konstanten magnetischen Flußdichte die induzierte Spannung als

$$u_{ind} = - \iint_A \frac{d}{dt} |\vec{B}| |\vec{n}| \cos(\sphericalangle \; \vec{B},\vec{n}) dA \; , \qquad \sphericalangle \; \vec{B},\vec{n} = \alpha(t)$$

$$u_{ind} = - |\vec{B}| \frac{d}{dt} \cos[\alpha(t)] \iint_A dA = - |\vec{B}| A \frac{d}{dt} \cos[\alpha(t)]$$

schreiben. Die Spannung fällt an den Klemmen der offenen Leiterschleifen
ab: $u_{ind} = u_{12}$. Dabei ist A die Fläche der Spule, $\alpha(t)$ ist der von der
Zeit abhängige Winkel zwischen dem Flächennormalen-Vektor der Spulenfläche und der magnetischen Flußdichte

$$\alpha(t) = \omega t \; .$$

Die Richtung des Bezugspfeils der induzierten Spannung und des Flächen-
normalen-Vektors $\vec{n}$ sind einander im Rechtsschraubensinn zugeordnet. Die
oben stehenden Aussagen können leicht durch folgende Überlegungen verifi-
ziert werden: Wird zunächst angenommen, daß die Klemmen 1, 2 der beiden Schleifkontakte durch einen Widerstand R überbrückt sind und daß der
Schleifenwiderstand R_s ist, dann gilt für die induzierte Spannung und den
induzierten Strom

$$u_{ind} = (R + R_s)i_{ind} = - \iint_A \frac{\partial}{\partial t} (\vec{B}\cdot\vec{n})dA \, ,$$

falls der Einfluß der induzierten Stromstärke und des durch sie erzeugten
Magnetfeldes vernachlässigt werden kann. Wird der Widerstand R ständig
vergrößert, so ändert sich das Produkt $(R + R_s)i_{ind}$ nicht, so daß schließlich für $R \longrightarrow \infty$ die induzierte Stromstärke i_{ind} null wird und die Spannung u_{ind} an den offenen Klemmen abfällt. Der Bezugspfeil der Spannung
ist gleichgerichtet mit dem Bezugspfeil der induzierten Stromstärke.

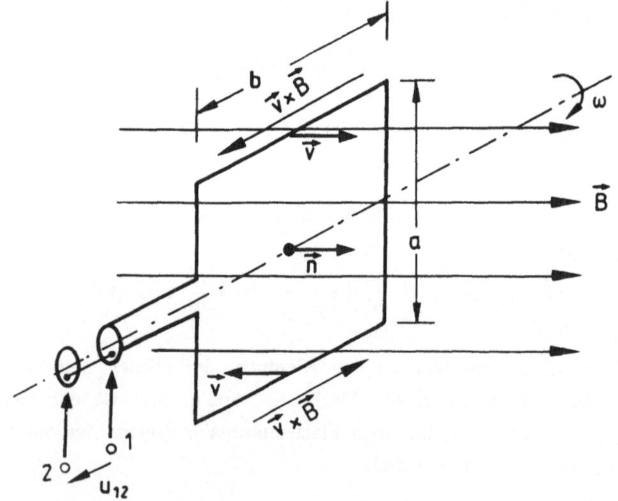

Abb.231: Spule im Magnetfeld.

Damit gilt:

$$u_{ind} = - |\vec{B}| A \frac{d}{dt} \cos(\omega t) =$$

$$= |\vec{B}| ab\omega \sin(\omega t) \ .$$

Die induzierte Spannung ist also sinusförmig von der Zeit abhängig. Ihr Scheitelwert ist der Flußdichte, der Spulenfläche und der Drehfrequenz ω direkt proportional. Der Bezugspfeil der Spannung ist dem Flächennormalenvektor im Rechtsschraubensinn zugeordnet.

Ein Beobachter in einem ruhenden Koordinatensystem, in dem sich die Leiterschleife bewegt, sieht ein zeitlich konstantes Magnetfeld, also ist $\mathrm{rot}\vec{E} = - \partial\vec{B}/\partial t = \vec{0}$, das elektrische Feld ist wirbelfrei. Somit können Spannungen in dem elektrischen Feld längs eines beliebigen Weges bestimmt werden.

Die Spannung an den Klemmen kann auf zwei Wegen berechnet werden:

1.) Wird von Gl.(VI.2.10) ausgegangen und berücksichtigt, daß für den ruhenden Beobachter das Magnetfeld zeitunabhängig ist, so gilt

$$u_{12} = u_{ind} = \lim_{R \to \infty} (R + R_s)i_{ind} = \oint_C (\vec{v} \times \vec{B})\cdot d\vec{s} \ ,$$

wobei das Wegelement dem Flächennormalenvektor $\vec{n}$ im Rechtsschraubensinn zugeordnet ist. Nach gleicher Argumentation wie oben ergibt sich somit die Spannung u_{12} durch die Aufaddition der Größe $(\vec{v} \times \vec{B})$ längs der beiden Leiteranteile der Länge b. Längs der beiden anderen Leiter tritt diese Größe nicht auf. Die Richtungen von $\vec{v} \times \vec{B}$ und des Wegelements längs der Leiter der Länge b sind gleich. Also gilt:

$$u_{12} = 2 \int_0^b (\vec{v} \times \vec{B})\cdot d\vec{s} = 2|\vec{v}| |\vec{B}| b \sin(\omega t)$$

mit $\alpha = \omega t$ dem Winkel zwischen $\vec{v}$ und $\vec{B}$. Die Geschwindigkeit der Leiter der Länge b berechnet sich zu $v = \omega a/2$. Damit gilt:

$$u_{12} = |\vec{B}|ab\ \omega\sin(\omega t)\ .$$

2.) Eine andere Argumentation lautet wie folgt:

Da die Leiterschleife offen ist, ist der Strom in der Leiterschleife null, damit gilt: $\vec{S} = \kappa(\vec{E} + \vec{v} \times \vec{B}) = \vec{0}$ im Leiter vgl. Gl.(VI.2.11). Also kompensiert im Innern des Leiters eine elektrische Feldstärke $\vec{E} = -\vec{v} \times \vec{B}$ die Kraft $Q(\vec{v} \times \vec{B})$ des Magnetfeldes auf die Ladungen. Die Spannung u_{12} kann also durch Aufintegration längs des bewegten Leiters im Innern des Leiters von der Klemme 1 nach 2 gefunden werden:

$$u_{12} = -\int_1^2 (\vec{v} \times \vec{B})\cdot d\vec{s} = 2\int_0^b |\vec{v}||\vec{B}|\sin(\omega t)ds\ ,$$

$$u_{12} = 2\,\frac{a}{2}\,\omega|\vec{B}|b\sin(\omega t) = |\vec{B}|ab\omega\sin(\omega t)\ .$$

Da $d\vec{s}$ und $\vec{v} \times \vec{B}$ in diesem Fall entgegengesetzt zueinander gerichtet sind (Abb.231), ergibt das Skalarprodukt ein Minuszeichen. In den ruhenden Leiterteilen gilt $\vec{S} = \kappa\vec{E} = \vec{0}$. Damit tragen die ruhenden Leiterteile keinen Beitrag zur Spannung bei.

3. AUFGABE

a. In einem unendlich langen, geraden Draht, der sich im Vakuum befindet und der sehr dünn ist, fließt ein Wechselstrom der Stromstärke $i(t) = \hat{i}\,\sin(\omega t)$ (Abb.232, 233). Im Abstand x_0 vom Draht befindet sich eine rechteckförmige, geschlossene Leiterschleife aus dünnem Draht mit den Seitenlängen a und b. Die Leiterschleife und der Draht liegen in einer Ebene. Wie groß ist die in dieser Leiterschleife induzierte Spannung?

b. Die rechteckförmige Leiterschleife werde durch eine kreisförmige Leiterschleife mit dem Radius r_0 ersetzt. Die kreisförmige Leiterschleife tan-
giere den geraden Draht an einer Stelle. Wie groß muß der Abstand x_0
(Abb.232) der rechteckigen Leiterschleife nach a. gewählt werden, damit
die in dieser Leiterschleife induzierte Spannung genau so groß ist wie
die in der kreisförmigen Schleife?

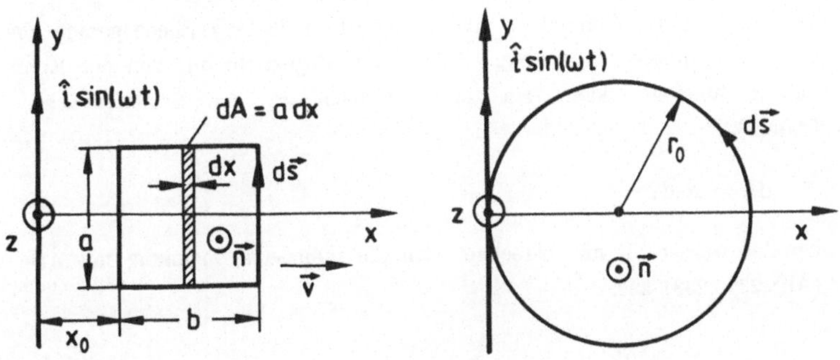

Abb.232: Rechteckiger Leiter.   **Abb.233:** Kreisförmiger Leiter.

c. Im Draht fließe nun ein Gleichstrom der Stromstärke I. Wie groß ist
die in der rechteckigen Leiterschleife induzierte Spannung, wenn sich
die Schleife mit der Geschwindigkeit $\vec{v} = v\vec{e}_x$ in x-Richtung bewegt.

<u>Lösung</u>

a. Da die Leiterschleife sich in Ruhe befindet und der Wechselstrom im
unendlich langen Draht ein zeitabhängiges Magnetfeld erzeugt, wird die induzierte Spannung aus

$$u_{ind} = -\frac{d}{dt} \iint_A \vec{B}\cdot\vec{n}\ dA = -\iint_A \frac{\partial \vec{B}(t)}{\partial t}\cdot\vec{n}\ dA$$

berechnet. Dabei ist die Integration über die Fläche der Leiterschleife durchzuführen. Das Magnetfeld des unendlich langen Drahtes berechnet sich in der x-y-Ebene (vgl. Aufgabe 1, Kapitel V.4.2) zu:

$$\vec{H} = - \frac{i}{2\pi x}\, \vec{e}_z \ .$$

Der Abstand des Aufpunktes vom Leiter ist in der x-y-Ebene gerade gleich der x-Koordinate des Aufpunktes. Da das Magnetfeld nur von der Koordinate x abhängt, kann ein Flächenelement in der Schleifenfläche zu (Abb.232)

$$dA = a\,dx$$

gewählt werden. Damit berechnet sich die induzierte Spannung mit $\vec{n} = \vec{e}_z$ (Abb.232, 233) aus:

$$u_{ind} = - \int\limits_{x_0}^{x_0+b} \frac{\partial}{\partial t}\left[- \frac{\mu_0 i}{2\pi x}\, \vec{e}_z \right]\cdot\vec{e}_z a\, dx \ ,$$

$$u_{ind} = \frac{\mu_0 \hat{i} a}{2\pi} \frac{d}{dt}\left[\sin(\omega t)\right] \int\limits_{x_0}^{x_0+b} \frac{dx}{x}$$

$$u_{ind} = \frac{\mu_0 \hat{i} a \omega}{2\pi} \ln\left[\frac{x_0 + b}{x_0} \right]\cos(\omega t) \ .$$

Die Richtung des Bezugspfeils der induzierten Spannung ist der Richtung des Flächennormalenvektors $\vec{n} = \vec{e}_z$ im Rechtsschraubensinn zugeordnet. Die Spannung fällt längs der Leiterschleife ab.

b.   Ist die Schleife kreisförmig (Abb.233), so berechnet sich die induzierte Spannung aus dem Integral

$$u_{ind} = \frac{\mu_0 \hat{i}}{2\pi} \frac{d}{dt} [\sin(\omega t)] \iint_A \frac{dxdy}{x} \ .$$

Die Integration muß über die Kreisfläche vorgenommen werden, das heißt, die y-Koordinate muß Werte vom unteren Kreisrand zum oberen Kreisrand annehmen, während die x-Koordinate von null bis $2r_0$ variiert wird:

$$u_{ind} = \frac{\mu_0 \hat{i} \omega}{2\pi} \cos(\omega t) \int_0^{2r_0} \int_{-\sqrt{r_0^2 - (x-r_0)^2}}^{+\sqrt{r_0^2 - (x-r_0)^2}} \frac{dydx}{x} \ ,$$

$$u_{ind} = \frac{\mu_0 \hat{i} \omega}{2\pi} \cos(\omega t) \int_0^{2r_0} \frac{2\sqrt{r_0^2 - (x-r_0)^2}}{x} \ dx \ .$$

Die Integrationsgrenzen für die y-Koordinate können aus der Kreisgleichung (Abb.233)

$$(x - r_0)^2 + y^2 = r_0^2$$

$$y = \pm \sqrt{r_0^2 - (x-r_0)^2}$$

bestimmt werden. Wird die Substitution

$$u = x - r_0 \ , \qquad du = dx \ , \qquad -r_0 \leq u \leq r_0$$

eingeführt, so kann das Integral umgeformt werden:

$$\int_0^{2r_0} \frac{\sqrt{r_0^2 - (x-r_0)^2}}{x} \ dx = \int_{-r_0}^{+r_0} \frac{\sqrt{r_0^2 - u^2}}{u + r_0} \ du =$$

$$= \int_{-r_0}^{r_0} \sqrt{\frac{r_0^2 - u^2}{(r_0+u)^2}} \; du = \int_{-r_0}^{r_0} \sqrt{\frac{r_0 - u}{r_0 + u}} \; du =$$

$$= \int_{-r_0}^{r_0} \sqrt{\frac{(r_0 - u)^2}{r_0^2 - u^2}} \; du = \int_{-r_0}^{r_0} \frac{r_0 - u}{\sqrt{r_0^2 - u^2}} \; du \; .$$

Das letzte Integral wird in zwei Teilintegrale aufgespalten, die leicht lösbar sind:

$$\int_{-r_0}^{r_0} \frac{r_0}{\sqrt{r_0^2 - u^2}} \; du - \int_{-r_0}^{r_0} \frac{u}{\sqrt{r_0^2 - u^2}} \; du = r_0 \arcsin\left[\frac{u}{r_0}\right]\Bigg|_{-r_0}^{r_0} + \sqrt{r_0^2 - u^2}\,\Bigg|_{-r_0}^{r_0} \; .$$

Damit ergibt sich für die induzierte Spannung:

$$u_{ind} = \frac{\mu_0 \hat{i} \omega}{\pi} \; r_0 \cos(\omega t)\left[\arcsin(1) - \arcsin(-1)\right] \; ,$$

$$u_{ind} = \frac{\mu_0 \hat{i} \omega r_0}{\pi} \left[\frac{\pi}{2} + \frac{\pi}{2}\right] \cos(\omega t) \; ,$$

$$u_{ind} = \mu_0 \hat{i} \omega \; r_0 \cos(\omega t) \; .$$

Der Bezugspfeil der Spannung ist wieder dem Flächennormalenvektor im Rechtsschraubensinn zugeordnet. Sollen die in der Rechteckschleife nach a. und die in der Kreisschleife nach b. induzierten Spannungen gleich groß sein, so muß

$$\mu_0 \hat{i} \omega \; r_0 \cos(\omega t) = \frac{\mu_0 \hat{i} \omega a}{2\pi} \; \ln\left[\frac{x_0 + b}{x_0}\right] \cos(\omega t) \; ,$$

$$\frac{2\pi r_0}{a} = \ln\left[\frac{x_0 + b}{x_0}\right] \; ,$$

$$x_0 = \frac{b}{e^{\frac{2\pi r_0}{a}} - 1} = b\left[e^{\frac{2\pi r_0}{a}} - 1\right]^{-1}$$

sein.

c. Fließt in dem unendlich langen, geraden Draht ein Gleichstrom der Stromstärke I, so wird das Magnetfeld des Stromes in der x-y-Ebene durch

$$\vec{H} = -\frac{I}{2\pi x}\,\vec{e}_z$$

beschrieben. Die induzierte Spannung wird nach Kapitel VI.2, Gl.(VI.2.10) wegen $\partial\vec{B}/\partial t = \vec{0}$ aus dem Linienintegral über die Randkurve der Schleife

$$u_{ind} = Ri_{ind} = \oint_C (\vec{v} \times \vec{B})\cdot d\vec{s}$$

berechnet. Da die Geschwindigkeit $\vec{v}$ x-Richtung, $\vec{v} = v\vec{e}_x$, und die Fluß-dichte $\vec{B}$ (negative) z-Richtung, $\vec{B} = B\vec{e}_z$, hat, zeigt das Produkt $\vec{v} \times \vec{B}$ in (positiver) y-Richtung. Damit liefert nur jeweils die Seitenkante der Länge a einen Beitrag zur induzierten Spannung und es gilt mit der in Abb.232 eingezeichneten Richtung von $d\vec{s}$:

$$u_{ind} = \oint_C (\vec{v} \times \vec{B})\cdot d\vec{s} = -\int_{+a/2}^{-a/2} vB(x(t))dy - \int_{-a/2}^{+a/2} vB(x(t)+b)dy \; .$$

Der Bezugspfeil der induzierten Spannung zeigt in Richtung des Wegele-ments $d\vec{s}$. x(t) ist die Koordinate der linken Kante des Rechtecks, x(t)+b die Koordinate der rechten Kante zur Zeit t:

$$u_{ind} = va\left[-\frac{\mu_0 I}{2\pi x(t)} + \frac{\mu_0 I}{2\pi(x(t)+b)}\right] \; ,$$

$$u_{ind} = - \frac{\mu_0 I v a}{2\pi} \frac{b}{x(t)(x(t)+b)} \cdot$$

Bei konstanter Geschwindigkeit v ist x der Zeit t direkt proportional. Wird vorausgesetzt, daß zur Zeit t = 0   x = x_0 ist, so kann x(t) als

$$x(t) = vt + x_0$$

geschrieben werden. Damit gilt dann für die Zeitabhängigkeit der induzierten Spannung mit einem Bezugspfeil in Richtung des Wegelements $\vec{ds}$:

$$u_{ind} = - \frac{\mu_0 I v a b}{2\pi} \frac{1}{(vt+x_0)(vt+x_0+b)} \cdot$$

4. AUFGABE

In eine lange, schmale Spule mit w Windungen wird ein Kern aus schwach leitendem Material (Permeabilität $\mu = \mu_r \mu_0$, Leitfähigkeit κ) eingeschoben. Die Spule habe die Länge ℓ und den Radius ρ_0, in der Wicklung der Spule

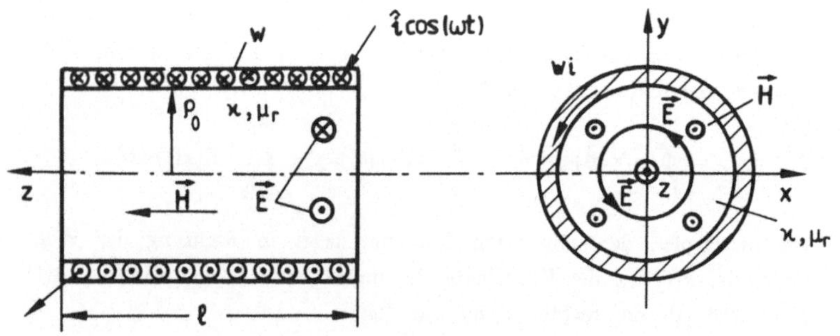

Abb.234: Spule mit leitendem Kern.

fließe ein Wechselstrom der Stromstärke $i = \hat{i}\cos(\omega t)$. Der Radius des eingeschobenen Kerns sei ebenfalls ρ_0, er habe die Länge der Spule ℓ. Man berechne unter Vernachlässigung sekundärer Feldanteile das magnetische und elektrische Feld im Innern der Spule sowie die im leitenden Material auftretende Verlustleistung P_v (Wirbelstromverluste) mit einem quasistationären Näherungsverfahren unter Vernachlässigung von Effekten zweiter Ordnung.

<u>Lösung</u>

Da die Spule als lang und schmal vorgegeben ist, und da sekundäre Feldanteile, die durch die induzierte elektrische Feldstärke (siehe unten) hervorgerufen werden, vernachlässigt werden sollen, kann angenommen werden, daß das im Innern der Spule auftretende magnetische Feld homogen ist (vgl. Aufgabe 8, Kapitel V.4.2). Das magnetische Feld in der Spule hat positive z-Richtung und ist von der Zeit abhängig:

$$\vec{H} = \frac{w\hat{i}}{\ell}\,\cos(\omega t)\vec{e}_z \ .$$

Aufgrund des Induktionsgesetzes induziert dieses zeitlich veränderliche magnetische Feld eine elektrische Feldstärke im leitenden Material. Diese elektrische Feldstärke kann berechnet werden, wenn berücksichtigt wird, daß die elektrischen Feldlinien aufgrund der Zylindersymmetrie auf zur z-Achse konzentrischen Kreisen verlaufen. Entlang eines kreisförmigen Integrationsweges vom Radius ρ ist der Absolutbetrag der elektrischen Feldstärke aus Symmetriegründen konstant, er hängt nur vom Achsenabstand ρ ab. Das heißt, mit Hilfe des Induktionsgesetzes folgt:

$$\oint_C \vec{E}\cdot d\vec{s} = -\frac{d}{dt}\iint_A \vec{B}\cdot\vec{n}\ dA = -\iint_A \frac{\partial\vec{B}(t)}{\partial t}\cdot\vec{n}\ dA \ .$$

Sei $\vec{n} = \vec{e}_z$ der Flächennormalen-Einheitsvektor der Querschnittsfläche, dann ist der Umlaufsinn des Linienintegrals $\vec{n}$ im Rechtsschraubensinn zugeordnet, zeigt also in positiver azimutaler Richtung: $d\vec{s} = ds\,\vec{e}_\alpha$. Mit $\vec{E} = E\vec{e}_\alpha$ gilt also:

$$E 2\pi\rho = -\left[\frac{\mu_0\mu_r w\hat{\imath}}{\ell}\pi\rho^2\right]\frac{d}{dt}\cos(\omega t) \ .$$

Da die magnetische Feldstärke im Innern der Spule als homogen angesehen wird, ergibt sich die Integration über die vom kreisförmigen Integrationsweg berandete Fläche als Produkt aus magnetischer Flußdichte und Flächeninhalt. Die elektrische Feldstärke hat azimutale Richtung:

$$\vec{E} = \frac{\mu_0\mu_r w\hat{\imath}\,\omega}{2\ell}\ \rho\ \sin(\omega t)\vec{e}_\alpha\ .$$

Da das Material im Innern der Spule eine Leitfähigkeit κ besitzt, wird im Material eine Stromdichte

$$\vec{S} = \kappa\vec{E} = \frac{\mu_0\mu_r \kappa w\hat{\imath}\,\omega}{2\ell}\ \rho\ \sin(\omega t)\vec{e}_\alpha$$

mit geschlossenen Stromlinien auftreten (Wirbelströme). Diese Ströme erzeugen ihrerseits wieder ein Magnetfeld. Da aber das Material als schwach leitend vorausgesetzt war, kann der Einfluß dieser sekundären Magnetfelder hier vernachlässigt werden.

Mit dem Auftreten der Stromdichte im leitenden Material wird elektrische Energie in Wärmeenergie überführt. Für die auftretende Verlustleistung P_V gilt (vgl. Gl.(IV.2.16), Kapitel IV.2):

$$P_V = \iiint\limits_V \vec{S}\cdot\vec{E}\ dV = \iiint\limits_V \kappa|\vec{E}|^2\ dV\ .$$

Mit den oben stehenden Zusammenhängen gilt also näherungsweise:

$$P_v = \left[\frac{\mu_0\mu_r \hat{i} w\omega}{2\ell} \sin(\omega t) \right]^2 \kappa \iiint_V \rho^2 \, dV \; .$$

Als Volumenelement wird ein kleiner Zylinder mit kreisringsförmigem Querschnitt gewählt:

$$dV = 2\pi\rho \; d\rho \; dz \; .$$

Es wird über ρ mit den Grenzen $0 \leq \rho \leq \rho_0$ und über z mit den Grenzen $0 \leq z \leq \ell$ integriert:

$$P_v = \left[\frac{\mu_0\mu_r \hat{i} w\omega}{2\ell} \sin(\omega t) \right]^2 \kappa \int_0^\ell \int_0^{\rho_0} 2\pi\rho^3 d\rho \; dz \; ,$$

$$P_v = \left[\frac{\mu_0\mu_r \hat{i} w\omega}{2\ell} \sin(\omega t) \right]^2 \kappa 2\pi \frac{\rho_0^4}{4} \ell \; .$$

Im zeitlichen Mittel errechnet sich die umgesetzte Leistung zu:

$$\bar{P}_v = \frac{1}{T} \int_0^T P_v dt = \left[\frac{\mu_0\mu_r w\omega\rho_0^2 \hat{i}}{4} \right]^2 \frac{\pi\kappa}{\ell} \; .$$

5. AUFGABE

Eine kreisförmige, sehr gut leitende Scheibe mit dem Radius r_0 dreht sich mit konstanter Winkelgeschwindigkeit ω um ihre Achse im homogenen Magnetfeld der Flußdichte $\vec{B}$ (Abb.235) senkrecht zur Scheibenfläche. Über zwei schleifende Kontakte ($R = 0$) an der Achse und am Rande der Scheibe kann eine Spannung abgenommen werden (Unipolarmaschine). Man berechne die Größe der an dem Meßinstrument (Abb.235) auftretenden Spannung.

Lösung

Im vorliegenden Problem bewegt sich ein Leiter (hier die Scheibe) mit einer

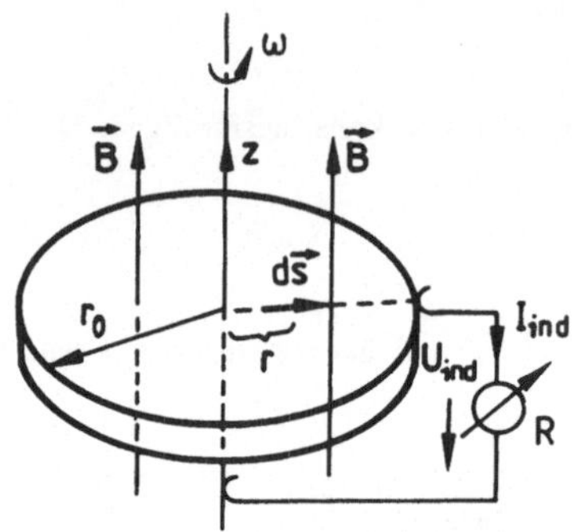

konstanten Geschwindigkeit $\vec{v}$ relativ zum ruhenden Beobachter (z. B. am Meßinstrument (Abb.235)) in einem homogenen Magnetfeld. Aufgrund der in Kapitel VI.2 abgeleiteten Beziehung Gl.(VI.2.10) läßt sich dann die im Leiterkreis induzierte Spannung wegen $\partial\vec{B}/\partial t = \vec{0}$ aus

$$U_{ind} = RI_{ind} = \oint_C (\vec{v} \times \vec{B})\cdot d\vec{s}$$

Abb.235: Unipolarmaschine.

berechnen. Der Leiterkreis besteht aus dem ruhenden äußeren Draht (R=0), der als sehr gut leitend angesehenen Mittelachse und der Verbindung vom Mittelpunkt der Scheibe zum äußeren Schleifkontakt am Rande der Scheibe. Ein Beitrag zum Integral wird nur vom bewegten Leiter geleistet. Wird ein Element des Leiterkreises in der Scheibe von der Größe $d\vec{s} = dr\vec{e}_r$ betrachtet, so ist die in ihm induzierte Spannung:

$$dU_{ind} = (\vec{v} \times \vec{B})\cdot d\vec{s} \ .$$

Befindet sich das Leiterelement im Abstand r vom Mittelpunkt der Scheibe, so ist seine Geschwindigkeit in azimutaler Richtung

$$\vec{v} = \omega r \vec{e}_\alpha \ ,$$

so daß das Kreuzprodukt $\vec{v} \times \vec{B}$ sich zu

$$\vec{v} \times \vec{B} = \omega r \vec{e}_\alpha \times B\vec{e}_z = \omega r B \vec{e}_r$$

berechnet. Da das Linienelement $d\vec{s}$ ebenfalls radiale Richtung besitzt, kann die auf dem Wegelement $d\vec{s}$ induzierte Spannung zu

$$dU_{ind} = \omega r B dr$$

angegeben werden. Durch Integration vom Mittelpunkt der Scheibe ($r = 0$) bis zum Außenrand der Scheibe ($r = r_0$) ergibt sich die insgesamt induzierte Spannung zu:

$$U_{ind} = \int_0^{r_0} \omega r B \ dr = \frac{\omega B r_0^2}{2} \ .$$

Die Spannung fällt bei den vorgegebenen Verhältnissen im wesentlichen am Widerstand R des Meßinstruments (Abb.235) ab.

Dieselbe Spannung erhält man, wenn die Scheibe als ruhend betrachtet wird und die abnehmende Leiterschleife rotiert. Die Spannung wird dann in der rotierenden Leiterschleife induziert. In der Leiterschleife wird keine Spannung induziert, wenn Scheibe und Abnehmerdraht als ruhend betrachtet werden und das achsiale Magnetfeld z. B. durch einen sich drehenden Permanentmagneten erzeugt wird. Eine Spannung wird immer nur in einem Leiter induziert, der sich in einem Bezugssystem mit einer Geschwindigkeit $\vec{v}$ relativ zum Bezugssystem bewegt. Wählt man den Ort der Abnehmerklemmen als Bezugssystem, so muß sich die Scheibe drehen, wählt man die Scheibe als Bezugssystem, so muß sich die Abnehmerschleife drehen. In einem System, in dem Scheibe und Abnehmerschleife keine Relativgeschwindigkeit zueinander haben, kann keine induzierte Spannung gemessen werden. Es ist also z. B. nicht möglich, eine schleiferlose Gleichstrommaschine herzustellen.

6. AUFGABE

Eine leitende Kugel vom Radius r_0 bewegt sich mit einer konstanten Geschwindigkeit $\vec{v} = v\vec{e}_y$ in einem homogenen Magnetfeld der magnetischen

8 Wolff

Flußdichte $\vec{B} = B\vec{e}_x$ (Abb.236). Man zeige, daß im Außenraum der Kugel im Abstand r vom Mittelpunkt der Kugel ein elektrisches Dipolfeld der Größe

$$\vec{E} = - \frac{vBr_0^2}{r^3} \left[2\cos\vartheta \, \vec{e}_r + \sin\vartheta \, \vec{e}_\vartheta \right]$$

existiert.

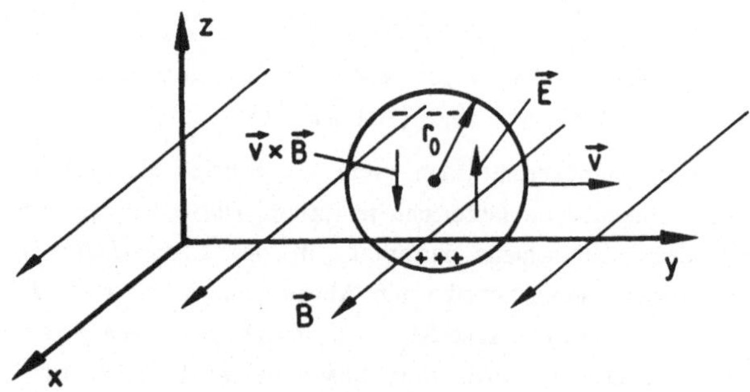

Abb.236: Bewegte Kugel im homogenen Magnetfeld.

<u>Lösung</u>

Aufgrund der Bewegung der leitenden Kugel im Magnetfeld wird auf die frei beweglichen Ladungen (Elektronen) im leitenen Material eine Kraft der Größe

$$\vec{F} = Q(\vec{v} \times \vec{B}) = - e(\vec{v} \times \vec{B})$$

ausgeübt. Unter dem Einfluß dieser Kraft verschieben sich die beweglichen Elektronen im leitenden Material gerade so, daß sich ein Gleichgewichtszustand zwischen der Kraft $\vec{F}$ des Magnetfeldes auf die Ladungen und der

Rückstellkraft zwischen den getrennten Ladungen einstellt. Ein Beobachter, der sich mit der Geschwindigkeit $\vec{v}$ auf der Kugel mitbewegt, "sieht" also eine "vom Magnetfeld erzeugte elektrische Feldstärke"

$$\vec{E}' = \vec{v} \times \vec{B}$$

und die entgegengesetzt wirkende Feldstärke $\vec{E}$ (Abb.236) aufgrund der Ladungsverschiebungen, so daß im Gleichgewichtsfall für den Beobachter auf der Kugel die elektrische Feldstärke in der leitenden Kugel verschwindet.

Ein Beobachter, der sich ruhend z. B. im Nullpunkt des Koordinatensystems (Abb.236) befindet, sieht demnach nur die elektrische Feldstärke $\vec{E}$ aufgrund der erfolgten Ladungsverschiebungen, da er die Kraft auf die Elektronen der Bewegung im Magnetfeld zuschreibt. Ein ruhender Beobachter sieht also die Kugel homogen elektrisiert mit einem elektrischen Feld im Innern der Kugel von der Größe:

$$\vec{E} = - \vec{E}' = - \vec{v} \times \vec{B} = - vB(\vec{e}_y \times \vec{e}_x) = vB\vec{e}_z \;.$$

Eine entsprechende Feldverteilung wird von einer homogen elektrisierten Kugel mit der Polarisation (vgl. Aufgabe 4, Kapitel V.5.4 und ersetze $\vec{H}$ durch $\vec{E}$ und $\vec{M}$ durch $\vec{P}/\epsilon_0$)

$$\vec{P} = - 3\epsilon_0\vec{E} = - 3\epsilon_0 vB\vec{e}_z$$

und einem elektrischen Dipol mit dem Dipolmoment

$$\vec{p} = \vec{P}V_{Kugel} = \vec{P} \frac{4\pi r_0^3}{3} = - 4\pi r_0^3\epsilon_0 vB\vec{e}_z$$

im Mittelpunkt der Kugel hervorgerufen. Das Feld außerhalb der Kugel, das von einem solchen Dipol hervorgerufen wird, läßt sich nach Kapitel III.7, Teil I als

$$\vec{E} = \frac{1}{4\pi\epsilon_0 r^3} \left[3(\vec{p}\cdot\vec{r}) \frac{\vec{r}}{r^2} - \vec{p} \right]$$

8*

und mit oben stehenden Zusammenhängen als

$$\vec{E} = - \frac{v\, Br_0^3}{r^3} \left[3(\vec{e}_z \cdot \vec{r})\, \frac{r}{r^2}\, \vec{e}_r - \vec{e}_z \right] ,$$

$$\vec{E} = - \frac{v\, Br_0^3}{r^3} \left[3\cos\vartheta\, \vec{e}_r - \cos\vartheta\, \vec{e}_r + \sin\vartheta\, \vec{e}_\vartheta \right] ,$$

$$\vec{E} = - \frac{v\, Br_0^3}{r^3} \left[2\cos\vartheta\, \vec{e}_r + \sin\vartheta\, \vec{e}_\vartheta \right]$$

berechnen. Dabei ist $\vec{r}$ der Ortsvektor vom (bewegten) Mittelpunkt der Kugel zum betrachteten Aufpunkt. ϑ ist der Winkel zwischen der z-Richtung und der Richtung des Ortsvektors $\vec{r}$. Der Einheitsvektor in z-Richtung wurde in seine Komponenten in r- und ϑ-Richtung

$$\vec{e}_z = \cos\vartheta\, \vec{e}_r - \sin\vartheta\, \vec{e}_\vartheta$$

zerlegt (vgl. Abb.206, Aufgabe 4, Kapitel V.5.4).

7. AUFGABE

Ein Betatron ist ein Gerät zur Beschleunigung leichter Teilchen, insbesondere Elektronen. Das Betatron besteht aus einem kreisringförmigen Glaskolben, in dem die Elektronen beschleunigt werden, sowie einem Magneten, der ein zylindersymmetrisches, zeitlich sinusförmig veränderliches Magnetfeld erzeugt. Die Elektronen werden mit einer vernachlässigbar kleinen Anfangsgeschwindigkeit in den Laufraum eingeschleust und dort von dem induzierten elektrischen Feld auf eine Geschwindigkeit nahe der Lichtgeschwindigkeit beschleunigt.

a. Man berechne die auf dem Sollkreis (das ist der Kreis, auf dem sich die Elektronen im Glaskolben bewegen sollen) mit dem Radius r_0 induzierte elektrische Feldstärke und gebe mit ihrer Hilfe den zeitlichen Verlauf des Impulses $m\vec{v}$ der Elektronen an. Dabei sei vorausgesetzt, daß sich die Elektronen tatsächlich auf dem Sollkreis bewegen.

b. Wie kann erreicht werden, daß sich die Elektronen tatsächlich auf dem Sollkreis bewegen? Wie groß ist das notwendige Führungsfeld (Magnetfeld) an der Stelle des Sollkreises und wie ist der Zusammenhang zwischen dem Führungsfeld am Sollkreis und dem Mittelwert der magnetischen Flußdichte über die von der Kreisbahn eingeschlossenen Fläche?

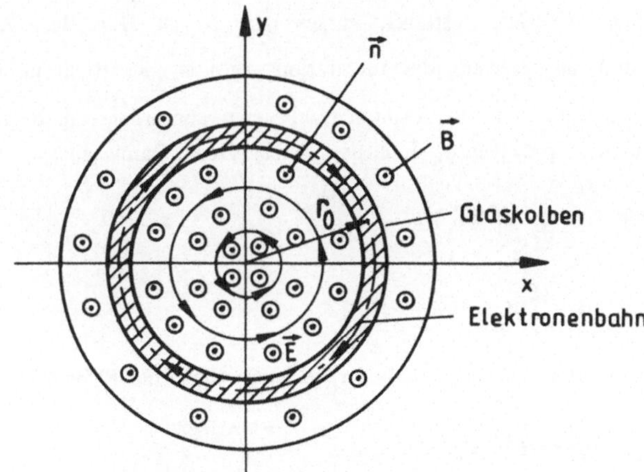

Abb.237: Zum Prinzip des Betatrons.

c. Wie lautet demnach die wirkliche Bewegungsgleichung für den Impuls der Elektronen unter dem Einfluß des elektrischen Feldes und des Magnetfeldes und wie errechnet sich daraus der Impuls? Man berechne den Energiezuwachs der Elektronen, falls die Elektronen bis zur Zeit $t = T/4$ (T = Periodendauer des sich sinusförmig ändernden Magnetfeldes) beschleunigt werden.

<u>Lösung</u>

a. Aufgrund der Zylindersymmetrie des magnetischen Feldes werden die Feldlinien der induzierten elektrischen Feldstärke kreisförmigen Verlauf besitzen. Wird das Induktionsgesetz

$$\oint_C \vec{E} \cdot d\vec{s} = -\frac{d}{dt} \iint_A \vec{B} \cdot \vec{n} \; dA$$

für einen kreisförmigen Integrationsweg mit dem Radius r, der parallel zur elektrischen Feldstärke verläuft, ausgewertet, so ist $\vec{B} = B\vec{e}_z$, $E = E\vec{e}_\alpha$, $\vec{n} = \vec{e}_z$ und die Richtung des Integrationsweges ist der Richtung des Flächennormalenvektors $\vec{n}$ im Rechtsschraubensinn zugeordnet, d. h. die Integration wird in positiver $\vec{e}_\alpha$-Richtung durchgeführt. Damit gilt:

$$E \, 2\pi r = -\frac{d}{dt} \iint_A \vec{B} \cdot \vec{n} \; dA = -\frac{d\Phi_m}{dt} \, ,$$

$$E = -\frac{1}{2\pi r} \frac{d\Phi_m}{dt} \, .$$

Auf dem Sollkreis mit dem Radius r_0 existiert also eine Feldstärke

$$\vec{E} = -\frac{1}{2\pi r_0} \frac{d\Phi_m}{dt} \, \vec{e}_\alpha$$

mit azimutaler Richtung.

Die Bewegungsgleichung der Elektronen mit dem Impuls $\vec{P}$ (unter Berücksichtigung der relativistischen Massenveränderlichkeit) lautet: Die auf das Elektron wirkende Kraft ist gleich der zeitlichen Änderung des Impulses:

$$\frac{d}{dt} (\vec{P}) = \frac{d}{dt} (m\vec{v}) = -e\vec{E} = \frac{e}{2\pi r_0} \frac{d\Phi_m}{dt} \, \vec{e}_\alpha \, .$$

Das heißt, der Impuls zur Zeit t $\vec{P}(t) = P(t)\vec{e}_\alpha$ kann durch einmalige Integration zu

$$P(t) = \frac{e}{2\pi r_0} \, \Phi_m(t) + C$$

angegeben werden. Da zur Zeit der Einschleusung der Elektronen ($t = 0$) in den Laufraum der Impuls der Elektronen vernachlässigbar klein sein soll, wird die Integrationskonstante $C = 0$ falls $\Phi_m(t = 0) = 0$ ist. Das heißt, die Teilchen werden in dem Augenblick in den Laufraum eingebracht, in dem die magnetische Flußdichte ihren Nulldurchgang besitzt. Für diesen Fall gilt:

$$P(t) = \frac{e}{2\pi r_0} \, \Phi_m(t) \; .$$

b.   Durch die Beschleunigung im elektrischen Feld werden die Elektronen im allgemeinen Fall nicht auf einer Kreisbahn verlaufen, sondern mit wachsender Geschwindigkeit wird der Radius der Bahn zunehmen (vgl. Aufgabe 1, Kapitel V.7.1). Wird das Magnetfeld in entsprechendem Maße geändert, so daß die Zentrifugalkraft, die auf das Elektron auf seiner Bahn ausgeübt wird, immer gerade die Kraft kompensiert, die vom Magnetfeld auf das Elektron ausgeübt wird, so kann sich das Elektron auf einer stationären Kreisbahn bewegen. Das heißt, die Summe der Kräfte

$$\vec{F}_{magn} = - e(\vec{v} \times \vec{B}) = - ev \, B(r_0)\vec{e}_\alpha \times \vec{e}_z = - ev \, B(r_0)\vec{e}_r$$

und

$$\vec{F}_{zentr} = \frac{mv^2}{r_0} \, \vec{e}_r$$

muß verschwinden. Dabei ist $B(r_0)$ die magnetische Flußdichte auf dem Sollkreis mit dem Radius r_0. Der Vektor $\vec{r}_0$ ist gleichzeitig der Ortsvektor, der die Lage des Ladungsträgers kennzeichnet. Die Geschwindigkeit $\vec{v}$ des Teilchens ist gleich der zeitlichen Änderung des Ortsvektors $\vec{r}_0$: $\vec{v} = d\vec{r}_0/dt$ Also gilt:

$$- ev\ B(r_0) + \frac{mv^2}{r_0} = 0\ ,$$

$$B(r_0) = \frac{mv}{e\,r_0} = \frac{P}{e\,r_0}\ .$$

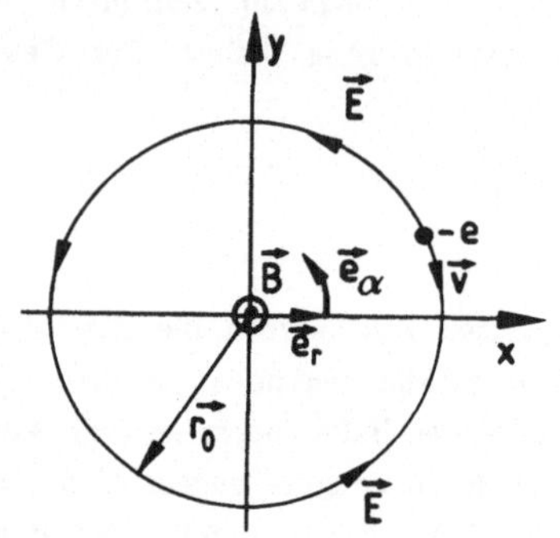

Abb.238: Zur Berechnung des
Gleichgewichtszustands.

Impuls und Magnetfeld sind Funktionen der Zeit. Wird der nach a. berechnete Impuls eingesetzt, so kann schließlich für den Zusammenhang zwischen Flußdichte am Sollkreis und magnetischem Fluß Φ_m durch die vom Sollkreis berandete Fläche angegeben werden:

$$B(r_0,\ t) = \frac{1}{2\pi r_0^2}\ \Phi_m(t)\ .$$

Der Mittelwert der magnetischen Flußdichte über die Fläche, die vom Sollkreis eingeschlossen wird, berechnet sich aus:

$$\bar{B}(t) = \frac{1}{A}\ \iint\limits_A \vec{B}(t)\cdot\vec{n}\ dA = \frac{1}{\pi r_0^2}\ \Phi_m(t)\ .$$

Wird der so berechnete Mittelwert der Flußdichte mit der Flußdichte am Sollkreis verglichen, so folgt:

$$B(r_0,\ t) = \frac{1}{2}\ \bar{B}(t)\ .$$

Diese Bedingung heißt Wiederoe'sche Bedingung des Betatrons. Wird die Flußdichte am Sollkreis immer gleich dem halben Mittelwert der Flußdichte über die vom Sollkreis eingeschlossene Fläche gewählt, so bewegen sich die Elektronen trotz der Beschleunigung durch das elektrische Feld immer auf einer Kreisbahn.

c. Die wirkliche Bewegungsgleichung für die Elektronen auf dem Sollkreis kann unter Berücksichtigung des elektrischen Feldes und des Magnetfeldes in der Form

$$\frac{d}{dt}\, \vec{P}(t) = -\,e(\vec{E} + \vec{v} \times \vec{B})$$

angegeben werden. Die elektrische Feldstärke kann nach den zum Punkt b. durchgeführten Rechnungen zu

$$E(t) = -\,\frac{1}{2\pi r_0}\,\frac{d\Phi_m(t)}{dt} = -\,r_0\,\frac{d}{dt}\,B(r_0,\,t)\ ,\quad \vec{E}(t) = -\,r_0\,\frac{d}{dt}\,B(r_0,\,t)\vec{e}_\alpha\ ,$$

bzw. unter Berücksichtigung der Richtungen (Abb.238) zu

$$\vec{E}(t) = \vec{r}_0 \times \frac{d}{dt}\,\vec{B}(r_0,\,t)$$

angegeben werden. Also gilt wegen $\vec{v} = d\vec{r}_0/dt$ (siehe oben) für die Bewegungsgleichung:

$$\frac{d}{dt}\,\vec{P}(t) = -\,e\left[\,\vec{r}_0 \times \frac{d}{dt}\,\vec{B}(r_0,\,t) + \frac{d}{dt}\,\vec{r}_0 \times \vec{B}(r_0,\,t)\,\right]\ ,$$

$$\frac{d}{dt}\,\vec{P}(t) = -\,e\,\frac{d}{dt}\left[\,\vec{r}_0 \times \vec{B}(r_0,\,t)\,\right]\ .$$

Damit kann der Impuls durch

$$\vec{P}(t) = -\,e\left[\,\vec{r}_0 \times \vec{B}(r_0,\,t)\,\right]$$

beschrieben werden.

Der Zuwachs der kinetischen Energie der Elektronen ergibt sich unter Berücksichtigung der Massenveränderlichkeit aus

$$\Delta W_{kin} = mc^2 - m_0c^2 = c\sqrt{P^2 + m_0^2c^2} - m_0c^2 \;,$$

$$\Delta W_{kin} = m_0c^2\left[\sqrt{1 + \frac{P^2}{m_0^2c^2}} - 1\right].$$

Im Zeitpunkt $t = T/4$ nimmt die Flußdichte $B(r_0,t) = \hat{B}(r_0)\sin(\omega t)$ ihren Scheitelwert $\hat{B}(r_0)$ an, dementsprechend nimmt auch der Impuls $P(t)$ seinen maximal möglichen Wert

$$\hat{P} = er_0\hat{B}(r_0)$$

an. Damit ergibt sich der maximal mögliche Energiezuwachs im Betatron aus

$$\Delta W_{kin,max} = m_0c^2\left[\sqrt{1 + \frac{\hat{P}^2}{m_0^2c^2}} - 1\right].$$

Da der Ausdruck

$$\frac{\hat{P}}{m_0c} = \frac{er_0\hat{B}(r_0)}{m_0c} \gg 1$$

ist (d. h. der Impuls der Teilchen nach der Beschleunigung ist sehr viel größer als im Anfangszustand), kann der Energiezuwachs näherungsweise durch

$$\Delta W_{kin} \approx cer_0\hat{B}(r_0)$$

angegeben werden.

VI.3   DIE INDUKTIVITÄT

Es wird eine Drahtschleife aus dünnem Draht betrachtet, in der ein
Strom der Stromstärke i_1 fließt. Dieser Strom erzeugt ein Magnetfeld, das
die Schleifenfläche des Leiters durchsetzt und sich außerhalb der Schleifenfläche schließt. Wird eine zweite Leiterschleife in die Umgebung der stromführenden Leiterschleife gebracht, so kann ein Teil des magnetischen Feldes
der ersten Schleife die Fläche, die von der zweiten Schleife aufgespannt
wird, durchsetzen (Abb.239).

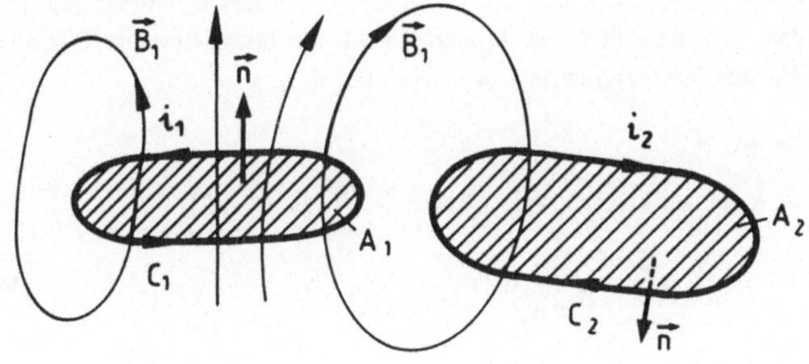

Abb.239: Fluß durch zwei Leiterschleifen.

Ändert sich der Strom in der ersten Schleife mit der Zeit, so ändert
sich ebenfalls das Magnetfeld dieses Stromes. Aufgrund des Induktionsgesetzes (Kapitel VI.2) wird durch das sich ändernde Magnetfeld ein elektrischer
Strom sowohl in der ersten als auch in der zweiten Leiterschleife induziert.
Dabei ist die in der ersten Leiterschleife induzierte elektrische Stromstärke
immer so gerichtet, daß die Änderung des Originalstromes reduziert wird
(Lenz'sche Regel, vgl. Kapitel I.2). Im zweiten Leiter wird ebenfalls ein
Strom induziert, der nun seinerseits ein Magnetfeld aufbaut, das seine eigene Schleifenfläche A_2 sowie teilweise auch die Schleifenfläche A_1 durchsetzt
und somit erneut Spannungen und Ströme in den Leitern induziert.

Um zu einer allgemeingültigen Beschreibung dieser Induktionsvorgänge zu gelangen, wird ein System von n verschiedenen unbewegten Leiterschleifen betrachtet, in denen die Stromdichten $\vec{S}_\mu$ (μ = 1, 2, ..., n) auftreten. Werden die von diesen Strömen hervorgerufenen magnetischen Felder überlagert, so kann der magnetische Fluß durch die einzelnen Leiterschleifen und somit mit Hilfe des Induktionsgesetzes die in den einzelnen Leiterschleifen induzierte Spannung angegeben werden.

Es wird vorausgesetzt, daß die magnetischen Felder nur von den elektrischen Strömen in den einzelnen Leitern herrühren. Ferner soll angenommen werden, daß sich die Stromkreise im Vakuum ($\mu = \mu_0$) befinden. Dann kann das von den Strömen erzeugte Feld der magnetischen Flußdichte $\vec{B}$ mit Hilfe des Vektorpotentials (vgl. Kapitel V.2)

$$\vec{B} = \text{rot } \vec{A}$$

aus dem Volumenintegral (vgl. Kapitel V.4.1, Gl.(V.4.2))

$$\vec{A}(P) = \frac{\mu_0}{4\pi} \iiint\limits_{V'} \frac{\vec{S}(P')}{R_{P'P}} \, dV' \tag{VI.3.1}$$

berechnet werden.

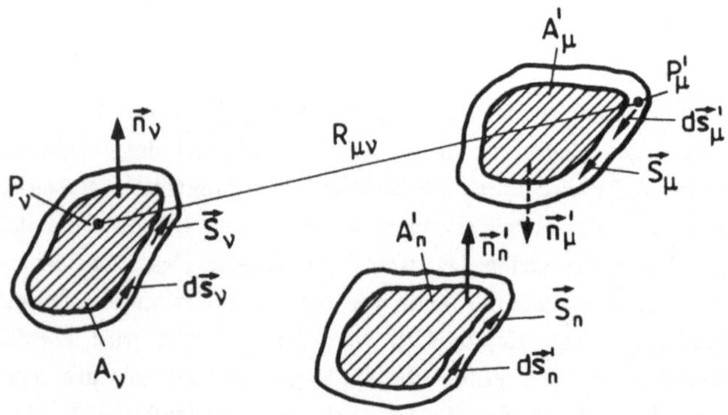

Abb.240: Zur Berechnung der Induktivitäten.

Der magnetische Fluß, der die ν-te Leiterschleife durchsetzt, kann nach Gl.(V.2.14) direkt aus demn Vektorpotential $\vec{A}$ berechnet werden:

$$\Phi_{m\nu} = \iint_{A_\nu} \vec{B}\cdot\vec{n}_\nu dA_\nu = \oint_{C_\nu} \vec{A}(P_\nu)\cdot\vec{ds}_\nu \ . \qquad (VI.3.2)$$

Dabei ist die Integration über die noch zu definierende Randkurve des ν-ten Leiters vorzunehmen. Da die magnetische Flußdichte $\vec{B}$, die durch die ν-te Leiterschleife hindurchtritt, aus der Überlagerung der Felder der einzelnen Ströme berechnet werden kann, läßt sich für das Vektorpotential der Ausdruck

$$\vec{A}(P_\nu) = \frac{\mu_0}{4\pi} \sum_{\mu=1}^{n} \iiint_{V'_\mu} \frac{\vec{S}_\mu(P'_\mu)}{R_{\mu\nu}} dV'_\mu \qquad (VI.3.3)$$

angeben. $R_{\mu\nu}$ ist der Abstand zwischen dem Integrationspunkt P'_μ und dem Aufpunkt P_ν. Werden die Leiter mit Ausnahme des ν-ten Leiters, die einen Beitrag zum magnetischen Fluß durch die Fläche A_ν des ν-ten Leiters leisten, als sehr dünn angesehen (Linienleiter), so kann das Vektorpotential dieser Ströme in der Form (vgl. Kapitel V.4)

$$\vec{A}(P_\nu) = \frac{\mu_0}{4\pi} \sum_{\mu=1}^{n} I_\mu \oint_{C'_\mu} \frac{\vec{ds}'_\mu}{R_{\mu\nu}} \qquad (\mu \neq \nu) \qquad (VI.3.4)$$

berechnet werden. Bei der Berechnung des Vektorpotentials des ν-ten Leiterstroms selbst kann diese Vereinfachung nicht vorgenommen werden, weil sonst das Vektorpotential singulär werden könnte, da Aufpunkt und Integrationspunkt zusammenfallen können. Für das Vektorpotential, das vom Strom mit der Stromdichte $\vec{S}_\nu$ im ν-ten Leiter hervorgerufen wird, muß also weiterhin

$$\vec{A}(P_\nu) = \frac{\mu_0}{4\pi} \iiint_{V'_\nu} \frac{\vec{S}_\nu(P'_\nu)}{R_{\nu'\nu}} dV'_\nu \qquad (VI.3.5)$$

geschrieben werden. $R_{\nu'\nu}$ ist dabei der Abstand des Aufpunktes P_ν (in der Schleifenfläche) zum Integrationspunkt P'_ν auf dem Leiter. Damit kann dann für das Vektorpotential im Aufpunkt P_ν insgesamt der Wert

$$\vec{A}(P_\nu) = \frac{\mu_0}{4\pi} \sum_{\substack{\mu=1 \\ \mu\neq\nu}}^{n} I_\mu \oint_{C'_\mu} \frac{d\vec{s}'_\mu}{R_{\mu\nu}} + \frac{\mu_0}{4\pi} \iiint_{V'_\nu} \frac{\vec{S}_\nu(P'_\nu)}{R_{\nu'\nu}}\, dV'_\nu \qquad \text{(VI.3.6)}$$

und damit für den magnetischen Fluß durch die Fläche A_ν der Wert

$$\Phi_{m\nu} = \iint_{A_\nu} \vec{B}\cdot\vec{n}_\nu = \oint_{C_\nu} \vec{A}(P_\nu)\cdot d\vec{s}_\nu$$

$$= \frac{\mu_0}{4\pi} \sum_{\substack{\mu=1 \\ \mu\neq\nu}}^{n} I_\mu \oint_{C_\nu} \oint_{C'_\mu} \frac{d\vec{s}'_\mu \cdot d\vec{s}_\nu}{R_{\mu\nu}} + \frac{\mu_0}{4\pi} \oint_{C_\nu} \iiint_{V'_\nu} \frac{\vec{S}_\nu(P'_\nu)}{R_{\nu'\nu}}\, dV'_\nu \cdot d\vec{s}_\nu \quad \text{(VI.3.7)}$$

abgeleitet werden.

Es zeigt sich, daß alle Anteile, die zum Fluß durch die Fläche beitragen, den Stromstärken (bzw. Stromdichten) in den einzelnen Leitern direkt proportional sind, so daß der magnetische Fluß als

$$\Phi_{m\nu} = \sum_{\substack{\mu=1 \\ \mu\neq\nu}}^{n} I_\mu\, L_{\nu\mu} + I_\nu\, L_{\nu\nu} = \sum_{\mu=1}^{n} I_\mu\, L_{\nu\mu} \qquad \text{(VI.3.8)}$$

dargestellt werden kann. Die Proportionalitätskonstanten

$$L_{\nu\mu} = \frac{\mu_0}{4\pi} \oint_{C_\nu} \oint_{C_\mu} \frac{d\vec{s}_\mu \cdot d\vec{s}_\nu}{R_{\mu\nu}} \qquad \text{(VI.3.9)}$$

werden (unter Fortlassung des Strich-Indexes zur Bezeichnung des Integrationspunktes) als Gegeninduktivitäten zwischen der ν-ten und der μ-ten Leiterschleife bezeichnet. Die Größe $L_{\nu\nu'}$

$$L_{\nu\nu} = \frac{\mu_0}{4\pi I_\nu} \oint_{C_\nu} \iiint_{V'_\nu} \frac{\vec{S}(P'_\nu)}{R_{\nu'\nu}} \, dV'_\nu \cdot d\vec{s}_\nu \qquad\qquad (VI.3.10)$$

wird als Eigen- oder Selbstinduktivität der ν-ten Leiterschleife bezeichnet. Der Aufbau der Formel für die Gegeninduktivität $L_{\nu\mu}$ ist symmetrisch in ν und μ, das heißt, die wechselseitigen Induktionskoeffizienten

$$L_{\nu\mu} = L_{\mu\nu}$$

sind einander gleich. Aus diesem Grund kann auch die Unterscheidung zwischen Integrationspunkt und Aufpunkt (P_ν bzw. P'_μ) fallengelassen werden.

Sollen die Gln.(VI.3.9) und (VI.3.10) zur Berechnung der Induktivitäten ausgewertet werden, so tritt folgende Schwierigkeit auf: In beiden Ausdrücken zur Berechnung der Induktionskoeffizienten muß ein Linienintegral über dem Rand der Schleifenfläche berechnet werden. Die Randkurve der Schleifenfläche kann aber nicht eindeutig definiert werden, falls die betrachteten Leiter einen endlichen Durchmesser besitzen. Auch im Innern der Leiter tritt ein Magnetfeld auf, und auch dieses Magnetfeld trägt zur induzierten Spannung im Leiter bei. Es wird festgelegt, daß bei der Auswertung der Gln.(VI.3.9) und (VI.3.10) die Randkurve immer mit der Innenkante des Leiters identisch ist. Die so berechneten Induktionskoeffizienten werden als äußere Induktivitäten bezeichnet. Der Beitrag des Feldes im Leiter zur Induktivität soll hier nicht behandelt werden, er kann einfacher aus dem Energieinhalt des magnetischen Feldes (vgl. Kapitel VI.5) berechnet werden.

Bei der Berechnung der Induktivitäten muß berücksichtigt werden, daß das magnetische Feld z. B. in einer Spule die vom magnetfelderzeugenden Strom berandete Fläche mehrfach durchsetzt (Abb.241). Dann ist bei der Berechnung der Induktivität der Gesamtfluß, der sich durch Multiplikation des von einer Windung umschlossenen magnetischen Flusses mit der Zahl der Windungen ergibt, zu verwenden. Dieser Gesamtfluß wird auch als verketteter magnetischer Fluß (Flußverkettung) Ψ (nicht zu verwechseln mit des skalaren Potential Ψ der magnetischen Feldstärke) bezeichnet.

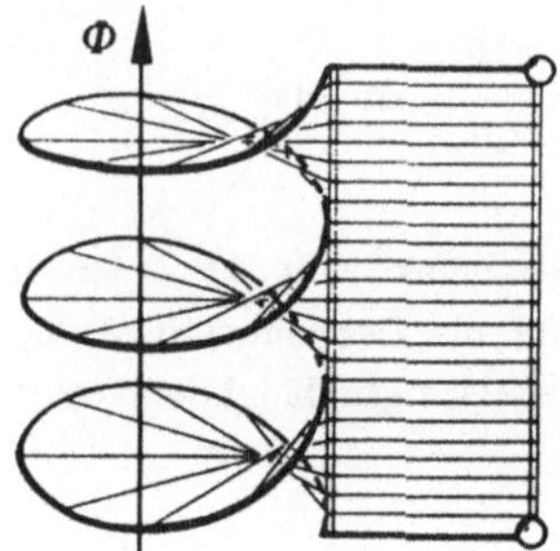

Abb.241: Spule und verketteter magnetischer Fluß Ψ.

Die mehrfache Verkettung des Magnetfeldes mit dem felderzeugenden Strom tritt z. B. auch in einer Spule mit endlichen Drahtdurchmesser auf, wenn man sich den Strom im Draht in mehrere Stromfäden aufgeteilt denkt. In diesem Fall kann der verkettete magnetische Fluß aus einer Mittelwertbildung über den Querschnitt des stromführenden Leiters berechnet werden. Kann die Stromdichte als konstant über dem Querschnitt des Leiters angesehen werden, so kann für die Gegeninduktivität der Wert

$$L_{\nu\mu} = \frac{\mu_0}{4\pi A_\nu A_\mu} \iint\limits_{A_\nu} \iint\limits_{A_\mu} \oint\limits_{C_\nu} \oint\limits_{C_\mu} \frac{\vec{ds}_\mu \cdot \vec{ds}_\nu}{R_{\mu\nu}} \, dA_\mu \, dA_\nu \tag{VI.3.11}$$

angegeben werden (vgl. auch Kapitel VI.5).

VI.4   DER ENERGIEINHALT DES MAGNETISCHEN FELDES

In Kapitel III.13, Teil I wurde der Energieinhalt des elektrischen Feldes als die Arbeit definiert, die aufgebracht werden muß, um ein Ladungssystem aus dem Unendlichen zu transportieren und in einem betrachteten Raum ein

Feld aufzubauen. Auf die gleiche Weise soll auch der Energieinhalt des magnetischen Feldes definiert werden. Dazu werden geschlossene Leitersysteme, in denen Ströme fließen, aus dem Unendlichen in ein betrachtetes Raumgebiet gebracht und die dabei aufgebrachte Arbeit berechnet. Aus dieser Arbeit wird dann die im magnetischen Feld der Ströme gespeicherte Energie definiert.

Zur Berechnung der Arbeit, die notwendig ist, um mehrere stromführende Leiterschleifen in einen Raum zu bringen, muß die Kraft bekannt sein, die auf einen stromführenden Leiter im Magnetfeld ausgeübt wird. Diese Kraft läßt sich aus dem in Kapitel V.1.1, Gl.(V.1.3) angegebenen Gesetz

$$\vec{F} = I(\vec{l} \times \vec{B}) \qquad\qquad\qquad (VI.4.1)$$

bestimmen. Hiermit ist I die Stromstärke im Leiter, $\vec{l}$ der Längenvektor, der Länge und Richtung des Leiters charakterisiert, und $\vec{B}$ die magnetische Flußdichte.

Soll die Arbeit berechnet werden, die notwendig ist, um ein System von stromführenden Leiterschleifen aufzubauen, so sind die folgenden drei Anteile der aufzubringenden Arbeit zu berücksichtigen:

1. Um einen Strom in einem Leiter aufzubauen, muß eine Arbeit geleistet werden. Betrachtet wird jeweils eine von n Leiterschleifen, in der die Stromstärke vom Wert null auf den Wert I_ν gebracht werden soll. Die beim Aufbau dieses Stromes geleistete Arbeit wird als Energie im magnetischen Feld gespeichert und muß bei der Berechnung des Energieinhalts berücksichtigt werden (Anmerkung: Der entsprechende Anteil zum Aufbau der Ladungen wurde in Kapitel III.13, Teil I nicht berücksichtigt, da dort mit Punktladungen bzw. punktförmigen Ladungen gearbeitet wurde.)

2. Es muß die Arbeit berechnet werden, die entgegen der oben angegebenen "Lorenzkraft" nach Gl.(VI.4.1) geleistet werden muß, wenn mehrere Leiterschleifen, in denen Ströme fließen, in einen Raum gebracht werden.

3. Werden die Leiterschleifen aus dem unendlich Fernen in das betrachtete Raumgebiet transportiert, so wird sich der magnetische Fluß durch die von den Leitern aufgespannten Flächen ändern und demgemäß wird in den Leiterschleifen eine elektrische Stromstärke induziert, die den ursprünglichen Strom im Leiter ändert. Bei dieser Stromänderung wird eine Arbeit geleistet. Es sei vorausgesetzt, daß sich im Verlauf des Leiters Spannungsquellen befinden, die immer gerade die Wirkung der induzierten Spannung kompensieren, so daß der Strom im Leiter konstant bleibt. Damit leisten diese Quellen eine Arbeit, die bei der Energiebilanz zusätzlich berücksichtigt werden muß. Diese Annahme hat den Vorteil, daß immer mit konstanten Strömen gerechnet werden kann und daß die sich ändernden Ströme bei der Berechnung der nach 2. aufgebrachten mechanischen Arbeit zunächst nicht berücksichtigt zu werden brauchen.

Die drei zu berechnenden Anteile der Arbeit sollen getrennt behandelt werden. Zunächst soll die Arbeit bestimmt werden, die notwendig ist, um in einer Leiterschleife einen Strom aufzubauen. Eine erste Leiterschleife befinde sich allein im Raum und sei zunächst stromlos. Wird im Leiter die Stromstärke von null auf einen Wert I_1 gebracht, so kann die hierbei geleistete Arbeit wie folgt berechnet werden: Die Stromstärke befinde sich auf dem Wert i_1 und werde um di_1 geändert, dann wird in der Leiterschleife die Spannung

$$du_{ind} = - \frac{d\Psi_{11}}{dt}$$

induziert. $d\Psi_{11}$ ist die mit der Stromstärkenänderung di_1 verkettete Änderung des magnetischen Flusses in der Leiterschleife. Soll die Stromstärke im Kreis um den Wert di_1 erhöht werden, so muß eine Spannungsquelle der Größe

$$du = - du_{ind} = \frac{d\Psi_{11}}{dt}$$

in der Leiterschleife angebracht werden um die induzierte Spannung zu kompensieren, die dann die Arbeit

$$dW = du \ i_1 = i_1 \frac{d\Psi_{11}}{dt}$$

leistet. Wird die Stromstärke vom Wert null auf den Wert I_1 gebracht, so ist hierzu von der Spannungsquelle die Arbeit

$$Arbeit = W = \int_0^t i_1 \frac{d\Psi_{11}}{dt} \ dt = \int_0^{I_1} i_1 L_{11} di_1 = \tfrac{1}{2} L_{11} I_1^2 \qquad (VI.4.2)$$

zu leisten. L_{11} ist die Eigeninduktivität der betrachteten Leiterschleife. Werden isoliert (d. h. es tritt keine Wechselwirkung zwischen den Leiterschleifen auf) voneinander n verschiedene Stromkreise aufgebaut, so lautet die aufzubringende Arbeit entsprechend:

$$W_0 = \tfrac{1}{2} \sum_{\nu=1}^{n} L_{\nu\nu} I_\nu^2 \ . \qquad (VI.4.3)$$

Diese Arbeit wird als Energie im magnetischen Feld der noch voneinander getrennten Stromkreise gespeichert.

Als nächstes wird die Arbeit berechnet, die notwendig ist, um eine Leiterschleife in das Magnetfeld einer anderen Leiterschleife zu transportieren. Dazu werden die folgenden Voraussetzungen gemacht:

Betrachtet wird das System von zwei Leiterschleifen mit Strömen der Stromstärken I_1 und I_2 nach Abb.242 in einem isotropen Medium. Beide Leiterschleifen werden als Linienleiter angesehen, so daß Randkurve und Leiter übereinstimmen. Beide Ströme erzeugen ein Magnetfeld der magnetischen Flußdichten $\vec{B}_1$ und $\vec{B}_2$.

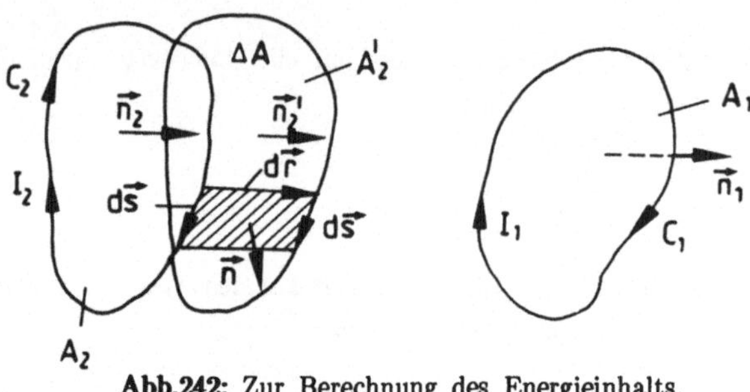

Abb.242: Zur Berechnung des Energieinhalts.

Diesen Magnetfeldern und der Wechselwirkung zwischen den Leitern ist der magnetische Fluß (Flußverkettung) der Flußdichte $\vec{B}_1$ durch die Fläche A_2 von der Größe

$$\Psi_{21} = \iint\limits_{A_2} \vec{B}_1 \cdot \vec{n}_2 \; dA$$

sowie der Fluß der magnetischen Flußdichte $\vec{B}_2$ durch die Fläche A_1 der Größe

$$\Psi_{12} = \iint\limits_{A_1} \vec{B}_2 \cdot \vec{n}_1 \; dA$$

zugeordnet. Da es sich bei der Betrachtung um Linienleiter handeln soll, sind magnetischer Fluß und die Flußverkettung identisch. Wird eine der beiden Leiterschleifen, z. B. die Schleife, die die Stromstärke I_2 führt, um ein differentielles Wegelement $\vec{dr}$ im Feld der Leiterschleife mit der Stromstärke I_1 verschoben, so ist eine Kraft aufzubringen, die gerade gleich der negativen Kraft des Magnetfeldes $\vec{B}_1$ auf den Leiter ist. Auf ein Linienelement der Länge $\vec{ds}$ (Abb.242) des Leiters wird die Kraft

$$d\vec{F} = I_2(\vec{ds} \times \vec{B}_1)$$

ausgeübt, und auf den gesamten Leiter mit der geschlossenen Randkurve C_2:

$$\vec{F} = I_2 \oint\limits_{C_2} (\vec{ds} \times \vec{B}_1) \ .$$

Die zur angenommenen Verschiebung um das Wegelement $\vec{dr}$ (Abb.242) aufzubringende mechanische Arbeit ist dann:

$$dW_{mech} = - \vec{F}\cdot\vec{dr} = - \oint\limits_{C_2} I_2(\vec{ds} \times \vec{B}_1)\cdot\vec{dr} \ ,$$

$$dW_{mech} = - I_2 \oint\limits_{C_2} \vec{B}_1\cdot(\vec{dr} \times \vec{ds}) \ .$$

Das Kreuzprodukt der beiden Wegelemente $\vec{dr}$ und $\vec{ds}$ ist dem Absolutbetrag nach gleich dem in Abb.242 eingezeichneten Flächenelement, die Richtung des Kreuzproduktes ist gleich der negativen Richtung des Flächennormaleneinheitsvektors $\vec{n}$ (Abb.242) auf dieser Fläche. Damit kann für die geleistete Arbeit das Flächenintegral über die Fläche ΔA, die die Mantelfläche des durch die Flächen A_2 und A_2' aufgespannten Zylinders bildet, angegeben werden:

$$dW_{mech} = I_2 \iint\limits_{\Delta A} \vec{B}_1\cdot\vec{n} \ dA \ .$$

Das auftretende Flächenintegral ist gleich der Differenz der magnetischen Flüsse, durch die Flächen A_2 und A_2', weil die Feldlinien, die z. B. die Fläche A_2 noch durchsetzen, nicht aber die Fläche A_2', durch die Fläche ΔA austreten müssen; sie verursachen eine Abnahme des magnetischen Flusses durch die Leiterschleife. Daher gilt:

$$\iint_{\Delta A} \vec{B}_1 \cdot \vec{n}\; dA = \iint_{A_2} \vec{B}_1 \cdot \vec{n}_2\; dA - \iint_{A_2'} \vec{B}_1 \cdot \vec{n}_2'\; dA = - d\Psi_{21} \;.$$

Diese Beziehung kann formal auch aus dem Flußgesetz (Gl.(VI.1.4))

$$\oiint_{A} \vec{B} \cdot \vec{n}\; dA = 0$$

abgeleitet werden, wenn das Gesetz auf die von den Flächen A_2, A_2' und ΔA aufgespannte, geschlossene Fläche angewendet wird. Es gilt dann unter Berücksichtigung der Richtungen der Flächennormalenvektoren in Abb.242 und der Tatsache, daß der Flächennormalenvektor $\vec{n}$ im Flußgesetz stets als aus der Fläche A herausweisend definiert ist:

$$\oiint_{A} \vec{B} \cdot \vec{n}\; dA = - \iint_{A_2} \vec{B}_1 \cdot \vec{n}_2\; dA + \iint_{A_2'} \vec{B}_1 \cdot \vec{n}_2'\; dA + \iint_{\Delta A} \vec{B}_2 \cdot \vec{n}\; dA = 0 \;.$$

Hieraus ergibt sich sofort die oben stehende Gleichung.

$d\Psi_{12}$ ist die Änderung des magnetischen Flusses durch die Fläche A_2, falls die Leiterschleife um das Wegelement $d\vec{r}$ transportiert wird. Somit gilt für die geleistete Arbeit:

$$dW_{mech} = - I_2\; d\Psi_{21} \;.$$

Wird die Leiterschleife aus dem unendlich Fernen, wo $\Psi_{21} = 0$ gilt, in die Umgebung der ersten Leiterschleife transportiert, so ist die gesamte hierzu aufzubringende Arbeit:

$$W_{mech} = - I_2 \, \Psi_{21} \; .$$

Entsprechende Überlegungen können für eine umgekehrte Reihenfolge des Transports der Leiterschleifen durchgeführt werden. Wird die erste Leiterschleife vom unendlich fernen Punkt in die Umgebung der zweiten Leiterschleife gebracht, so ist hierzu die Arbeit

$$W_{mech} = - I_1 \, \Psi_{12}$$

aufzubringen. Da es sich beidesmal um dieselbe Arbeit handelt, um das System nach Abb.242 aufzubauen, kann sie auch in der Form

$$W_{mech} = - \frac{1}{2} \, [I_1 \, \Psi_{12} + I_2 \, \Psi_{21}] \tag{VI.4.4}$$

angegeben werden.

Die oben stehende Arbeit wurde unter der Voraussetzung berechnet, daß die Ströme in den Leiterschleifen beim Transportvorgang konstant bleiben. Dies konnte nur durch die zusätzliche Einführung von Spannungsquellen in die Leiterschleifen erreicht werden, die die beim Transportvorgang in den Leiterschleifen induzierten Spannungen kompensieren. Die Spannungsquellen müssen eine Urspannung der Größe

$$u_0 = - u_{ind} = \frac{d\Psi}{dt} \; .$$

haben. Damit läßt sich z. B. in der ersten Leiterschleife die von der fiktiven Spannungsquelle beim Bewegungsvorgang in der Zeit dt geleistete Arbeit zu

$$dW_{Quelle1} = u_{01} \, I_1 \, dt = I_1 \, \frac{d\Psi_{12}}{dt} \, dt = I_1 \, d\Psi_{12}$$

angeben. Ebenso folgt für die von der Spannungsquelle in der zweiten Leiterschleife geleistete Arbeit

$$dW_{Quelle2} = u_{02} \, I_2 \, dt = I_2 \, \frac{d\Psi_{21}}{dt} \, dt = I_2 \, d\Psi_{21} \; .$$

Für die von beiden Quellen aufgebrachte Arbeit ergibt sich, falls die Leiter-schleifen aus dem unendlich Fernen in das betrachtete Raumgebiet trans-portiert werden, durch Integration über die gesamte Transportzeit:

$$W_{Quellen} = I_1\,\Psi_{12} + I_2\,\Psi_{21} = -\,2\,W_{mech}\,,$$

weil die gesamte Änderung des magnetischen Flusses bei diesem Transport-vorgang gerade Ψ_{12} bzw. Ψ_{21} ist.

Es soll schließlich die gesamte geleistete Arbeit berechnet werden, die aufgebracht werden muß, um ein System von n Leiterschleifen in einem Raum aufzubauen. Dabei soll so vorgegangen werden wie bei der Definition des Energieinhalts des elektrischen Feldes. Zunächst wird eine erste Leiter-schleife aus dem Unendlichen in den betrachteten Raum transportiert. Da der Raum zunächst noch feldfrei ist, braucht beim Transport keine Arbeit geleistet werden (vgl. Kapitel III.13, Teil I):

$$W_1 = W_0 + 0\,.$$

W_0 ist die Arbeit, die nach den vorangegangenen Rechnungen vor dem Transportvorgang aufgebracht werden muß, um ein System von n Strömen in n Leiterschleifen zu erzeugen. Wird die zweite Leiterschleife in den be-trachteten Raum gebracht, so muß gegen das Magnetfeld der ersten Schleife eine Arbeit geleistet werden. Diese Arbeit setzt sich aus der geleisteten mechanischen Arbeit und der von den (fiktiven) Spannungsquellen geleiste-ten Arbeit zusammen.

$$W_2 = -\frac{1}{2}\left[I_1\,\Psi_{12} + I_2\,\Psi_{21}\right] + I_1\,\Psi_{12} + I_2\,\Psi_{21}\,,$$

$$W_2 = +\frac{1}{2}\left[I_1\,\Psi_{12} + I_2\,\Psi_{21}\right]\,.$$

Wird eine dritte Leiterschleife in das Feld gebracht, das von den beiden ersten Leiterschleifen aufgebaut wird, so muß entsprechend die Arbeit

$$W_3 = + \frac{1}{2} \left[I_1 \, \Psi_{13} + I_3 \, \Psi_{31} + I_2 \, \Psi_{23} + I_3 \, \Psi_{32} \right]$$

aufgebracht werden. Wird der Ausdruck für die Arbeit, die für das Einbringen der ν-ten Schleife ($\nu > 1$) in das Feld der ($\nu - 1$)-ten Schleifen geleistet werden muß, verallgemeinert, so gilt:

$$W_\nu = \frac{1}{2} \left[I_1 \, \Psi_{1\nu} + I_\nu \, \Psi_{\nu 1} + \ldots + I_{\nu-1} \, \Psi_{\nu-1,\nu} + I_\nu \, \Psi_{\nu,\nu-1} \right] \,.$$

Dieser Ausdruck läßt sich etwas übersichtlicher in der Form

$$W_\nu = \frac{1}{2} \sum_{\mu=1}^{\nu-1} \left[I_\mu \, \Psi_{\mu\nu} + I_\nu \, \Psi_{\nu\mu} \right] \tag{VI.4.5}$$

angeben. Die gesamte geleistete Arbeit wird durch Addition aller Einzelarbeits-Anteile

$$W = W_0 + \sum_{\nu=2}^{n} W_\nu = W_0 + \sum_{\nu=2}^{n} \sum_{\mu=1}^{\nu-1} \frac{1}{2} \left[I_\mu \, \Psi_{\mu\nu} + I_\nu \, \Psi_{\nu\mu} \right]$$

bestimmt. Dieser Ausdruck kann wie die entsprechende Gleichung in Kapitel III.13, Teil I (Gl.(III.13.5)) wieder umgeformt werden, wie leicht durch Aufschreiben der ersten Glieder der Reihe nachgeprüft werden kann:

$$W = \frac{1}{2} \sum_{\nu=1}^{n} L_{\nu\nu} \, I_\nu^2 + \frac{1}{2} \sum_{\nu=1}^{n} \sum_{\substack{\mu=1 \\ \mu \neq \nu}}^{n} I_\mu \, \Psi_{\mu\nu} \,.$$

Dabei wurde W_0 durch die vorne abgeleitete Beziehung ersetzt.

Diese Arbeit muß aufgebracht werden, um ein System von n Leiterscheifen mit n Strömen aufzubauen. Die Energie, die im gleichzeitig aufgebauten magnetischen Feld der Ströme gespeichert wird, ergibt sich demnach unter Verwendung der Beziehung $\Psi_{\nu\nu} = I_\nu L_{\nu\nu}$ zu:

$$W_{mag} = \frac{1}{2} \sum_{\nu=1}^{n} \sum_{\mu=1}^{n} I_\mu \, \Psi_{\mu\nu} = \frac{1}{2} \sum_{\mu=1}^{n} I_\mu \, \Psi_\mu \,. \tag{VI.4.6}$$

Die in der abgeleiteten Gleichung auftretende Summe

$$\Psi_\mu = \sum_{\nu=1}^{n} \Psi_{\mu\nu}$$

ist gleich dem gesamten magnetischen Fluß, der mit dem Strom im μ-ten Leiter verkettet ist. Dieser läßt sich nach Gl.(VI.3.2) für einen Linienleiter durch das Vektorpotential $\vec{A}$ der auftretenden magnetischen Flußdichte $\vec{B}$

$$\Psi_\mu = \oint_{C_\mu} \vec{A} \cdot d\vec{s}_\mu$$

darstellen, so daß für den Energieinhalt der Ausdruck

$$W_{magn} = \frac{1}{2} \sum_{\mu=1}^{n} I_\mu \oint_{C_\mu} \vec{A} \cdot d\vec{s}_\mu$$

gilt.

Wird die Voraussetzung fallengelassen, daß die stromführenden Leiter Linienleiter sind, so kann die Stromstärke I_μ des μ-ten Leiters durch die Stromdichte $\vec{S}_\mu$ in der Leiterschleife dargestellt werden und für den Energieinhalt des magnetischen Feldes der Ausdruck

$$W_{magn} = \frac{1}{2} \sum_{\mu=1}^{n} \iint_{A_{L\mu}} \vec{S}_\mu \left[\oint_{C_\mu} \vec{A} \cdot d\vec{s}_\mu \right] \cdot \vec{n}_\mu \, dA_\mu = \frac{1}{2} \sum_{\mu=1}^{n} \iiint_{V_\mu} \vec{S}_\mu \cdot \vec{A} \, dV_\mu \, ,$$

$$W_{magn} = \frac{1}{2} \iiint_{V} \vec{S} \cdot \vec{A} \, dV \tag{VI.4.7}$$

angegeben werden. $A_{L\mu}$ ist dabei der Querschnitt des μ-ten Leiters, dV_μ ein Volumenelement des μ-ten Leiters. Da die Stromdichte $\vec{S}_\mu$ im μ-ten

Leiter parallel zum Flächennormalenvektor $\vec{n}_\mu$ auf dem Querschnitt des Leiters und parallel zum Linienelement $\vec{ds}_\mu$ in Richtung des μ-ten Leiters ist, kann die oben durchgeführte Umwandlung der Skalarprodukte durchgeführt werden.

Wird die Summation über alle μ durchgeführt, so werden alle Ströme im betrachteten Raumgebiet berücksichtigt und der Energieinhalt des magnetischen Feldes kann zunächst als Volumenintegral über alle Leitervolumina berechnet werden. Da zudem die Stromdichte außerhalb der Leiter null ist, kann das Integrationsvolumen auf den gesamten betrachteten Feldbereich V ausgedehnt werden, ohne daß der Wert des Integrals sich ändert. $\vec{A}$ ist das Vektorpotential der magnetischen Flußdichte, die von allen Strömen hervorgerufen wird.

Wird die felderzeugende Stromdichte durch die von ihr hervorgerufenen magnetischen Felder über (Durchflutungsgesetz)

$$\text{rot } \vec{H} = \vec{S}$$

ersetzt, so gilt unter Anwendung der Vektoridentität (Gl.(I.15.14), Teil I):
$\text{div}(\vec{H} \times \vec{A}) = \vec{A} \cdot \text{rot}\vec{H} - \vec{H} \cdot \text{rot}\vec{A}$:

$$W_{magn} = \frac{1}{2} \iiint_V \vec{A} \cdot \text{rot}\vec{H} \ dV$$

$$= \frac{1}{2} \iiint_V \vec{H} \cdot \text{rot}\vec{A} \ dV + \frac{1}{2} \iiint_V \text{div}(\vec{H} \times \vec{A}) \ dV \ ,$$

$$W_{magn} = \frac{1}{2} \iiint_V \vec{H} \cdot \vec{B} \ dV + \oiint_A (\vec{H} \times \vec{A}) \cdot \vec{n} \ dA \ .$$

Die Umformung des ersten Integrals folgt aus der Definition des Vektorpotentials, die zweite Umformung wird mit Hilfe des Gauß'schen Satzes vorgenommen. Die Oberfläche A, über die das Flächenintegral zu erstrecken ist, muß das Volumen V einschließen, der Flächennormalenvektor $\vec{n}$ weist aus dem Volumen V heraus. Wird als Hüllfläche eine Kugel mit unendlich großem Radius gewählt, so verschwindet das Oberflächenintegral, da die magnetische Erregung $|\vec{H}|$ eines Leiterschleifensystems im endlichen Raum außerhalb des Bereichs der Leiterschleifen mindestens wie $1/r$ mit wachsendem Abstand r des Aufpunktes vom Quellpunkt abfällt und $|\vec{A}|$ mindestens wie $1/r^2$ abfällt. dA wächst aber nur wie r^2 mit dem Abstand. Somit bleibt für den Energieinhalt des magnetischen Feldes mit der magnetischen Flußdichte $\vec{B}$ und der magnetischen Erregung $\vec{H}$ der Ausdruck

$$W_{magn} = \frac{1}{2} \iiint\limits_V \vec{H}\cdot\vec{B} \; dV = \frac{1}{2} \iiint\limits_V \mu \; \vec{H}\cdot\vec{H} \; dV = \frac{1}{2} \iiint\limits_V \frac{1}{\mu} \; \vec{B}\cdot\vec{B} \; dV$$

$$(VI.4.8)$$

Die Größe

$$w_{magn} = \frac{1}{2} \; \vec{H}\cdot\vec{B} \qquad\qquad (VI.4.9)$$

wird als Energiedichte des magnetischen Feldes im isotropen Material bezeichnet, sie beschreibt die punktweise Verteilung der Energie im Raum.

VI.5 INDUKTIVITÄTSBERECHNUNGEN

Bereits in Kapitel VI.3 wurde der Begriff der Induktivität definiert und dort wurden ebenfalls Beziehungen zur Berechnung dieser Größe abgeleitet. So liefert die Gl.(VI.3.9) die Möglichkeit, die sogenannte Gegeninduktivität $L_{\nu\mu}$ zwischen zwei Linienleitern zu berechnen; mit Gl.(VI.3.10) wurde die Eigeninduktivität einer Leiterschleife definiert. Aber bereits in Kapitel VI.3 wurde darauf hingewiesen, daß bei der Auswertung dieser Gleichungen grundsätzliche Schwierigkeiten auftreten, da die durch die Leiter gegebene Randkurve nicht eindeutig bestimmt ist. Wird als Randkurve der von den

Leitern aufgespannten Fläche immer die Innenkante des Leiters definiert, so können aus den oben zitierten Gleichungen die sogenannten äußeren Induktivitäten bestimmt werden, die den Einfluß des magnetischen Feldes innerhalb der Leiter auf die induzierte Spannung nicht berücksichtigen. In Kapitel VI.3 wurde auch bereits der Begriff des verketteten magnetischen Flusses eingeführt, der zur Berechnung der Induktivitäten herangezogen werden muß, falls die Leiter endliche Abmessungen besitzen. Dieser Begriff soll hier mit Hilfe der abgeleiteten Beziehungen für den Energieinhalt des Magnetfeldes noch etwas genauer umrissen werden. Nach Gl.(VI.4.7) kann der Energieinhalt eines magnetischen Feldes, beschrieben durch sein Vektorpotential $\vec{A}$, das von einer Stromdichte $\vec{S}$ hervorgerufen wird, durch das Volumenintegral

$$W_{magn} = \frac{1}{2} \iiint\limits_{V} \vec{S} \cdot \vec{A} \ dV \qquad (VI.5.1)$$

angegeben werden. Wird nun das Vektorpotential $\vec{A}$ nicht wie in Kapitel VI.4 durch die magnetische Flußdichte $\vec{B}$, sondern durch die felderzeugende Stromdichte $\vec{S}'$ im Integrationspunkt P' (Ortsvektor $\vec{r}'$) ersetzt, so gilt nach Gl.(V.4.2)

$$W_{magn} = \frac{\mu}{8\pi} \iiint\limits_{V} \ \iiint\limits_{V'} \frac{\vec{S}(P) \cdot \vec{S}'(P')}{R_{P'P}} \ dV' \ dV \ , \qquad (VI.5.2)$$

(vgl. diese Darstellung mit Gl.(III.13.9), Teil I für den Energieinhalt des elektrischen Feldes). Gl.(VI.5.2) sagt aus, daß der Energieinhalt des magnetischen Feldes proportional zum Quadrat der felderzeugenden Strömen ist, so daß für ein System von Leiterschleifen Gl.(VI.5.2) in der schon bekannten Form der Gl.(VI.4.6)

$$W_{magn} = \frac{\mu}{8\pi} \sum_{\mu=1}^{n} \sum_{\nu=1}^{n} \iiint\limits_{V_\nu} \ \iiint\limits_{V'_\mu} \frac{\vec{S}_\nu(P_\nu) \cdot \vec{S}_\mu(P'_\mu)}{R_{\mu\nu}} \ dV'_\mu \ dV_\nu \ , \qquad (VI.5.3)$$

$$W_{magn} = \frac{1}{2} \sum_{\mu=1}^{n} \sum_{\nu=1}^{n} I_\mu \Psi_{\mu\nu} = \frac{1}{2} \sum_{\mu=1}^{n} \sum_{\nu=1}^{n} I_\mu I_\nu L_{\mu\nu} \qquad (VI.5.4)$$

geschrieben werden kann. $R_{\mu\nu}$ bzw. $R_{\nu'\nu}$ ist der Abstand zwischen den Aufpunkten P_ν und den Integrationspunkten P'_μ bzw. P'_ν. Werden die Leiter als Linienleiter betrachtet, so kann aus diesen Beziehungen die Gegeninduktivität $L_{\mu\nu}$ in der schon bekannten Form der Gl.(VI.3.9) abgeleitet werden. Unter Berücksichtigung des Feldes innerhalb der Leiter muß aber für die Gegeninduktivität der Wert

$$L_{\mu\nu} = \frac{\mu}{4\pi} \frac{1}{I_\nu I_\mu} \iiint\limits_{V_\nu} \iiint\limits_{V'_\mu} \frac{\vec{S}_\nu(P_\nu) \cdot \vec{S}_\mu(P'_\mu)}{R_{\mu\nu}} \, dV'_\mu \, dV_\nu \; , \qquad (VI.5.5)$$

$$L_{\nu\nu} = \frac{\mu}{4\pi I_\nu^2} \iiint\limits_{V_\nu} \iiint\limits_{V'_\nu} \frac{\vec{S}_\nu(P_\nu) \cdot \vec{S}_\nu(P'_\nu)}{R_{\nu'\nu}} \, dV'_\nu \, dV_\nu \qquad (VI.5.6)$$

angegeben werden. Bei der Berechnung der Eigeninduktivität liegen Auf- und Integrationspunkt auf demselben Leiter. Da die Eigeninduktivität $L_{\nu\nu}$ die Proportionalitätskonstante zwischen Flußverkettung $\Psi_{\nu\nu}$ und felderzeugendem Strom I_ν ist, kann für die Flußverkettung der Wert

$$\Psi_{\nu\nu} = \frac{\mu}{4\pi I_\nu} \iiint\limits_{V_\nu} \iiint\limits_{V'_\nu} \frac{\vec{S}_\nu(P_\nu) \cdot \vec{S}_\nu(P'_\nu)}{R_{\nu'\nu}} \, dV'_\nu \, dV_\nu \qquad (VI.5.7)$$

abgeleitet werden. Ein Vergleich mit Gl.(VI.3.7) zeigt, daß die Flußverkettung der auf die Leiterstromstärke bezogene, mit der Stromdichte gewichtete Mittelwert des magnetischen Flusses über der Leiterquerschnittsfläche ist. Zur Berechnung der Induktivitäten muß jeweils von der Flußverkettung Ψ ausgegangen werden. Fließt der felderzeugende Strom in einem Linienleiter, so kann die Flußverkettung durch den magnetischen Fluß ersetzt werden, da dann der über den felderzeugenden Strom im Leiterquerschnitt gemittelte magnetische Fluß mit der Flußverkettung übereinstimmt. Ist die Stromdichte über dem Querschnitt eines Leiters endlicher Abmessungen konstant, so geht die Mittelung über den Strom in eine Mittelung über den Querschnitt des Leiters über.

VI.5.1 ANWENDUNGEN

1. AUFGABE

Gegeben sind zwei lange, dünne Spulen, in deren Innern sich nach Abb.243
und Abb.244 ein geschichtetes Medium mit verschiedenen Permeabilitäten μ_i
($i = 1,2,...,n$) befindet. Die Spulen besitzen w Windungen, in denen ein
Strom der Stromstärke I fließt. Sie sind einlagig gewickelt. Wie groß ist die
äußere Selbstinduktivität dieser Spulen?

<u>Lösung</u>

Im Innenraum der Spule nach Abb.243 befindet sich ein in axialer Richtung
längsgeschichtetes Medium in der Form konzentrischer Zylinder mit Kreis-
ringquerschnitt. Die Radien dieser Kreisringquerschnitte werden fortlaufend
von innen nach außen mit ρ_1, ρ_2, ..., ρ_i, ..., ρ_n, $\rho_n = \rho_a$ numeriert. Da die
Spule als lang und dünn vorausgesetzt ist, kann angenommen werden, daß
das magnetische Feld im Innern der Spule konzentriert ist und in den einzelnen Schichten homogen ist.

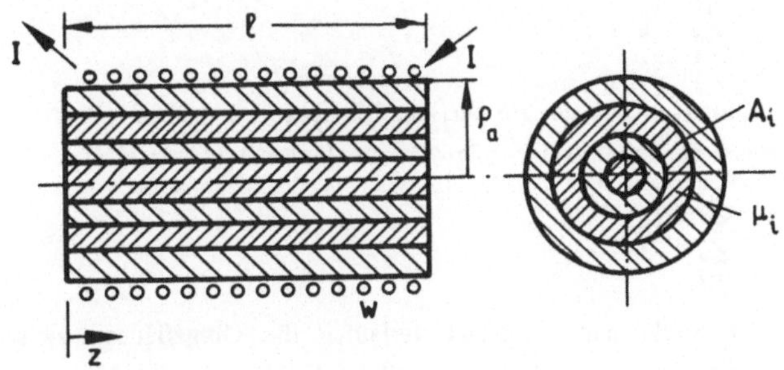

Abb.243: Spule mit längsgeschichtetem Medium.

Außerhalb der Spule sei das Feld null. Aufgrund der Grenzbedingungen für die tangentiale magnetische Erregung wird das magnetische Feld im Innern der Spule eine magnetische Erregung besitzen, die in allen Schichten gleich groß ist:

$$\vec{H}_1 = \vec{H}_2 = \ldots = \vec{H}_i = \ldots = \vec{H}_n = \frac{wI}{\ell}\,\vec{e}_z \;.$$

Die Permeabilitäten der einzelnen Schichten sind verschieden groß. Es kann also für die magnetische Flußdichte z. B. in der i-ten Schicht

$$\vec{B}_i = \frac{\mu_i\, wI}{\ell}\,\vec{e}_z$$

berechnet werden. Zur Berechnung der Eigeninduktivität wird die Flußverkettung, die mit dem Strom in der Spule verkettet ist, berechnet. Dabei muß über den gesamten Querschnitt der Spule integriert werden. Diese Integration läßt sich in die Summe der Integrale über die Teilflächen A_i des Querschnitts aufteilen:

$$\Psi = \sum_{i=1}^{n}\Psi_i = \sum_{i=1}^{n}\iint_{A_i} w\vec{B}_i\cdot\vec{n}_i\, dA_i \;,$$

$$\Psi = \sum_{i=1}^{n}\frac{\mu_i w^2 I}{\ell}\,A_i \;.$$

Da die Induktivität als Proportionalitätsfaktor zwischen Stromstärke und Flußverkettung definiert ist, folgt für die (äußere) Induktivität:

$$L = \sum_{i=1}^{n}\frac{w^2\mu_i A_i}{\ell} \;.$$

In der Spule nach Abb.244 verlaufen die Grenzflächen zwischen den verschiedenen Medien senkrecht zur Richtung des Magnetfeldes, so daß aufgrund der Grenzbedingungen für die magnetische Flußdichte in allen Schichten dieselbe Flußdichte auftritt. Die magnetische Erregung in den einzelnen Schichten ist verschieden groß. Wird das Durchflutungsgesetz auf den in Abb.244 eingezeichneten, geschlossenen Integrationsweg angewendet, so gilt unter der Voraussetzung, daß die magnetische Erregung außerhalb der Spule null ist:

$$\sum_{i=1}^{n} H_i \, d_i = wI \; ,$$

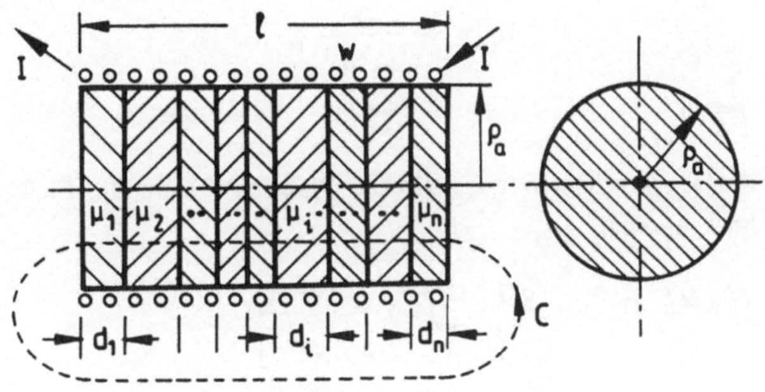

Abb.244: Spule mit quergeschichtetem Medium.

da die magnetische Erregung nur innerhalb der Spule auftritt und dort parallel zur z-Achse gerichtet ist. Der Bezugspfeil der Stromstärke I und die magnetische Erregung sind einander im Sinne einer Rechtsschraube zugeordnet.

Da ferner

$$\vec{B}_i = \mu_i \, \vec{H}_i, \qquad \vec{H}_i = \frac{\vec{B}_i}{\mu_i}$$

ist und da die magnetische Flußdichte in allen Schichten gleich groß ist:

9 Wolff

$$\vec{B}_1 = \vec{B}_2 = \ldots = \vec{B}_i = \ldots \vec{B}_n \; ,$$

kann das Durchflutungsgesetz auch in der Form

$$\sum_{i=1}^{n} \frac{B_i}{\mu_i} \, d_i = B \sum_{i=1}^{n} \frac{d_i}{\mu_i} = wI$$

geschrieben werden. Also gilt für die magnetische Flußdichte und die magnetische Erregung in allen Schichten:

$$B_i = \frac{wI}{\displaystyle\sum_{i=1}^{n} \frac{d_i}{\mu_i}} \; , \qquad\qquad H_i = \frac{wI}{\mu_i \displaystyle\sum_{i=1}^{n} \frac{d_i}{\mu_i}} \; .$$

Mit Hilfe der so berechneten magnetischen Flußdichte kann die Flußverkettung berechnet werden:

$$\Psi = \iint\limits_{A} w\vec{B}\cdot\vec{n} \; dA = \frac{w^2 I}{\displaystyle\sum_{i=1}^{n} \frac{d_i}{\mu_i}} \iint\limits_{A} dA = \frac{w^2 IA}{\displaystyle\sum_{i=1}^{n} \frac{d_i}{\mu_i}} \; .$$

Damit gilt für die (äußere) Selbstinduktivität der Spule:

$$L = \frac{w^2 A}{\displaystyle\sum_{i=1}^{n} \frac{d_i}{\mu_i}} \; .$$

2. AUFGABE

Um einen hochpermeablen ($\mu_r \gg 1$) Eisenkern ist eine Spule mit w Windungen gewickelt. Der Kern besitzt den Querschnitt A, die mittlere Länge ℓ und hat einen Luftspalt der Breite d (Abb.245). Man berechnet unter

Vernachlässigung der auftretenden Streufelder und unter der Annahme, daß das magnetische Feld gleichmäßig über den Querschnitt des Kerns verteilt ist, die äußere Induktivität der Anordnung.

Lösung

Die auftretenden Streufelder sollen vernachlässigt werden; das bedeutet, daß erstens längs des Eisenkerns das Feld nur im Innern des Kerns auftritt, im Luftbereich aber gleich null ist und daß zweitens im Bereich des Luftspaltes nur der Bereich des Querschnitts A vom Magnetfeld durchsetzt wird. Die in Wirklichkeit auftretende "Ausbeulung" der Feldlinien im Bereich des Luftspaltes wird vernachlässigt. Damit kann sofort aus dem magnetischen Flußgesetz (Gl.(VI.1.4)), angewendet auf die geschlossene Fläche A' in Abb.245 geschlossen werden:

$$\oint_{A'} \vec{B} \cdot \vec{n} \, dA = \vec{B}_E \cdot \vec{n} \, A + \vec{B}_L \cdot \vec{n} \, A = - B_E A + B_L A = 0$$

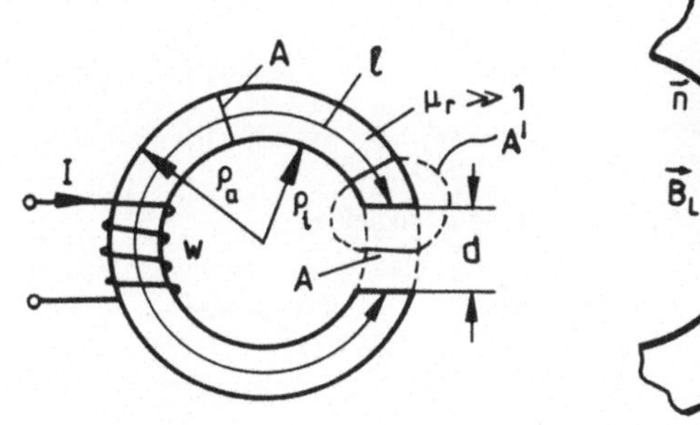

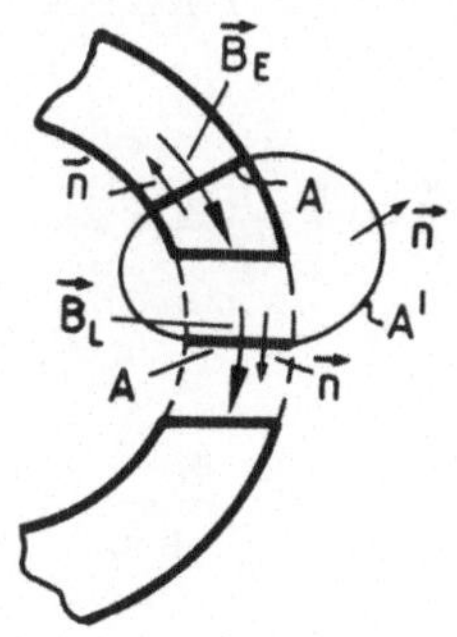

a) Gesamtbild

b) Ausschnitt des Luftspalts
   mit geschlossener Fläche A'.

Abb.245: Ringkern mit Luftspalt.

mit $\vec{B}_E$ der magnetischen Flußdichte im Eisenkern und $\vec{B}_L$ der magnetischen Flußdichte im Luftspalt. Damit gilt wegen der Gleichheit der vom Magnetfeld im Eisen und im Luftspalt durchsetzten Flächen:

$$B_E = B_L \ .$$

Da der Zusammenhnag zwischen magnetischer Flußdichte und Erregung durch

$$\vec{B}_E = \mu_0 \, \mu_r \, \vec{H}_E, \qquad \vec{B}_L = \mu_0 \, \vec{H}_L$$

gegeben ist, sind die magnetischen Erregungen H_E und H_L verschieden groß. Für sie gilt, falls das magnetische Feld gleichmäßig über den Querschnitt des Kerns verteilt ist (diese Annahme ist richtig, wenn der Kern sehr schmal ist, $\rho_i \approx \rho_a$, (vgl. auch Kapitel V.6)) , wie aus dem Durchflutungsgesetzt folgt:

$$\oint \vec{H} \cdot d\vec{s} = H_E \, \ell + H_L \, d = wI \ .$$

Die magnetischen Erregungen werden durch die magnetischen Flußdichten ersetzt:

$$\frac{B_E}{\mu_0 \, \mu_r} \, \ell + \frac{B_L}{\mu_0} \, d = wI \ .$$

Da $B_E = B_L$ ist, gilt für die magnetische Flußdichte:

$$B_E = B_L = \frac{\mu_0 \, wI}{\dfrac{\ell}{\mu_r} + d} = \frac{\mu_0 \, \mu_r wI}{\ell + \mu_r d} \ .$$

Für die Flußverketttung gilt dann:

$$\Psi = \iint\limits_A w\vec{B} \cdot \vec{n} \ dA = \frac{\mu_0 \mu_r w^2 I}{\ell + \mu_r d} \ A \ .$$

Damit kann für die äußere Induktivität der Ausdruck

$$L = \frac{\mu_0 \mu_r w^2 A}{\ell + \mu_r d}$$

angegeben werden (vgl. mit Aufgabe 1b dieses Kapitels).

3. AUFGABE

Eine lange Zylinderspule ($l \gg \rho_1$, ρ_2) sei, wie in Abb.246 skizziert, in zwei elektrisch hintereinander geschalteten Lagen mit den Windungszahlen w_1 und w_2 gewickelt. Man bestimme die äußere Induktivität der Spule, wenn die beiden Lagen so gewickelt sind, daß sie

   a) gegensinnig vom elektrischen Strom durchflossen und

   b) gleichsinnig vom Strom durchflossen werden.

Man kontrolliere das Ergebnis am Grenzfall $\rho_1 \to \rho_2$.

<u>Lösung</u>

Die Spulen sind elektrisch in Reihe geschaltet, d. h. sie werden von demselben Strom der Stromstärke I durchflossen. Da die Spule als lang bezogen auf ihren Durchmesser vorausgesetzt ist, tritt ein Magnetfeld (in erster Näherung) nur innerhalb der Spulen auf. Das Feld einer Spule durchsetzt jeweils ganz oder teilweise den Querschnitt der anderen Spule. Die von den Spulen hervorgerufenen Magnetfelder haben die Größe:

$$\vec{H}_1 = \frac{w_1 I}{\ell}\, \vec{e}_z \,, \qquad \vec{H}_2 = \pm \frac{w_2 I}{\ell}\, \vec{e}_z \,,$$

$$\vec{B}_1 = \frac{\mu_0\, w_1 I}{\ell}\, \vec{e}_z \,, \qquad \vec{B}_2 = \pm \frac{\mu_0\, w_2 I}{\ell}\, \vec{e}_z \,.$$

Die positiven Vorzeichen in den Beziehungen für $\vec{H}_2$, $\vec{B}_2$ gelten, falls die Spulen gleichsinnig vom Strom durchflossen werden; im anderen Fall gelten die negativen Vorzeichen.

Der gesamte magnetische Fluß, der mit einem Strom verkettet ist, setzt sich jeweils aus dem Fluß des Feldes der Spule durch ihren eigenen Querschnitt sowie dem Anteil des Feldes der anderen Spule durch diesen Querschnitt zusammen. Es können also insgesamt vier verschiedene Anteile unterschieden werden:

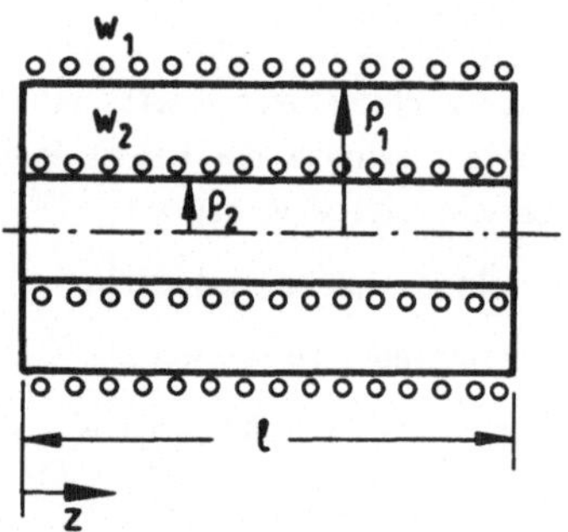

Abb.246: Hintereinander geschaltete, gekoppelte Spulen.

$$\Psi_{11} \;=\; \iint\limits_{A_1} w_1 \vec{B}_1 \cdot \vec{n} \; dA \;=\; \frac{\mu_0 w_1^2 I}{\ell} \; \pi \rho_1^2 \;,$$

$$\Psi_{12} \;=\; \iint\limits_{A_1} w_1 \vec{B}_2 \cdot \vec{n} \; dA \;=\; \pm \frac{\mu_0 w_1 w_2 I}{\ell} \; \pi \rho_2^2 \;,$$

$$\Psi_{21} \;=\; \iint\limits_{A_2} w_2 \vec{B}_1 \; \vec{n} \cdot \; dA \;=\; \pm \frac{\mu_0 w_2 w_1 I}{\ell} \; \pi \rho_2^2 \;,$$

$$\Psi_{22} \;=\; \iint\limits_{A_2} w_2 \vec{B}_2 \; \vec{n} \cdot \; dA \;=\; \frac{\mu_0 w_2^2 I}{\ell} \; \pi\rho_2^2 \;,$$

Ψ_{11} ist der Fluß des Feldes der ersten Spule durch ihren eigenen Querschnitt ($\rho=\rho_1$), Ψ_{12} ist der Fluß des Feldes der zweiten Spule durch den Querschnitt der ersten Spule ($\rho=\rho_1$). Da aber das Feld der Spule 2 nur im Bereich $0\leq\rho\leq\rho_2$ auftritt, für $\rho_2\leq\rho\leq\rho_1$ aber verschwindet, ergibt die Integration über die Fläche A_1 den Faktor $\pi\rho_2^2$ und nicht $\pi\rho_1^2$. Ψ_{21} ist der Fluß des Feldes der ersten Spule durch den Querschnitt der zweiten Spule ($\rho=\rho_2$). Ψ_{22} ist der Fluß des Feldes der zweiten Spule durch ihren eigenen Querschnitt ($\rho=\rho_2$). Je nach Wickelsinn der Spulen haben die Felder der beiden Spulen gleiche oder entgegengesetzte Richtung., Es wird angenommen, daß der Strom in der Spule 1 so fließt, daß $\vec{H}_1$ und $\vec{B}_1$ z-Richtung besitzen. Dann haben $\vec{H}_2$ und $\vec{B}_2$ +z- oder -z-Richtung, je nach Wickelsinn der Spulen (vgl. oben stehende Gleichungen für die Felder). Damit - werden Ψ_{12} und Ψ_{21} negativ (Fall a)) oder positiv (Fall b)) wenn die Flächennormalenvektoren der Flächen A_1 und A_2 jeweils so gewählt werden, daß Ψ_{11} und Ψ_{22} positive Größen sind. Die gesamte Flußverkettung und damit die Induktivität berechnen sich demnach zu:

$$\Psi \;=\; \frac{\mu_0 \pi I}{\ell} \left[\; w_1^2 \, \rho_1^2 \mp 2w_1 w_2 \, \rho_2^2 + w_2^2 \, \rho_2^2 \; \right] \;,$$

$$L \;=\; \frac{\Psi}{I} \;=\; \frac{\mu_0 \pi}{\ell} \left[\; w_1^2 \, \rho_1^2 \mp 2w_1 w_2 \, \rho_2^2 + w_2^2 \, \rho_2^2 \; \right] \;.$$

Darin gilt das Minuszeichen für Fall a) und das Pluszeichen für Fall b). Im Grenzfall $\rho_1 \rightarrow \rho_2$ geht die Anordnung in eine Spule mit $w = w_1 \mp w_2$ Windungen über:

$$\lim_{\rho_2 \rightarrow \rho_1} L = \frac{\mu_0 \pi}{\ell} \, \rho_1^2 \, (w_1^2 \mp 2w_1 w_2 + w_2^2) = \frac{\mu_0 \pi \rho_1^2}{\ell} \, (w_1 \mp w_2)^2 \;.$$

4. AUFGABE

Gegeben ist ein Leiter von der Form eines Hohlzylinders mit dem Innenradius ρ_i und dem Außenradius ρ_a (Abb.247). In dem Leiter fließt ein gleichmäßig über den Querschnitt verteilter Strom der Stromstärke I. Gesucht ist das von dem Strom erzeugte magnetische Feld im Innen- und Außenraum des Leiters sowie die innere Induktivität des Leiters.

Lösung

Wird das Durchflutungsgesetz (Gl.(VI.1.2)) auf den in Abb.247 eingezeichneten, kreisförmigen Integrationsweg vom Radius ρ angewendet, so gilt aufgrund der Symmetrie der Anordnung (d. h. die Feldlinien der magnetischen Erregung sind konzentrische Kreise zur Achse der Anordnung) für die magnetische Erregung $\vec{H}_i = H_i \vec{e}_\alpha$ im leitenden Material:

$$\oint_C \vec{H}_i \cdot d\vec{s} = \iint_A \vec{S} \cdot \vec{n}\ dA \ ,$$

$$H_i\ 2\pi\rho = S\pi(\rho^2 - \rho_i^2) \ .$$

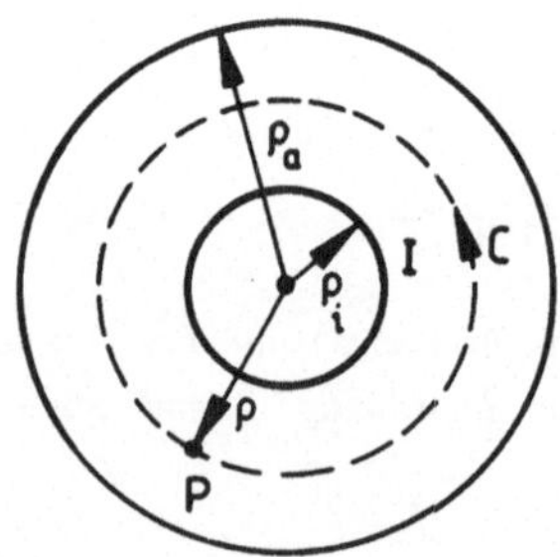

Abb.247: Leiter mit kreisringförmigen Querschnitt.

Ein Wegelement längs des Kreises vom Radius ρ ist parallel zur magnetischen Erregung gerichtet. Der Betrag der magnetischen Erregung ($\vec{H}_i$) ist längs eines konzentrischen Kreises vom Radius ρ konstant. Damit ist die linke Seite der Gleichung gleich dem Produkt des Betrages der magnetischen Erregung und des Umfangs des Kreises vom Radius ρ:

$$U = 2\pi\rho \ .$$

Die Stromdichte, die senkrecht zur Querschnittsfläche (z-Richtung) des Leiters gerichtet ist, ist konstant über dem Querschnitt, so daß die rechte Seite sich als Produkt aus dem Betrag der Stromdichte und der Fläche des Kreisrings mit dem Innenradius ρ_i und dem Außenradius ρ berechnet.

Der Wert S der Stromdichte $\vec{S} = S\vec{e}_z$ im Leiter läßt sich aus der Stromstärke I und dem Querschnitt des Leiters zu

$$S = \frac{I}{\pi(\rho_a^2 - \rho_i^2)}$$

berechnen. Mit diesem Wert der Stromdichte kann für das Feld im Innern des leitenden Materials im Abstand ρ von der Achse des Leiters der Ausdruck

$$H_i = \frac{I}{2\pi\rho(\rho_a^2-\rho_i^2)} \, (\rho^2-\rho_i^2) \ ,$$

$$H_i = \frac{I}{2\pi(\rho_a^2-\rho_i^2)} \left(\rho - \frac{\rho_i^2}{\rho} \right)$$

abgeleitet werden. Wird der Integrationsweg in den Bereich außerhalb des Leiters ($\rho \geq \rho_a$) gelegt, so wird von ihm der gesamte Strom der Stromstärke I umschlossen. Das heißt, es gilt:

$$H_a 2\pi\rho = \iint\limits_A \vec{S}\cdot\vec{n}\ dA = I\ ,$$

$$H_a = \frac{I}{2\pi\rho}\ .$$

Im Innern des Hohlraums verschwindet das magnetische Feld, da die von einem kreisförmigen, konzentrischen Integrationsweg umschlossene Stromstärke immer null ist.

Nach den Überlegungen des Kapitels VI.5 (Gl.(VI.5.4)) kann die innere Induktivität des Leiters günstig aus dem Energieinhalt des Feldes berechnet werden:

$$W_{magn} = \tfrac{1}{2}\ L\ I^2\ .$$

Wird die im Innern des Leiters der Länge ℓ gespeicherte Energie aus dem Feld berechnet, so gilt mit Gl.(VI.4.8):

$$W_{magn} = \tfrac{1}{2} \iiint\limits_V \mu\vec{H}_i\cdot\vec{H}_i dV = \frac{\mu}{2}\ \frac{I^2}{4\pi^2(\rho_a^2 - \rho_i^2)^2} \int\limits_{\rho_i}^{\rho_a} (\rho - \frac{\rho_i^2}{\rho})^2\ 2\pi\rho\ell d\rho\ ,$$

Dabei wurde ein Volumenelement in der Form eines Hohlzylinders der Länge ℓ, des Radius ρ und der Wandstärke $d\rho$: $dV = 2\pi\rho\ell d\rho$ zur Auswertung des Integrals verwendet, da der Integrand nur vom Radius ρ der zylinderförmigen Anordnung abhängt. Nach Auswertung gilt:

$$W_{magn} = \frac{\mu}{2}\ \frac{I^2\ \ell}{2\pi(\rho_a^2 - \rho_i^2)^2} \left(\frac{\rho^4}{4} - \rho_i^2\rho^2 + \rho_i^4\ \ln\rho \right)\Bigg|_{\rho_i}^{\rho_a}\ ,$$

$$W_{magn} = \frac{\mu\ I^2\ \ell}{16\pi(\rho_a^2 - \rho_i^2)^2} \left(\rho_a^4 - 4\rho_a^2\rho_i^2 + \rho_i^4\ (3 + 4\ \ln\frac{\rho_a}{\rho_i}) \right)\ .$$

Nach der oben stehenden Beziehung läßt sich dann die innere Induktivität zu

$$L_i = \frac{2W_{magn}}{I^2} = \frac{\mu\,\ell}{8\pi(\rho_a^2 - \rho_i^2)^2}\left(\rho_a^4 - 4\rho_a^2\rho_i^2 + \rho_i^4\left(3 + 4\ln\frac{\rho_a}{\rho_i}\right)\right)$$

berechnen.

5. AUFAGBE

Ein gerader, unendlicher langer, dünner Draht im Vakuum wird vom Strom der Stromstärke I durchflossen. Im Abstand d neben dem Draht befindet sich eine rechteckige, dünne Drahtschleife (Abb.248). Der Draht und die Drahtschleife liegen in einer Ebene. Wie groß ist die Gegeninduktivität $L_{12} = L_{21}$ dieser Anordnung?

Lösung

Aus dem Durchflutungsgesetz kann das magnetische Feld des stromführenden Drahtes bestimmt werden,

$$H = \frac{I}{2\pi\rho}\,, \qquad \vec{H} = \frac{I}{2\pi\rho}\,\vec{e}_\alpha\,.$$

Das Magnetfeld hat in der von dem rechteckigen Leiter aufgespannten Ebene eine Richtung senkrecht zu dieser Ebene. Da die Drähte der Leiter als dünn vorausgesetzt sind, kann die Induktivität aus dem magnetischen Fluß bestimmt werden. Der Fluß der magnetischen Flußdichte, die vom Strom im geraden

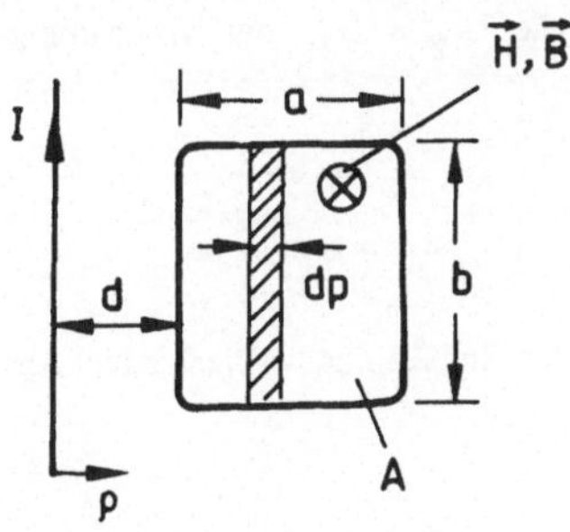

Abb.248: Leiteranordnung.

Leiter hervorgerufen wird, durch die aufgespannte, rechteckförmige Fläche ist:

$$\Phi_m = \iint_A \vec{B}\cdot\vec{n} \; dA = \frac{\mu_0 I}{2\pi} \int_d^{d+a} \frac{1}{\rho} \, b \, d\rho \; .$$

Es wurde ein Flächenelement in Form eines schmalen Streifens $b d\rho$ eingeführt (Abb.248). Aus dem Fluß

$$\Phi_m = \frac{\mu_0 I b}{2\pi} \ln \left(\frac{d+a}{d} \right) = L_{12} I$$

kann die Gegeninduktivität zu

$$L_{12} = \frac{\mu_0 b}{2\pi} \ln \left(\frac{d+a}{d} \right) = \frac{\mu_0 b}{2\pi} \ln \left(1 + \frac{a}{d} \right)$$

angegeben werden.

6. AUFGABE

Zwei dünne, kreisförmige Leiter vom Radius r_1 und r_2 sind auf einer gemeinsamen Achse so angeordnet, daß die von ihnen aufgespannten Ebenen parallel liegen. Der Abstand zwischen den Mittelpunkten der Kreisflächen ist ℓ. Wie groß ist die Gegeninduktivität $L_{12} = L_{21}$ der Anordnung im Vakuum?

<u>Lösung</u>

Zur Berechnung der Gegeninduktivität der in Abb.249 skizzierten Anordnung wird von Gl.(VI.3.9)

$$L_{\nu\mu} = \frac{\mu_0}{4\pi} \oint_{C_\nu} \oint_{C_\mu} \frac{\vec{ds}_\mu \cdot \vec{ds}_\nu}{R_{\mu\nu}}$$

ausgegangen. Da die betrachteten Leiter als dünn vorausgesetzt sind, sind die Integrationswege mit dem Verlauf der Leiter identisch. Das oben stehende Integral gibt an, daß über den vollen Umfang beider Leiter integriert werden muß. In den Leitern wird jeweils ein Wegelement $\vec{ds}_1$, $\vec{ds}_2$ angenommen (Abb.249). Dann kann für das Produkt dieser beiden Elemente der Ausdruck

$$\vec{ds}_1 \cdot \vec{ds}_2 = ds_1\, ds_2\, \cos(\alpha_1 - \alpha_2) = ds_1\, ds_2\, \cos\alpha$$

berechnet werden. Der Winkel $\alpha = \alpha_1 - \alpha_2$ ist der Winkel zwischen den Richtungen der beiden Vektoren, er kann aus den zylindrischen Ortskoordinaten $(\alpha_1,\ \alpha_2)$ der beiden Punkte P_1 und P_2 (Abb.249) bestimmt werden.

Das zu berechnende Doppelintegral wird so gelöst, daß zunächst der Punkt P_2 festgehalten wird und die Integration über den ersten Leiter durchgeführt wird. Das Ergebnis dieser Integration

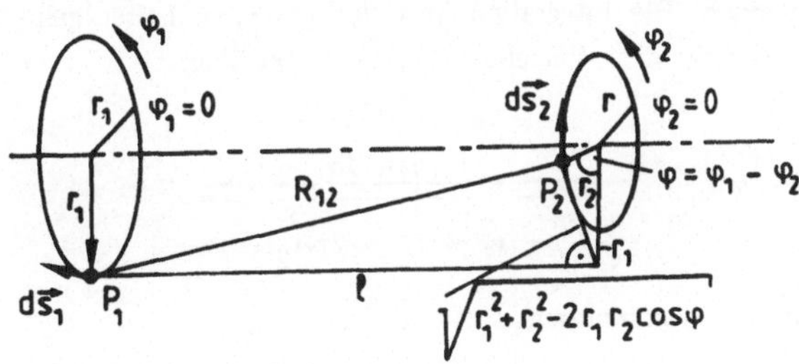

Abb.249: Zwei parallele Leiterschleifen.

$$A = \frac{\mu_0}{4\pi} \oint_{C_1} \frac{ds_1\, \cos\alpha}{R_{12}}$$

kann aus Symmetriegründen nicht von der Lage des Punktes P_2 abhängen, so daß die zweite Integration

$$L_{12} = \oint_{C_2} A\, ds_2 = A 2\pi r_2$$

lediglich eine Multiplikation mit dem Umfang des zweiten Leiters ergibt.

Zur Berechnung von A wird der Abstand R_{12} zwischen den Punkten P_1 und P_2 benötigt. Er ergibt sich mit Hilfe des Cosinussatzes in einem Dreieck aus Abb.249:

$$R_{12} = \sqrt{\ell^2 + r_1^2 + r_2^2 - 2r_1 r_2 \cos\alpha}\ .$$

Ferner kann das Linienelement ds_1 durch

$$ds_1 = r_1 d\alpha$$

ersetzt werden. Die Integration über den gesamten Leiter geht dann in eine Integration über den Winkel α $(0 \leq \alpha \leq 2\pi)$ über:

$$A = \frac{\mu_0 r_1}{4\pi} \int_0^{2\pi} \frac{\cos\alpha\, d\alpha}{\sqrt{\ell^2 + r_1^2 + r_2^2 - 2r_1 r_2 \cos\alpha}}$$

bzw. mit den Abkürzungen:

$$\ell^2 + r_1^2 + r_2^2 = B^2\ , \qquad 2r_1 r_2 = C$$

gilt:

$$L_{12} = \frac{\mu_0}{2} r_1 r_2 \int_0^{2\pi} \frac{\cos\alpha\, d\alpha}{\sqrt{B^2 - C \cos\alpha}}\ .$$

Das auftretende Integral ist elementar nicht lösbar, es kann auf elliptische Integrale zurückgeführt werden, die in Integraltafeln tabelliert gefunden werden können (z. B. bei Gröbner, Hofreiter [a.5], S.59, Jahnke, Emde, Lösch [a.6], S.43).

VI.6   BERECHNUNG VON KRÄFTEN IM MAGNETISCHEN FELD

Wie in Kapitel III.14, Teil I bereits für die elektrischen Felder durchgeführt, kann auch für die Magnetfelder aus einer Energiebetrachtung auf die von den Feldern ausgeübten Kräfte geschlossen werden. Aus der Erfahrung ist bekannt, daß auf bewegte, geladene Teilchen im Magnetfeld eine Kraft der Größe (vgl. Gl.(V.1.6))

$$\vec{F} = Q(\vec{v} \times \vec{B}) \tag{VI.6.1}$$

ausgeübt wird. Da ein elektrsicher Strom sich aus bewegten, elektrisch geladenen Teilchen bildet, übt das Magnetfeld auf einen stromdurchflossenen Leiter eine Kraft aus. Das wiederum bedeutet, da ein Strom in einem Leiter selbst ein Magnetfeld aufbaut, daß zwischen zwei stromduchflossenen Leitern eine Kraft auftreten muß (vgl. auch Gl.(V.1.3)). Die Kraft auf einen stromdurchflossenen Leiter wird sogar vom Magnetfeld des eigenen Stromes ausgeübt. Diese Kräfte sollen im folgenden mit Hilfe einer Energiebilanz bestimmt werden.

Wie bereits in Kapitel III.14, Teil I angegeben wurde, lautet der Energieerhaltungsatz für ein abgeschlossenes, physikalisches System: Die Summe aller Energien ist konstant. Werden zwei verkoppelte Systeme betrachtet, so lautet der Energieerhaltungssatz: Die Summe aller Energien, die vom ersten System aufgenommen wird, ist gleich der Energie, die vom zweiten System abgegeben wird.

Da hier die Kräfte im Magnetfeld, das von Strömen hervorgerufen wird, berechnet werden sollen, wird vom Energieerhaltungssatz in der zweiten Form Gebrauch gemacht. Er wird auf ein System von Leiterschleifen im homogenen, isotropen Medium (Vakuum) angewendet. In den Leiterschleifen werden die Ströme durch Urspannungsquellen der Spannung, z. B. im k-ten Leiter, u_k erzeugt. Eine Leistungsbilanz für ein solches System (Abb.250) kann mit Hilfe des auf den k-ten Leiter angewendeten Induktionsgesetzes und der eingezeichneten Bezugspfeile für die Ströme und Spannungen berechnet werden. Es gilt zunächst:

$$\oint_{C_k} \vec{E}\cdot d\vec{s} = R_k i_k - u_k = -\frac{d}{dt} \iint_{A_k} \vec{B}\cdot\vec{n}_k \; dA = -\frac{d\Psi_k}{dt} \, ,$$

$$u_k = R_k i_k + \frac{d\Psi_k}{dt} \, . \tag{VI.6.2}$$

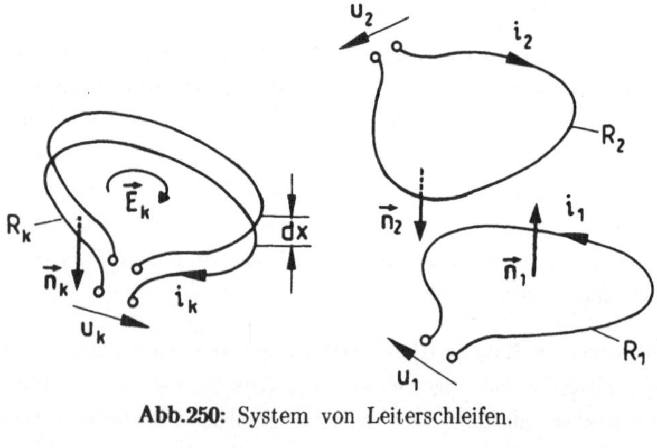

Abb.250: System von Leiterschleifen.

R_k ist der ohmsche Widerstand des k-ten Leiters, Ψ_k ist der magnetische Fluß, der mit dem Strom der Stromstärke i_k im k-ten Leiter verkettet ist.

Wird Gl.(VI.6.2) mit i_k, der elektrischen Stromstärke im k-ten Leiter, multipliziert und werden die Gleichungen für alle n Leiter addiert (k = 1, 2, ..., n),

$$\sum_{k=1}^{n} u_k i_k = \sum_{k=1}^{n} R_k i_k^2 + \sum_{k=1}^{n} i_k \frac{d\Psi_k}{dt} \, , \qquad (VI.6.3)$$

so ergibt sich eine Leistungsbilanz für das Leiterschleifensystem. Die Summe auf der linken Seite des Gleichheitszeichens ist die von allen Quellen aufgebrachte Leistung, die erste Summe auf der rechten Seite beschreibt die Verlustleistung in allen Ohmschen Widerständen. Es bleibt ein Term auf der rechten Seite der Gleichung, der weiter diskutiert werden soll.

Bei der Berechnung der Kräfte soll wieder (vgl. Kapitel III.14, Teil I) vom Prinzip der virtuellen Verschiebung Gebrauch gemacht werden. Wird eine der Leiterschleifen in der Zeit dt virtuell um das Wegelement dx in Richtung der Koordinate x verschoben, so lautet die Energiebilanz hierfür:

$$\sum_{k=1}^{n} u_k i_k \, dt = \sum_{k=1}^{n} R_k i_k^2 \, dt + dW_{magn} + F dx \, . \qquad (VI.6.4)$$

Darin ist der Term der linken Seite die von den Quellen beim Verschiebungsvorgang geleistete Arbeit, der Term der rechten Seite ist die bei der Verschiebung in Wärme umgesetzte Energie, dW_{magn} ist die auftretende Änderung des Energieinhaltes des magnetischen Feldes, Fdx ist die beim Verschiebungsvorgang geleistete mechanische Arbeit und, wie bereits erwähnt, dt die Zeit, in der die Verschiebung durchgeführt wird. Werden die Gleichungen (VI.6.3) und (VI.6.4) miteinander verglichen, so kann der folgende Zusammenhang angegeben werden:

$$\sum_{k=1}^{n} i_k \, d\Psi_k = dW_{magn} + F dx \, .$$

Wird berücksichtigt, daß eine Verschiebung auch in Richtung der anderen Koordinaten auftreten kann, so kann aus diesen Beziehungen bei einer Verschiebung um das Wegelement $\vec{ds}$ für die Kraft, die das Magnetfeld ausübt, der Zusammenhang

$$\vec{F}\vec{ds} = \left[\sum_{k=1}^{n} i_k \, d\Psi_k - dW_{magn} \right] \qquad (VI.6.5)$$

berechnet werden.

Bei der Berechnung der Kraft im elektrostatischen Feld wurde gezeigt, daß zwei verschiedene Fälle unterschieden werden müssen (vgl. Kapitel III.14, Teil I), erstens der Fall konstanter Ladung im System und zweitens der Fall konstanter Spannung am System. Entsprechend wird hier zwischen den Fällen:

1. konstante Flußverkettung $\qquad$ (Ψ_k = const.) und

2. konstante Stromstärke $\qquad$ (i_k = const.)

unterschieden.

Wird die Verschiebung so durchgeführt, daß dabei der Fluß konstant bleibt (vgl. Aufgabe 4, Kapitel VI.6.1), so wird $d\Psi_k = 0$ und Gl. (VI.6.5) kann in der Form

$$\vec{F}\vec{ds} = - dW_{magn} \; ,$$

$$\vec{F} = - grad(W_{magn}) \; , \qquad \Psi_k = const. \qquad (VI.6.6)$$

geschrieben werden. Es zeigt sich, daß unter der Voraussetzung Ψ_k = const. die Quellen nur die Energie zu liefern brauchen, die in den Widerständen der Leiter in Wärme umgesetzt wird. Die Kraft des Feldes wird nach Gl.(VI.6.6) aus dem Energieinhalt des magnetischen Feldes aufgebracht, die vom Feld geleistete Arbeit ist nach Gl.(VI.6.6) gleich der Abnahme des Energieinhalts des magnetischen Feldes. Wie ein Vergleich mit Kapitel III.14, Teil I zeigt, entspricht dieser Fall dem Fall der konstant gehaltenen Ladung im elektrostatischen Feld.

Wird andererseits angenommen, daß die Stromstärken in den Leiterschleifen beim Verschiebungsvorgang konstant bleiben (vgl. Aufgabe 4, Kapitel IV.6.1), so müssen sich die magnetischen Flüsse durch die Leiterschleifen ändern. Damit leisten die Spannungsquellen nach Gl.(VI.6.3) und Gl.(VI.6.4) eine zusätzliche Arbeit. Das heißt, Gl.(VI.6.5) muß in ihrer Gesamtheit berücksichtigt werden. Der Energieinhalt des magnetischen Feldes kann aber nach Gl.(VI.4.6) durch

$$W_{magn} = \frac{1}{2} \sum_{k=1}^{n} i_k \, \Psi_k$$

und damit für konstante Werte der Ströme i_k die Änderung des Energieinhalts dW_{magn} durch

$$dW_{magn} = \frac{1}{2} \sum_{k=1}^{n} i_k \, d\Psi_k$$

ausgedrückt werden. Das heißt, Gl.(VI.6.5) kann in der Form

$$\vec{F}d\vec{s} = \left[\sum_{k=1}^{n} i_k \, d\Psi_k - \frac{1}{2} \sum_{k=1}^{n} i_k \, d\Psi_k \right] = \frac{1}{2} \sum_{k=1}^{n} i_k \, d\Psi_k \, ,$$

$$\vec{F}d\vec{s} = + \, dW_{magn} \qquad \qquad \text{für } i_k = \text{const.}$$

angegeben werden. Das heißt, für den Fall, daß die Ströme bei der vorgenommenen, virtuellen Verschiebung konstant bleiben, berechnet sich die Kraft aus:

$$\vec{F} = + \, \text{grad}(W_{magn}) \, , \qquad i_k = \text{const.} \, . \tag{VI.6.7}$$

Bei konstant gehaltenen Stromstärken wird also die Hälfte der von den Spannungsquellen geleisteten Arbeit in mechanische Arbeit und die andere Hälfte in Energie des magnetischen Feldes umgewandelt (falls von der in den Widerständen in Wärme umgesetzten Energie abgesehen wird). Die vom Feld geleistete mechanische Arbeit ist gerade gleich dem Zuwachs des Energieinhalts des magnetischen Feldes.

Entsprechend wie für die Kräfte im elektrischen Feld (vgl. Kapitel III.14, Teil I) können auch hier Untersuchungen über Gleichgewichtszustände durchgeführt werden, es gelten dann äquivalente Beziehungen zu den Gln.(III.14.7) bis (III.14.10).

VI.6.1 AUFAGBEN ZUR ENERGIE- UND KRAFTBERECHNUNG

1. AUFGABE

Wie groß ist die Kraft pro Längeneinheit zwischen zwei unendlich langen, parallelen, geraden Leitern mit vernachlässigbar kleinem Durchmesser, in denen Ströme der Stromstärken I_1 und I_2 fließen (Abb.251)? Die Leiter befinden sich im Vakuum und haben den Abstand d voneinander.

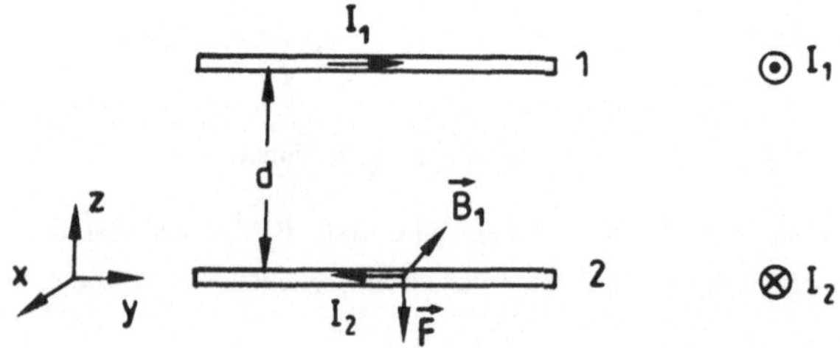

Abb.251: Zur Berechnung der Kraft zwischen zwei stromführenden Leitern.

<u>Lösung</u>

Die Aufgabe kann gelöst werden, wenn der Leiter der Stromstärke I_2 als im magnetischen Feld des Leiters mit der Stromstärke I_1 betrachtet wird oder umgekehrt. Die magnetische Flußdichte am Leiter 2, die vom Strom im Leiter 1 hervorgerufen wird, kann z. B. mit Hilfe des Durchflutungsgesetzes leicht zu

$$\vec{B}_1 = \frac{\mu_0\, I_1}{2\pi d}\,(-\vec{e}_x)$$

bestimmt werden. Von dieser Flußdichte wird nach Gl.(V.1.3) auf ein Element des Leiters 2 von der Länge ℓ die Kraft

$$\vec{F} = I_2(-\ell\vec{e}_y) \times \vec{B}_1,$$

$$\vec{F} = I_2\,\ell\vec{e}_y \times \frac{\mu_0\, I_1}{2\pi d}\,\vec{e}_x = -\frac{\mu_0\, I_1 I_2\, \ell}{2\pi d}\,\vec{e}_z$$

bzw. zwischen den Leitern eine Kraft pro Längeneinheit

$$\frac{\vec{F}}{\ell} = -\frac{\mu_0\, I_1 I_2}{2\pi d}\,\vec{e}_z$$

ausgeübt. Die Kraft zwischen den Leitern wirkt abstoßend, wenn die Ströme, wie in Abb.250 gezeichnet ($I_1 > 0$, $I_2 > 0$), in den Leitern gegensinnig fließen. Die beiden Leiter ziehen sich an, wenn die Ströme in den beiden Leitern gleichsinnig fließen.

2. AUFGABE

In zwei kreisförmigen, sehr dünnen Leiterschleifen (Abb.252), die sich im Vakuum befinden, fließen Ströme der Stromstärken I_1 und I_2. Die Leiterschleifen haben die Radien R_1 und R_2. Die Schleifenebenen sind zueinander parallel, die Leiterschleifen besitzen eine gemeinsame Achse. Es wird vorausgesetzt, daß $R_2 << R_1$ ist. Wie groß ist die zwischen den beiden Leiterschleifen auftretende Kraft, wenn die Stromstärken als konstant (eingeprägt) angesehen werden?

<u>Lösung</u>

Nach Gl.(VI.6.7) kann die auftretende Kraft mit Hilfe des Prinzips der virtuellen Verschiebung aus einer Energiebilanz berechnet werden:

$$\vec{F} = \text{grad}(W_{magn}) \qquad \text{für } I = \text{const.} \, .$$

Die vom magnetischen Feld der Anordnung gespeicherte Energie kann mit Hilfe von Gl.(VI.4.6) aus

$$W_{magn} = \frac{1}{2} \sum_{\mu=1}^{2} \sum_{\nu=1}^{2} I_\mu \, \Psi_{\mu\nu} = \frac{1}{2} \sum_{\mu=1}^{2} I_\mu \, \Psi_\mu$$

mit I_μ der Stromstärke in der μ-ten Leiterschleife und $\Psi_{\mu\nu}$ den magnetischen Flüssen (Flußverkettung), die von den Strömen der Stromstärken I_ν durch die Fläche der Leiterschleife μ erzeugt werden; Ψ_μ ist der gesamte mit der Stromstärke I_μ verkettete magnetische Fluß. Für das System zweier Leiterschleifen dieser Aufgabe ergibt sich:

$$W_{magn} = \frac{1}{2} \left(L_{11} \, I_1^2 + 2L_{12} \, I_1 I_2 + L_{22} \, I_2^2 \right)$$

L_{11}, L_{22} sind die Eigeninduktivitäten der beiden Leiterschleifen, L_{12} ist die Gegeninduktivität zwischen den Leiterschleifen. In einem Gedankenexperiment werden die beiden Schleifen um das Wegelement dx in Richtung der Koordinate x, die den Abstand zwischen den Leitern charakterisiert, gegeneinander verschoben (Abb.252). Dann kann wegen der als konstant angenommenen Stromstärken für die Kraft nach Gl.(VI.6.7) der Ausdruck

$$\vec{F} = \frac{dW_{magn}}{dx}\,\vec{e}_x = I_1 I_2 \frac{dL_{12}}{dx}\,\vec{e}_x$$

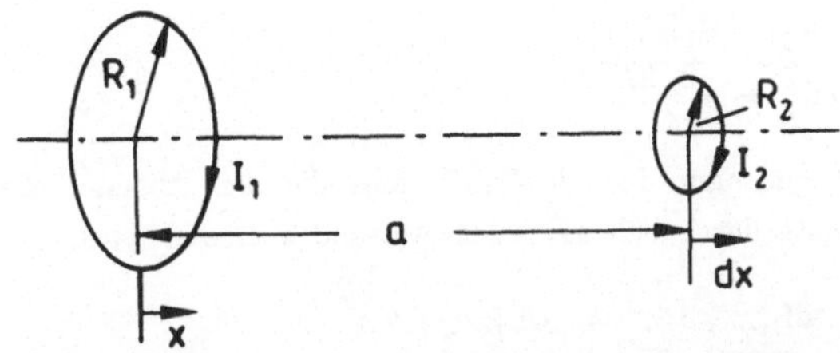

Abb.252: Anordnung zweier paralleler Kreisleiterschleifen.

abgeleitet werden. Da die Eigeninduktivitäten der beiden Leiterschleifen nicht vom Abstand der Schleifen zueinander abhängen, braucht nur L_{12} differenziert zu werden. Die Gegeninduktivität L_{12} läßt sich wegen der gemachten Voraussetztungen leicht näherungsweise berechnen (vgl. auch Aufgabe 6, Kapitel VI.5.1), wenn angenommen wird, daß die magnetische Flußdichte über dem gesamten Querschnitt der Leiterschleife 2 gleich dem Wert der Flußdichte auf der Achse der Anordnung ist. Dieser Wert berechnet sich nach Aufgabe 5, Kapitel V.4.2 zu:

$$\vec{B}(x = a) = \frac{\mu_0\,I_1\,R_1^2}{2(R_1^2 + a^2)^{3/2}}\,\vec{e}_x \; .$$

Unter der Voraussetzung, daß dies der Wert der magnetischen Flußdichte über dem gesamten Querschnitt der Schleife konstant ist, was wegen der gemachte Annahme $R_2 \ll R_1$ näherungsweise richtig ist, kann der durch die Schleife 2 tretende magnetische Fluß zu

$$\Phi_{21} = \frac{\mu_0\,I_1 \pi R_1^2 R_2^2}{2(R_1^2 + a^2)^{3/2}}$$

berechnet werden. Der magnetische Fluß ist wegen der Annahme der Linienleiter-Eigenschaft der Leiterschleifen gleich dem verketteten Fluß Ψ_{21}, so daß sich die Gegeninduktivität L_{12} zu

$$L_{12} = \frac{\mu_0 \, \pi \, R_1^2 R_2^2}{2(R_1^2 + a^2)^{3/2}}$$

ergibt. Damit gilt dann für die Kraft, falls die den Abstand charakterisierende Koordinate durch den aktuellen Abstand a ersetzt wird.

$$\vec{F} = I_1 I_2 \, \frac{dL_{12}}{dx} \, \vec{e}_x = I_1 I_2 \, \frac{dL_{12}}{da} \, \vec{e}_x \, ,$$

$$\vec{F} = - \frac{3\mu_0 \pi \, R_1^2 R_2^2 \, I_1 I_2 \, a}{2(R_1^2 + a^2)^{5/2}} \, \vec{e}_x \, .$$

Das negative Vorzeichen gibt an, daß die Kraft auf den zweiten Leiter in negativer x-Richtung weist und sich damit die beiden Leiterschleifen bei gleichsinniger Stromrichtung anziehen.

3. AUFGABE

Um einen Eisenring der mittleren Länge ℓ und des Querschnitts A ist eine Spule mit w Windungen gewickelt. Der Eisenring besitzt einen Luftspalt der Länge x (Abb.253). Die Permeabilität des Eisenrings $\mu = \mu_r \mu_0$ sei sehr viel größer als μ_0 und die Länge des Luftspaltes sehr viel kleiner als ℓ, so daß alle auftretenden Streufelder vernachlässigt werden können. An der Spule liege eine Stromquelle, so daß in ihr ein Strom der konstanten Stromstärke I fließt. Wie groß ist die Kraft auf die Polflächen im Luftspalt, wenn angenommen wird, daß die magnetische Erregung (Feldstärke) gleichmäßig über den Querschnitt A des Eisenrings verteilt ist?

<u>Lösung</u>

Die Kraft wird mit Hilfe der Methode der virtuellen Verschiebung berechnet. Es soll angenommen werden, daß die Stromstärke in der Spule bei der vorzunehmenden virtuellen Verschiebung als konstant angesehen werden kann. Dann berechnet sich die Kraft auf die Polschuhflächen aus dem Energieinhalt des magnetischen Feldes nach Gl.(VI.6.7) zu:

$$\vec{F} = \mathrm{grad}(W_{\mathrm{magn}}) \ .$$

Der Energieinhalt des magnetischen Feldes kann mit Hilfe von Gl.(VI.4.6) zu

$$W_{\mathrm{magn}} = \tfrac{1}{2}\, L\, I^2$$

mit L der Eigeninduktivität der Spule auf dem Eisenring angegeben werden. Bereits in Aufgabe 2, Kapitel VI.5.1 wurde die Eigeninduktivität der in Abb.253 skizzierten Anordnung unter den hier vorgegebenen Voraussetzungen berechnet:

$$L = \frac{\mu_0 \mu_r \ w^2 A}{\ell + \mu_r x} \ .$$

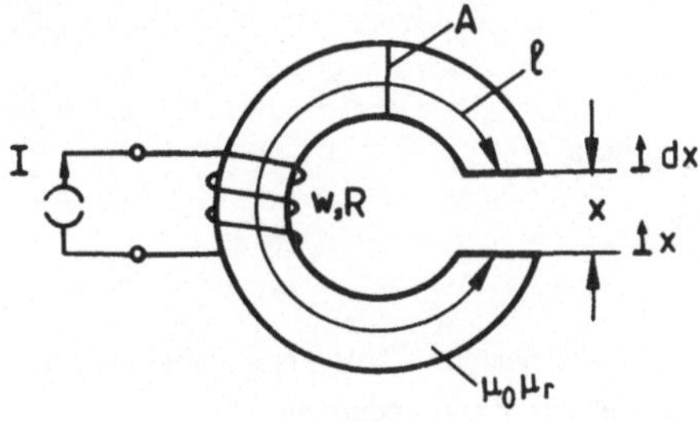

Abb.253: Eisenring mit Spule.

Wird der Luftspalt virtuell um den Betrag dx vergrößert, so kann die Kraft auf die Polflächen zu

$$\vec{F} = \frac{1}{2} I^2 \frac{dL}{dx} \vec{e}_x = - \frac{1}{2} I^2 \frac{\mu_0 \mu_r^2 w^2 A}{(\ell + \mu_r x)^2} \vec{e}_x$$

bestimmt werden. Das negative Vorzeichen gibt an, daß die Kraft $\vec{F}$ in negativer x-Richtung weist und damit einer Vergrößerung des Luftspaltes entgegenwirkt, die Polflächen ziehen sich also gegenseitig an.

4. AUFGABE

Eine im Vakuum befindliche Spule (Permeabilität μ_0) ist an eine Batterie der eingeprägten Spannung U_0 angeschlossen. Die Induktivität der Spule sei L_0, der Ohmsche Widerstand des Kreises sei R. Es wird ein Eisenkern von der Länge der Spule mit der Permeabilität $\mu = \mu_r \mu_0$ einmal sehr langsam, einmal sehr schnell in die Spule eingeschoben. Man zeige, daß während des Einschiebens des Kerns im ersten Fall die Stromstärke im Kreis und im zweiten Fall der mit der Spule verkettete Fluß Ψ konstant bleibt. Ist beim Einschieben des Kerns von außen Arbeit zu leisten, oder wird Arbeit gewonnen? Man berechne die gesamte geleistete oder gewonnene Arbeit.

<u>Lösung</u>

Wird das Induktionsgesetz

$$\oint_C \vec{E} \cdot d\vec{s} = - \frac{d\Psi}{dt}$$

auf den in Abb.254 skizzierten Stromkreis angewendet, so kann bei Beachtung der Zählpfeile der Zusammenhang

$$R\,i - U_0 = - \frac{d\Psi}{dt}$$

abgeleitet werden. Da die Induktivität L der Spule beim Einschieben des Kerns eine Funktion der Zeit ist, da sich ferner die Stromstärke ebenfalls mit der Zeit ändern kann, wird die oben stehende Gleichung in der Form

$$U_0 - R\,i = \frac{d(L\,i)}{dt} = L\,\frac{di}{dt} + i\,\frac{dL}{dt}\,,$$

$$U_0 = L\,\frac{di}{dt} + i\,\frac{dL}{dt} + R\,i$$

geschrieben.

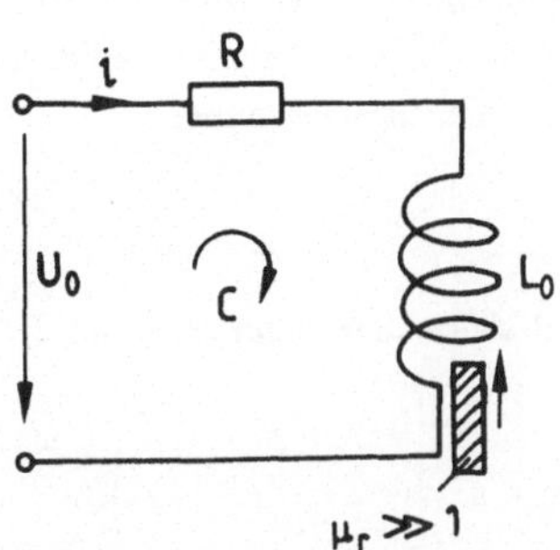

Abb. 254: Ersatzschaltbild
für die Spule.

a. Der Kern wird langsam eingeschoben: Bei langsamen Einbringen des Kerns ändert sich die Induktivität mit der Zeit nur sehr wenig, das heißt, in erster Näherung gilt: $dL/dt \approx 0$. Damit gilt dann für die Stromstärke die Differentialgleichung:

$$L\,\frac{di}{dt} + R\,i = U_0\,, \qquad L \approx \text{const.}\,,$$

$$\frac{di}{dt} + \frac{R}{L}\,i = \frac{U_0}{L}\,.$$

Die Lösung der homogenen Differentialgleichung

$$\frac{di_h}{dt} + \frac{R}{L}\,i_h = 0$$

kann in Form der Exponentitalfunktion

$$i_h = C\,e^{-\frac{R}{L}\,t}$$

gefunden werden. Eine partikuläre Lösung ergibt sich sofort aus Abb.254:
Für sehr große Zeiten nach dem Einbringvorgang ($t \longrightarrow \infty$) wird die Stromstärke im Stromkreis nach Abb.254 durch $i = U_0/R$ bestimmt. Damit lautet die partikuläre Lösung der inhomogenen Differentialgleichung:

$$i_p = \frac{U_0}{R} \; .$$

Die Gesamtlösung der inhomogenen Differentialgleichung kann also zu

$$i = i_h + i_p = C \, e^{-\frac{R}{L} t} + \frac{U_0}{R}$$

bestimmt werden. Da die Stromstärke i aber auch zur Zeit $t = 0$ (vor dem
Einschieben des Kerns) den Wert U_0/R besitzt, wird die noch zu bestimmende Integrationskonstante $C = 0$:

$$t = 0: \quad i = I = \frac{U_0}{R} + C \, e^0 = \frac{U_0}{R} + C \overset{!}{=} \frac{U_0}{R} \, , \quad \Longrightarrow \quad C = 0 \; .$$

Damit hat die Stromstärke zu allen Zeiten den Wert $i = U_0/R = $ const. .

b. Der Kern wird schnell eingeschoben: Aus der Differentialgleichung

$$R i - U_0 = - \frac{d\Psi}{dt}$$

kann mit $\Psi = L\,i$ bzw. $i = \Psi/L = \Psi(t)/L(t)$ eine Differentialgleichung für
den verketteten magnetischen Fluß

$$\frac{d\Psi}{dt} + \frac{R}{L(t)} \, \Psi = U_0$$

abgeleitet werden. Die Lösung der homogenen Differentialgleichung lautet:

$$\Psi_h(t) = C \, e^{-\int_0^t \frac{R}{L(\tau)} \, d\tau} \; .$$

Eine partikuläre Lösung der inhomogenen Differentialgleichung läßt sich durch das "Verfahren der Variation der Konstanten" gewinnen:

$$\Psi_p(t) = C(t)\, e^{-\int_0^t \frac{R}{L(\tau)}\, d\tau} \ .$$

Wird dieser Ansatz in die Differentialgleichung eingesetzt, so folgt für die unbekannte Funktion $C(t)$:

$$C(t) = \int_0^t U_0 \left\{ e^{+\int_0^{\tau'} \frac{R}{L(\tau)}\, d\tau} \right\} d\tau' \ .$$

Damit kann die gesamte Lösung für den verketteten magnetischen Fluß in der Form

$$\Psi = C\, e^{-\int_0^t \frac{R}{L(\tau)}\, d\tau} + e^{-\int_0^t \frac{R}{L(\tau)}\, d\tau} \int_0^t U_0 \left\{ e^{+\int_0^{\tau'} \frac{R}{L(\tau)}\, d\tau} \right\} d\tau'$$

angegeben werden. Wird der Zeitpunkt $t = -0$ (kurz vor dem Einschieben) betrachtet, so sei der in diesem Zeitpunkt mit der Spule verkettete Fluß mit Ψ_0 bezeichnet, das heißt es gilt:

$$\Psi(t = -0) = C = \Psi_0 \ .$$

Für sehr kleine Einschubzeiten $t \approx 0$ werden alle auftretenden Integrale in erster Näherung null und es bleibt als Lösung:

$$\Psi(t) \approx C = \Psi_0 = \text{const.} \ .$$

c. Zur Berechnung der Arbeit, die beim Einbringen des Kerns geleistet werden muß oder die vom Feld aufgebracht werden muß, wird von der

Energiebilanz nach Gl.(VI.6.6) bzw. Gl.(VI.6.7) ausgegangen. Wird der Kern langsam eingeschoben, so bleibt dabei die Stromstärke konstant und es gilt nach Gl.(VI.6.7) für die vom Feld geleistete Arbeit (Energie) dW:

$$dW = \vec{F} \cdot \vec{ds} = + dW_{magn.} \; ,$$

$$W = \int_0^{t_0} \frac{dW}{dt} \, dt = \frac{1}{2} \int_0^{t_0} I^2 \frac{dL}{dt} \, dt = \frac{1}{2} I^2 \left[L(t_0) - L(0) \right] > 0 \; .$$

Da die Induktivität nach Einbringen des Eisenkerns wegen $\mu_r > 1$ größer ist als vor dem Einschieben ($L(t_0) > L(0) = L_0$, $t_0 = $ Einschubzeit), wird die vom Feld geleistete Arbeit positiv, das heißt das Feld leistet Arbeit. Damit wird auf den Kern eine Kraft ausgeübt, die ihn in die Spule zieht. Die Arbeit wird nach den Überlegungen des Kapitels VI.6 von der Spannungsquelle aufgebracht.

Wird der Kern sehr schnell eingeschoben, so berechnet sich die Arbeit wegen $\Psi = $ const. nach Gl.(VI.6.6) aus:

$$dW = \vec{F} \cdot \vec{ds} = - dW_{magn} = - \frac{1}{2} d(i\Psi) = - \frac{1}{2} \Psi^2 \, d \, \frac{1}{L(t)} \; ,$$

$$W = \int_0^{t_0} \frac{dW}{dt} \, dt = - \frac{1}{2} \Psi^2 \int_0^{t_0} \frac{d \, \frac{1}{L(t)}}{dt} \, dt = - \frac{1}{2} \Psi^2 \left[\frac{1}{L(t_0)} - \frac{1}{L(0)} \right] > 0.$$

Auch diese Arbeit ist größer als null, der Kern wird wieder in die Spule gezogen. Da der verkettete magnetische Fluß konstant bleibt, wird die Arbeit vom Magnetfeld der Spule aufgebracht.

5. AUFGABE

Zwei gleiche, rechteckförmige Spulen mit den Windungszahlen $w_1 = w_2 = w$ und den Abmessungen a und ℓ werden unter einem rechten Winkel zu einem Kreuzrahmen montiert, der um seine Achse reibungsfrei drehbar ist. Der Kreuzrahmen befindet sich in einem homogenen, zeitlich konstanten Magnetfeld der magnetischen Flußdichte $\vec{B}$ senkrecht zur Rahmenachse. Die beiden Spulen sind elektrisch voneinander isoliert. Die eine Spule führt den Strom der Stromstärke I_1, die andere den der Stromstärke I_2 (Abb.255). Unter welchem Winkel α_0 (Abb.256) stellt sich eine Gleichgesichtslage ein? Ist diese Gleichgewichtslage stabil oder labil?

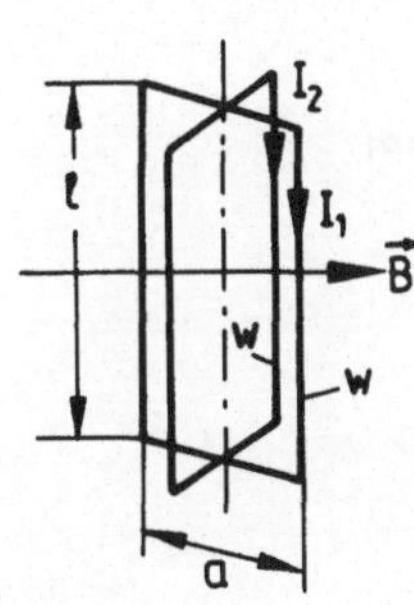

Abb.255: Kreuzrahmen.

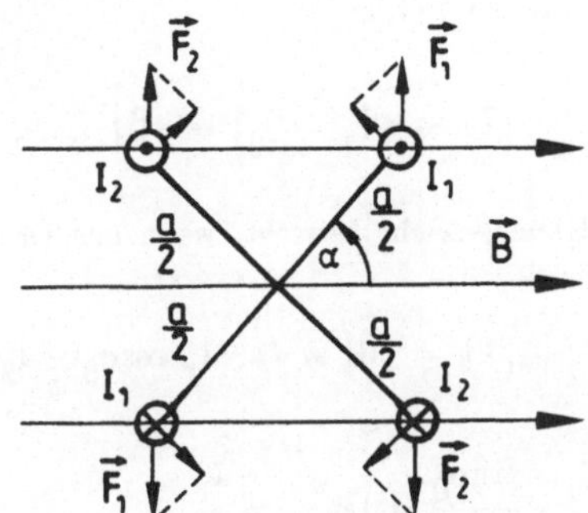

Abb.256: Aufsicht auf den Kreuzrahmen.

<u>Lösung:</u>

Auf die Leiter der Länge ℓ (Abb.255), die senkrecht zur magnetischen Flußdichte verlaufen, wirken die Kräfte $\vec{F}_1$ und $\vec{F}_2$ (Abb.256). Sie können mit Hilfe der Gl.(V.1.3)

$$\vec{F} = I(\vec{\ell} \times \vec{B})$$

berechnet werden. Die Kräfte auf die Leiter der Länge a haben die Richtung der Drehachse und ergeben somit kein Drehmoment. Die Kräfte $\vec{F}_1$ und $\vec{F}_2$ rufen je ein Drehmoment $\vec{T}_1$ und $\vec{T}_2$ hervor. Die Beträge dieser Drehmomente lassen sich aus den Kräften und dem Hebelarm der Länge a/2 bei Berücksichtigung der Strom-Bezugspfeile nach Abb.256 zu

$$|\vec{T}_1| = 2\,|\mathrm{w}\;\mathrm{I}_1\;\ell\;\tfrac{a}{2}\;\cos\alpha|\,|\vec{B}| = \mathrm{w}\,|\mathrm{I}_1|\,|\ell a|\,|\cos\alpha|\,|\vec{B}| \;,$$

$$|\vec{T}_2| = 2\,|\mathrm{w}\;\mathrm{I}_2\;\ell\;\tfrac{a}{2}\;\sin\alpha|\,|\vec{B}| = \mathrm{w}\,|\mathrm{I}_2|\,|\ell a|\,|\sin\alpha|\,|\vec{B}| \;,$$

berechnen. Das gesamte Drehmoment das auf den Rahmen wirkt (Abb.256), hat den Betrag

$$|\vec{T}| = |\vec{T}_1 - \vec{T}_2| = |\vec{B}|\;\mathrm{w}\;\ell a\;|\mathrm{I}_1\;\cos\alpha - \mathrm{I}_2\;\sin\alpha| \;.$$

Gleichgewicht herrscht, wenn das Drehmoment null ist:

$$|\vec{T}| = |\vec{B}|\;\mathrm{w}\;\ell a\;|\mathrm{I}_1\;\cos\alpha_0 - \mathrm{I}_2\;\sin\alpha_0| \stackrel{!}{=} 0 \;,$$

$$\frac{\sin\alpha_0}{\cos\alpha_0} = \tan\alpha_0 = \frac{\mathrm{I}_1}{\mathrm{I}_2} \;,$$

$$\alpha_0 = \arctan\left(\frac{\mathrm{I}_1}{\mathrm{I}_2}\right) \;.$$

Der Winkel α_0 liegt bei der Anordnung nach Abb.255 bzw. Abb.256 und positiven Stromstärken I_1, I_2 im Wertebereich $0 \leq \alpha_0 \leq \pi/2$ bzw. $\pi \leq \alpha_0 \leq 3\pi/2$. Ändert einer der Ströme seine Richtung, so nimmt α_0 Werte zwischen $\pi/2 \leq \alpha_0 \leq \pi$ und $3\pi/2 \leq \alpha_0 \leq 2\pi$ an.

Um die Art des Gleichgewichts zu bestimmen, wird der Kreuzrahmen ein wenig aus seiner Gleichgewichtslage ausgelenkt, und die dabei auftretenden Drehmomente werden untersucht. Wird der Winkel α um den Wert $d\alpha$ vergrößert, so wird bei der vorgegebenen Stromrichtung nach Abb.255 bzw.

Abb.256 und positiven Stromstärken I_1, I_2 das Drehmoment $|\vec{T}_1|$ verklei-nert, $|\vec{T}_2|$ vergrößert, falls α_0 im Bereich $0 \leq \alpha_0 \leq \pi/2$ liegt. Damit er-gibt sich ein Gesamtdrehmoment, das die Auslenkung rückgängig zu machen sucht. Die Gleichgewichtslage ist also stabil. Liegt der Winkel α_0 im Be-reich $\pi/2 \leq \alpha_0 \leq 3\pi/2$ (Abb.257), so wird das Drehmoment $|\vec{T}_1|$ wie oben verkleinert und $|\vec{T}_2|$ wie oben betragsmäßig vergrößert, doch wirken hier die Drehmomente aufgrund der Richtung der Kräfte so, daß der Rah-men weiter ausgelenkt wird und aus seiner Gleichgewichtslage läuft, die Gleichgewichtslage ist labil. Bei entgegengesetzter Stromrichtung in einer der beiden Spulen können entsprechende Überlegungen durchgeführt werden.

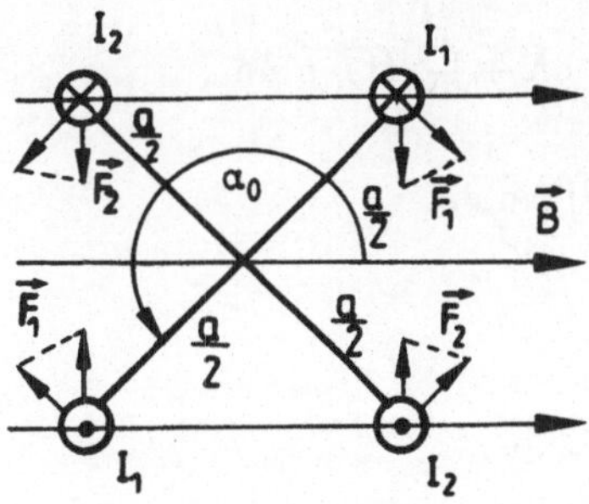

Abb.257: Zur Bestimmung der Art des Gleichgewichts.

KAPITEL VII   ZEITLICH SCHNELL VERÄNDERLICHE FELDER

VII.1 DIE MAXWELL'SCHEN GLEICHUNGEN UND DAS KONTINUITÄTSGESETZ

Bei den bisher durchgeführten Untersuchungen der elektromagnetischen Felder wurde von der Voraussetzung ausgegangen, daß die einzelnen Feldanteile von der Zeit unabhängig sind oder aber sich mit der Zeit nur wenig ändern. In diesem Kapitel sollen elektromagnetische Felder, die sich schnell mit der Zeit ändern, betrachtet werden. Das bedeutet, daß von nun an die Maxwell'schen Gleichungen in ihrer vollständigen Form, wie sie bereits in Teil I, Kapitel II angegeben wurden, berücksichtigt werden:

$$\oint_C \vec{H}\cdot d\vec{s} = \iint_A \vec{S}\cdot\vec{n}\ dA + \frac{d}{dt} \iint_A \vec{D}\cdot\vec{n}\ dA \ , \tag{VII.1.1}$$

$$\oint_C \vec{E}\cdot d\vec{s} = - \frac{d}{dt} \iint_A \vec{B}\cdot\vec{n}\ dA, \tag{VII.1.2}$$

$$\oiint_A \vec{B}\cdot\vec{n}\ dA = 0 \ , \tag{VII.1.3}$$

$$\oiint_A \vec{D}\cdot\vec{n}\ dA = \iiint_V \rho\ dV \ . \tag{VII.1.4}$$

Bei der Behandlung der schnell veränderlichen Felder wird sich zeigen, daß die Maxwell'schen Gleichungen in Differentialform mehr und mehr zur Berechnung der auftretenden Probleme herangezogen werden müssen, dagegen treten die Maxwell'schen Gleichungen in Integralform, wie sie oben aufgeschrieben wurden, immer mehr in den Hintergrund. Die vollständigen Maxwell'schen Gleichungen in Differentialform lauten:

$$\operatorname{rot}\vec{H} = \vec{S} + \frac{\partial}{\partial t} \vec{D} \ , \tag{VII.1.5}$$

$$\operatorname{rot}\vec{E} = - \frac{\partial}{\partial t} \vec{B} \ , \tag{VII.1.6}$$

$$\mathrm{div}\,\vec{B} = 0 \, , \qquad\qquad\qquad\qquad\qquad\qquad\text{(VII.1.7)}$$

$$\mathrm{div}\,\vec{D} = \rho \, . \qquad\qquad\qquad\qquad\qquad\qquad\text{(VII.1.8)}$$

Weiterhin gelten wie bisher mit beschränktem Gültigkeitsbereich die Materialgleichungen (II.13) bis (II.15) (Kapitel II, Teil I) sowie die Grenzbedingungen (II.9) bis (II.12), die in den vorangegangenen Kapiteln jeweils unter Berücksichtigung der vollständigen Maxwell'schen Gleichungen abgeleitet wurden (Kapitel III.4, Teil I, sowie Kapitel IV.3 und V.3).

In Kapitel IV über stationäre Strömungsfelder wurde das Gesetz über die Ladungserhaltung (Gl.(IV.2.3)) in der Form

$$\oiint_A \vec{S}\cdot\vec{n} \ dA = 0 \qquad\qquad\qquad\qquad\qquad\text{(VII.1.9)}$$

abgeleitet. Dieses Gesetz ist nur dann richtig, wenn die Stromdichte $\vec{S}$ stationär, d.h. von der Zeit unabhängig ist. Das Gesetz besagt, daß in jedem Zeitpunkt soviele Ladungen, wie pro Zeiteinheit in ein von einer geschlossenen Hülle berandetes Volumen eintreten, wieder austreten (müssen). Das heißt, im Innern des Volumens befinden sich immer gleich viele Ladungen, die Gesamtladung innerhalb des Volumens ist konstant.

Dieses Gesetz ist in der oben angegebenen Form nicht mehr richtig, wenn zeitlich veränderliche Stromdichtefelder zugelassen werden. Wie aus der Erfahrung bekannt ist, ist es in endlichen Zeitabschnitten durchaus möglich, mehr Ladungen in ein Volumen zu bringen, als wieder aus dem Volumen austreten (z. B. Aufladen eines Kondensators). Das heißt, für die zeitabhängigen Stromdichtefelder muß das Gesetz über die Erhaltung der Ladung neu formuliert werden. Dazu wird von der ersten Maxwell'schen Gleichung (Gl.(VII.1.1)) ausgegangen. Werden die Flächenintegrale der rechten Seite von Gl.(VII.1.1) über eine geschlossene Fläche berechnet, so schrumpft der Berandungsweg dieser Fläche zu einem Punkt zusammen

(Kriterium einer geschlossenen Hülle ist, daß sie keine Randkurve besitzt, über die hinweg man von einer Seite auf die andere Seite der Hüllfläche gelangen kann, Abb.258).

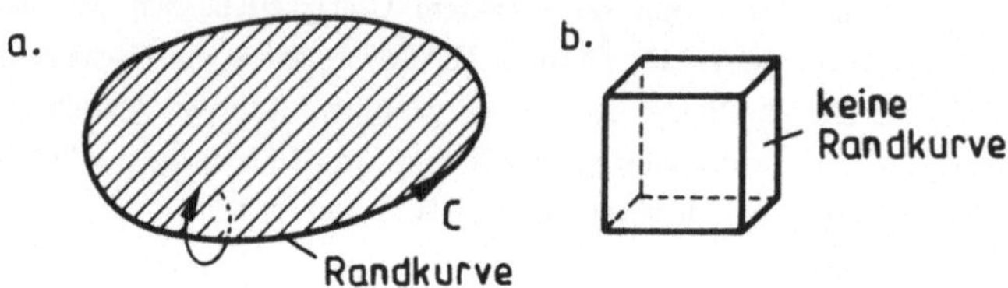

Abb.258: Offene (a) und geschlossene (b) Fläche.

Das heißt, das Linienintegral über die magnetische Erregung (Feldstärke) verschwindet und es gilt:

$$\oiint_A \vec{S}\cdot\vec{n}\ dA + \frac{d}{dt}\oiint_A \vec{D}\cdot\vec{n}\ dA = 0\ ,$$

$$\oiint_A \vec{S}\cdot\vec{n}\ dA = -\frac{d}{dt}\oiint_A \vec{D}\cdot\vec{n}\ dA = -\frac{dQ}{dt}\ . \tag{VII.1.10}$$

Diese Gleichung sagt aus, daß das Hüllenintegral über die Stromdichte $\vec{S}$, dessen Wert gleich dem gesamten Strom ist, der aus dem Volumen durch die Hüllfläche austritt, gleich der zeitlichen Abnahme der Ladungen innerhalb des von der Hüllfläche umschlossenen Volumens V ist. Fließt also ein Strom in das Volumen, so wird die in der Hülle gespeicherte Ladung vergrößert (Aufladung), fließt ein Strom aus dem Volumen, so wird die innerhalb der Hülle gespeicherte Ladung verringert (Entladung). Sind die auftretenden Felder zeitunabhängig, so wird die Ableitung nach der Zeit in Gl.(VII.1.10) den Wert null ergeben und Gl.(VII.1.10) geht in Gl.(VII.1.9) für die stationären Strömungsfelder über.

Aus Gl.(VII.1.10) folgt durch Umformung mit Hilfe des Gauß'schen Satzes:

$$\oiint_A (\vec{S} + \tfrac{\partial}{\partial t} \vec{D}) \cdot \vec{n}\; dA = \iiint_V \operatorname{div}(\vec{S} + \tfrac{\partial}{\partial t} \vec{D})\, dV = 0\ .$$

Bei der Umwandlung wurden Differentiation und Integration im Integral über die elektrische Erregung miteinander vertauscht. Da die elektrische Erregung auch eine Funktion der Ortskoordinaten ist, geht die vollständige Differentiation (das Integral hängt nur von der Zeit ab) in eine partielle Differentiation nach der Zeit über. Es wird eine neue "Gesamtstromdichte $\vec{S}_{ges}$":

$$\vec{S}_{ges} = \vec{S} + \tfrac{\partial}{\partial t} \vec{D} \qquad\qquad\qquad (VII.1.11)$$

eingeführt, für die dann wieder die Gesetze

$$\oiint_A \vec{S}_{ges} \cdot \vec{n}\; dA = 0 \qquad\qquad\qquad (VII.1.12)$$

bzw.

$$\operatorname{div} \vec{S}_{ges} = 0 \qquad\qquad\qquad (VII.1.13)$$

gelten. Der Anteil

$$\vec{S}_v = \tfrac{\partial}{\partial t} \vec{D} \qquad\qquad\qquad (VII.1.14)$$

an der gesamten Stromdichte wird die Erregungsstromdichte bzw. Verschiebungsstromdichte genannt. Da die Gesamtstromdichte divergenzfrei (quellenfrei) ist, sind die Feldlinien der Gesamtstromdichte immer geschlossene Linien. Dies läßt sich sehr anschaulich an einem Stromkreis mit einem Kondensator demonstrieren (Abb.259). Innerhalb der Leiter und innerhalb des Generators tritt eine Stromdichte $\vec{S}$ (Leitungsstromdichte) auf, hier ist die Erregungsstromdichte vernachlässigbar klein. Zwischen den Platten des Kondensators, wo keine Leitungsstromdichte auftreten kann, übernimmt die Erregungsstromdichte den "Ladungstransport" und die Stromdichte $\vec{S}$ ist null.

Wird die durch die in Abb.259 eingezeichnete, geschlossene Hülle tretende elektrische Stromstärke berechnet, so läßt sich das Gesetz Gl.(VII.1.10) direkt ableiten.

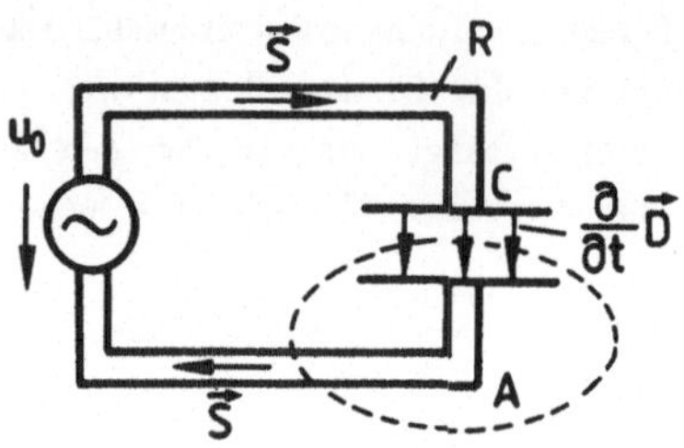

Abb.259: Zur Gesamtstromdichte.

Wird Gl.(VII.1.10) mit Hilfe des Gauß'schen Satzes in der Form

$$\oiint_A \vec{S}\cdot\vec{n}\ dA = \iiint_V \text{div}\vec{S}\ dV = -\frac{d}{dt}\oiint_A \vec{D}\cdot\vec{n}\ dA = -\frac{d}{dt}\iiint_V \rho\ dV$$

geschrieben, so folgt aus der Gleichheit der beiden Volumenintegrale und der Gleichheit der Integrationsvolumina der Zusammenhang

$$\text{div}\vec{S} + \frac{\partial\rho}{\partial t} = 0\ , \qquad\qquad (VII.1.15)$$

der auch als Kontinuitätsgesetz bezeichnet wird. Gl.(VII.1.15) sagt in der Form

$$\text{div}\vec{S} = -\frac{\partial\rho}{\partial t}$$

aus, daß in jedem Punkt des Raumes eine Abnahme der Raumladungsdichte ρ einer Quelle des Stromdichtefeldes entspricht, d. h. wird die Raumladungsdichte ρ im betrachteten Punkt in Abhängigkeit von der Zeit kleiner, so entspringt in diesem Punkt eine Feldlinie der Stromdichte (Quellfunktion). Nimmt die Raumladungsdichte in dem Punkt mit der Zeit zu, so enden in dem Punkt Feldlinien der Stromdichte (Senkenfunktion). Damit ist Gl.(VII.1.15) eine andere Darstellung des Ladungserhaltungsgesetzes (Energieerhaltungsgesetz).

Wird ein homogenes, isotropes Medium mit konstanter Leitfähigkeit κ und Permittivität ϵ betrachtet, so kann das oben stehende Gesetz in der Form

$$\frac{\partial \rho}{\partial t} + \kappa \ \mathrm{div}\vec{E} = \frac{\partial \rho}{\partial t} + \frac{\kappa}{\epsilon} \ \mathrm{div}\vec{D} = 0 \ ,$$

$$\frac{\partial \rho}{\partial t} + \frac{\kappa}{\epsilon} \ \rho = 0 \qquad\qquad\qquad (VII.1.16)$$

umgeschrieben werden. Diese Gleichung gestattet, den zeitlichen Verlauf einer im Material der Leitfähigkeit κ und der Permittivität ϵ aufgebauten Ladungsverteilung zu bestimmen. Eine Lösung dieser Differentialgleichung im unendlich ausgedehnten Raum lautet

$$\rho(t) = \rho_0 \ e^{-\frac{t}{\epsilon/\kappa}} = \rho_0 \ e^{-\frac{t}{\tau}}$$

mit $\tau = \epsilon/\kappa$ der sogenannten Relaxationszeit. Die Lösung sagt aus, daß eine räumlich vorgegebene Raumladungsverteilung ρ_0 in jedem Punkt eines leitfähigen Raumes nach einer Exponentialfunktion mit der Zeit abklingt, weil die Ladungsträger in dem Material aufgrund der zwischen ihnen wirkenden Abstoßungskräfte mit der Zeit "auseinanderdriften" und damit die Größe der Raumladungsdichte in jedem betrachteten Punkt laufend kleiner wird.

Aus dieser Lösung kann z. B. geschlossen werden, daß für einen guten Leiter (z. B. Silber) die Relaxationszeit (das ist die Zeit, in der die Raumladungsdichte in einem Punkt auf den 1/e-ten Teil ihres Ursprungswertes abgefallen ist) so klein ist, daß bis zu höchsten Frequenzen, die in der

Elektrotechnik interessant sind ($f = 10^{14}$ Hz = 100 THz), die Ladungsträger immer so schnell im Material verschoben werden können, daß das Material als feldfrei angesehen werden kann (vgl. Kapitel III.3, Teil I, S.78).

VII.2   DER POYNTING'SCHE SATZ

Die Maxwell'schen Gleichungen geben die Zusammenhänge zwischen den Feldgrößen der elektrischen und magnetischen Felder an. Sie geben ferner einen Aufschluß über die Energieverteilung und den Energietransport dieser Felder im Raum. Um eine Aussage über die Zusammenhänge zwischen den in den Feldern gespeicherten Energien, der in Wärme umgesetzten Leistung und der in Form von elektromagnetischen Wellen transportierten Energie zu erhalten, wird von den vollständigen Maxwell'schen Gleichungen in Differentialform für ein homogenes, isotropes Medium der Leitfähigkeit κ, der Permittivität ϵ und der Permeabilität μ

$$\text{rot}\vec{H} = \kappa\vec{E} + \epsilon\,\frac{\partial\vec{E}}{\partial t}\ \big|\cdot\vec{E}\ ,$$

$$\text{rot}\vec{E} = -\,\mu\,\frac{\partial\vec{H}}{\partial t}\ \big|\cdot(-\vec{H}) \tag{VII.2.1}$$

ausgegangen. Die erste Gleichung wird skalar mit $\vec{E}$, die zweite skalar mit $(-\vec{H})$ multipliziert, sodann werden beide Gleichungen addiert. Daraus ergibt sich der Zusammenhang:

$$\vec{E}\cdot\text{rot}\vec{H} - \vec{H}\cdot\text{rot}\vec{E} = \kappa\ \vec{E}\cdot\vec{E} + \epsilon\ \vec{E}\cdot\frac{\partial\vec{E}}{\partial t} + \mu\ \vec{H}\cdot\frac{\partial\vec{H}}{\partial t}\ . \tag{VII.2.2}$$

Wird von der Vektoridentität Gl.(I.15.14), Teil I

$$\vec{E}\cdot\text{rot}\vec{H} - \vec{H}\cdot\text{rot}\vec{E} = -\,\text{div}(\vec{E}\times\vec{H})$$

Gebrauch gemacht, wird ferner berücksichtigt, daß

$$\epsilon\, \vec{E}\cdot \frac{\partial \vec{E}}{\partial t} = \frac{\epsilon}{2} \frac{\partial}{\partial t} (\vec{E}\cdot\vec{E}), \qquad \mu\, \vec{H}\cdot \frac{\partial \vec{H}}{\partial t} = \frac{\mu}{2} \frac{\partial}{\partial t} (\vec{H}\cdot\vec{H})$$

ist, so kann der abgeleitete Zusammenhang (VII.2.2) in der Form

$$-\mathrm{div}(\vec{E} \times \vec{H}) = \kappa\, \vec{E}\cdot\vec{E} + \frac{\epsilon}{2} \frac{\partial}{\partial t} (\vec{E}\cdot\vec{E}) + \frac{\mu}{2} \frac{\partial}{\partial t} (\vec{H}\cdot\vec{H}) \qquad (VII.2.3)$$

angegeben werden. Um diese Gleichung physikalisch anschaulich interpretieren zu können, wird ein beliebiges begrenztes Volumen V, in dem ein elektromagnetisches Feld auftritt, betrachtet. Gl.(VII.2.3) wird über dieses Volumen integriert:

$$-\iiint_V \mathrm{div}(\vec{E} \times \vec{H})\mathrm{d}V = \iiint_V \kappa\, \vec{E}\cdot\vec{E}\ \mathrm{d}V +$$

$$+ \frac{\mathrm{d}}{\mathrm{d}t} \iiint_V \frac{\epsilon}{2} (\vec{E}\cdot\vec{E})\mathrm{d}V + \frac{\mathrm{d}}{\mathrm{d}t} \iiint_V \frac{\mu}{2} (\vec{H}\cdot\vec{H})\mathrm{d}V$$

und auf das Volumenintegral der linken Seite der Gauß'sche Satz angewendet. Damit ergibt sich der hier interessierende Zusammenhang:

$$\oiint_A (\vec{E} \times \vec{H})\cdot\vec{n}\ \mathrm{d}A + \iiint_V \kappa(\vec{E}\cdot\vec{E})\mathrm{d}V =$$

$$= - \frac{\mathrm{d}}{\mathrm{d}t} \iiint_V \frac{\epsilon}{2} (\vec{E}\cdot\vec{E})\mathrm{d}V - \frac{\mathrm{d}}{\mathrm{d}t} \iiint_V \frac{\mu}{2} (\vec{H}\cdot\vec{H})\mathrm{d}V\ . \qquad (VII.2.4)$$

In der abgeleiteten Gleichung (VII.2.4) treten drei Terme auf, die bereits früher berechnet worden sind. So stellt das Volumenintegral der linken Seite die im Volumen V in Wärme umgesetzte elektrische Leistung dar (vgl. Kapitel IV.2, Gl.(IV.2.16)). Das erste Volumenintegral der rechten Seite beschreibt nach Gl.(III.13.16), Teil I den Energieinhalt des elektrischen Feldes, das zweite Volumenintegral der rechten Seite gibt entsprechend den Energieinhalt des magnetischen Feldes an (Gl.(VI.4.8)). Damit kann Gl.(VII.2.4) auch in der Form

$$\oiint_A (\vec{E} \times \vec{H}) \cdot \vec{n} \; dA + P_v = -\frac{d}{dt} (W_{el} + W_{magn}) \qquad \text{(VII.2.5)}$$

geschrieben werden und gestattet in dieser Form eine Interpretation der Beziehung als Leistungsbilanz. Die Gleichung sagt aus, daß die Abnahme des Energieinhalts des elektrischen und des magnetischen Feldes im Volumen V gleich der Summe von in Wärme umgesetzter Verlustleistung P_v und einem weiteren Verlustanteil ist, der durch das Flächenintegral auf der linken Seite der Gl.(VII.2.5) beschrieben wird. Der unter dem Flächenintegral auftretende Vektor

$$\vec{S}_p = (\vec{E} \times \vec{H}) \qquad \text{(VII.2.6)}$$

beschreibt die in Form von elektromagnetischer Strahlung durch die Hüllfläche A des Volumens V ausströmende Leistung pro Flächeninhalt. Der Vektor $\vec{S}_p$, genannt der Poynting'sche Vektor, ermöglichst es, die in Form von elektromagnetischen Wellen auftretende Strömung der Energie pro Zeit- und Flächeneinheit zu berechnen; er kennzeichnet den Transport der Energie in Form von elektromagnetischen Wellen im Raum nach Betrag und Richtung.

VII.3   DIE WELLENGLEICHUNG

Betrachtet wird ein homogenes, isotropes Medium mit der Permittivität ϵ, der Permeabilität μ und der Leitfähigkeit κ. Es soll angenommen werden, daß in dem betrachteten Raumgebiet keine Raumladungen auftreten ($\rho = 0$). Dann kann aus den Maxwell'schen Gleichungen für dieses Raumgebiet:

$$\text{rot}\vec{H} = \kappa \vec{E} + \frac{\partial}{\partial t} (\epsilon \vec{E}), \qquad \mu \, \text{div}\vec{H} = 0 \, ,$$

$$\text{rot}\vec{E} = -\frac{\partial}{\partial t} (\mu \vec{H}), \qquad \epsilon \, \text{div}\vec{E} = 0 \qquad \text{(VII.3.1)}$$

durch nochmalige Rotationsbildung jeweils eine Differentialgleichung für die elektrische oder die magnetische Feldstärke abgeleitet werden. Wird z. B. von der zweiten Maxwell'schen Gleichung nochmals die Rotation gebildet, so gilt unter Verwendung der Vektoridentität Gl.(I.15.22), Teil I und nach Vertauschung der Differentiationen:

$$\mathrm{rotrot}\vec{E} = -\frac{\partial}{\partial t}\left(\mu\,\mathrm{rot}\vec{H}\right)\ ,$$

$$\mathrm{graddiv}\vec{E} - \Delta\vec{E} = -\frac{\partial}{\partial t}\left(\mu\,\mathrm{rot}\vec{H}\right)\ .$$

Die auf der rechten Seite der Gleichung auftretende Rotation der magnetischen Erregung wird aus der ersten Maxwell'schen Gleichung ersetzt, ferner wird berücksichtigt, daß die elektrische Erregung, damit im isotropen, homogenen Medium auch die elektrische Feldstärke, divergenzfrei ist ($\rho = 0$). Das heißt, es gilt:

$$-\Delta\vec{E} = -\frac{\partial}{\partial t}\left(\mu\kappa\vec{H}\right) = -\frac{\partial}{\partial t}\left(\mu\kappa\vec{E}\right) - \frac{\partial^2}{\partial t^2}\left(\mu\epsilon\vec{E}\right)\ ,$$

$$\Delta\vec{E} - \mu\kappa\,\frac{\partial}{\partial t}\,\vec{E} - \mu\epsilon\,\frac{\partial^2}{\partial t^2}\,\vec{E} = \vec{0}\ , \qquad \mathrm{div}\vec{E} = 0\ . \tag{VII.3.2}$$

Die Bedingung der Divergenzfreiheit der Felder, die vorausgesetzt war, ist in der abgeleiteten Differentialgleichung nicht mehr enthalten. sie muß daher beim Bestimmen der Lösung speziell berücksichtigt werden.

Wird entsprechend von der ersten Maxwell'schen Gleichung nochmals die Rotation gebildet, so kann eine entsprechende Gleichung für die magnetische Erregung abgeleitet werden:

$$\Delta\vec{H} - \mu\kappa\,\frac{\partial}{\partial t}\,\vec{H} - \mu\epsilon\,\frac{\partial^2}{\partial t^2}\,\vec{H} = \vec{0}, \qquad \mathrm{div}\vec{H} = 0\ . \tag{VII.3.3}$$

Es ist zu beachten, daß die elektrische Feldstärke und die magnetische Erregung in den beiden Differentialgleichungen (VII.3.2) und (VII.3.3) voneinander unabhängig auftreten, während sie in den Maxwellschen Gleichungen immer voneinander abhängig sind. Aus diesem Grund darf immer nur eine der beiden Differentialgleichungen, z. B. die Gleichung für die elektrische Feldstärke, zur Berechnung der Felder herangezogen werden. Die zugehörige magnetische Erregung muß dann immer mit Hilfe einer der Maxwell'schen Gleichungen gefunden werden.

Besitzt das Material keine Leitfähigkeit ($\kappa = 0$), so reduzieren sich die Differentialgleichungen auf die Form:

$$\Delta\vec{E} - \mu\epsilon\,\frac{\partial^2}{\partial t^2}\,\vec{E} = \vec{0}\;, \qquad\qquad \mathrm{div}\vec{E} = 0\;, \qquad\qquad (\text{VII.3.4})$$

$$\Delta\vec{H} - \mu\epsilon\,\frac{\partial^2}{\partial t^2}\,\vec{H} = \vec{0}\;, \qquad\qquad \mathrm{div}\vec{H} = 0\;. \qquad\qquad (\text{VII.3.5})$$

Diese Gleichungen werden als Wellen- oder Schwingungsgleichungen bezeichnet. Sie beschreiben alle in einem homogenen, isotropen Medium ohne Leitfähigkeit und Raumladung auftretenden Wellen- oder Schwingungsvorgänge.

Die einfachste Form einer möglichen Wellenausbreitung ist die Ausbreitung in Form einer ebenen Welle. Eine ebene Welle hat Felder, die nur von einer Ortskoordinate z. B. x und der Zeit t abhängen. Eine solche ebene Welle kann durch eine beliebige Funktion der Form (z. B. für die elektrische Feldstärke)

$$\vec{E} = \vec{E}_{01} f(x-vt)$$

oder der Form

$$\vec{E} = \vec{E}_{02} g(x+vt)$$

beschrieben werden. Soll das Feld Gl.(VII.3.4) genügen, so muß speziell $\mathrm{div}\vec{E} = 0$ gelten:

$$\mathrm{div}\vec{E} = \frac{\partial E_x}{\partial x} + \frac{\partial E_y}{\partial y} + \frac{\partial E_z}{\partial z} = \frac{dE_x}{dx} = 0\;,$$

weil das Feld nur von der Ortskoordinate x abhängen soll. Damit kann die Komponente E_x keine Funktion von x sein und wird deshalb hier nicht weiter berücksichtigt, d. h. es wird $E_x = 0$ gewählt. Also ist $\vec{E}_0$ ein elektrisches Feld transversal zur x-Richtung mit y- und z-Komponente. v ist eine noch zu bestimmende Konstante. Wird ein Lösungsansatz

$$\vec{E} = \vec{E}_{01} f(x-vt) + \vec{E}_{02} g(x+vt) \qquad (VII.3.6)$$

in die Differentialgleichung (VII.3.4) eingesetzt, so gilt wegen des Lösungsansatzes: $\Delta = \partial^2/\partial x^2$ und wegen

$$\frac{\partial^2}{\partial x^2} \vec{E} = \vec{E}_{01} f''(x-vt) + \vec{E}_{02} g''(x+vt) \ ,$$

$$\frac{\partial^2}{\partial t^2} \vec{E} = \vec{E}_{01} v^2 f''(x-vt) + \vec{E}_{02} v^2 g''(x+vt)$$

mit f'', g'' der zweifachen Ableitung der Funktionen nach ihrem gesamten Argument (x-vt) bzw. (x+vt), die Bestimmungsgleichung für v^2:

$$\vec{E}_{01} f''(x-vt) - \mu\epsilon v^2 \ \vec{E}_{01} f''(x-vt) = \vec{0} \ ,$$

$$\vec{E}_{02} g''(x+vt) - \mu\epsilon v^2 \ \vec{E}_{02} g''(x+vt) = \vec{0}$$

$$v^2 = \frac{1}{\epsilon\mu} \ , \qquad v = \frac{1}{\sqrt{\epsilon\mu}} \ . \qquad (VII.3.7)$$

v ist die Phasengeschwindigkeit, mit der sich die Feldverteilung in x-Richtung ausbreitet (Abb.260). Die Funktion f(x-vt) beschreibt eine Welle, die sich mit der Geschwindigkeit v in positiver x-Richtung ausbreitet, die Funktion g(x+vt) dagegen beschreibt eine Welle in negativer x-Richtung.

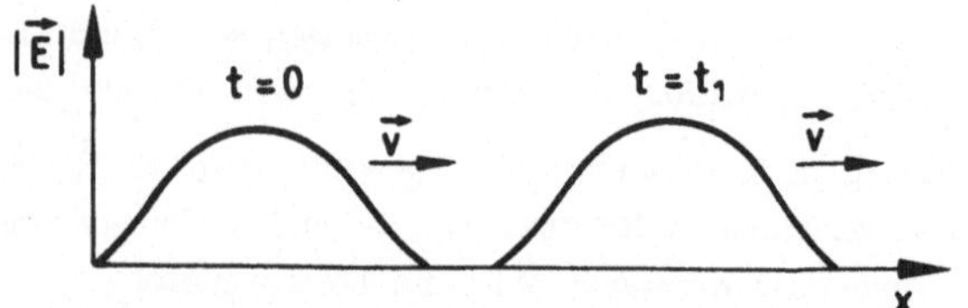

Abb.260: Feldverteilung einer sich in positiver x-Richtung
ausbreitenden Welle zu verschiedenen Zeitpunkten.

Aus dem Lösungsansatz für die elektrische Feldstärke (VII.3.6) kann
mit Hilfe der zweiten Maxwell'schen Gleichung

$$\mathrm{rot}\,\vec{E} = - \mu\, \frac{\partial \vec{H}}{\partial t}\,,$$

$$\frac{\partial \vec{H}}{\partial t} = - \frac{1}{\mu}\, \mathrm{rot}\,\vec{E}$$

zunächst die nach der Zeit differenzierte magnetische Erregung und dann
durch Integration nach der Zeit die magnetische Erregung selbst abgeleitet
werden. Da die Felder nur von der Ortskoordinate x abhängen und da die
elektrische Feldstärke nur eine y- und eine z-Komponente besitzt, reduziert
sich die Rotationsbildung (vgl. Gl.(I.11.5), Teil I) auf:

$$\mathrm{rot}\,\vec{E} = \begin{vmatrix} \vec{e}_x & \vec{e}_y & \vec{e}_z \\ \dfrac{\partial}{\partial x} & 0 & 0 \\ 0 & E_y & E_z \end{vmatrix} = \frac{\partial E_y}{\partial x}\,\vec{e}_z - \frac{\partial E_z}{\partial x}\,\vec{e}_y\,.$$

Damit folgt

$$\frac{\partial \vec{H}}{\partial t} = - \frac{1}{\mu}\left\{\, E_{01y}f'(x\text{-}vt) + E_{02y}g'(x\text{+}vt)\,\right\}\vec{e}_z$$

$$+ \frac{1}{\mu}\left\{\, E_{01z}f'(x\text{-}vt) + E_{02z}g'(x\text{+}vt)\,\right\}\vec{e}_y\,.$$

Durch Integration nach der Zeit ergibt sich dann unter Vernachlässigung der auftretenden, von der Zeit unabhängigen "Integrationskonstanten", d. h. der von der Raum- und der Zeitkoordinate unabhängigen Feldlösungen, die hier nicht diskutiert werden sollen:

$$\vec{H} = \frac{1}{\mu v} \left\{ E_{01y} f(x-vt) - E_{02y} g(x+vt) \right\} \vec{e}_z$$

$$- \frac{1}{\mu v} \left\{ E_{01z} f(x-vt) - E_{02z} g(x+vt) \right\} \vec{e}_y \ .$$

Der Faktor

$$Z_F = \mu v = \frac{\mu}{\sqrt{\mu\epsilon}} = \sqrt{\frac{\mu}{\epsilon}} \qquad\qquad (VII.3.8)$$

wird als der Feldwellenwiderstand des Raumes mit der Permeabilität μ und der Permittivität ϵ bezeichnet. Wird er eingeführt, so können die Felder der hier berechneten ebenen Wellen in der Form

$$\vec{E} = \left\{ E_{01y} f(x-vt) + E_{02y} g(x+vt) \right\} \vec{e}_y +$$

$$\left\{ E_{01z} f(x-vt) + E_{02z} g(x+vt) \right\} \vec{e}_z \ , \qquad\qquad (VII.3.9)$$

$$\vec{H} = - \frac{1}{Z_F} \left\{ E_{01z} f(x-vt) - E_{02z} g(x+vt) \right\} \vec{e}_y +$$

$$+ \frac{1}{Z_F} \left\{ E_{01y} f(x-vt) - E_{02y} g(x+vt) \right\} \vec{e}_z \qquad\qquad (VII.3.10)$$

geschrieben werden. Es zeigt sich, daß (z. B. für $E_{01z} = E_{02z} = 0$) Felder mit nur einer E_y- und einer H_z-Komponente oder aber auch nur mit einer E_z- und einer H_y-Komponente (für $E_{0y1} = E_{0y2} = 0$) existieren können. Die Feldkomponenten liegen alle in der Ebene transversal zur Wellenausbreitungsrichtung x. Wellenausbreitung ist sowohl in positiver x-Richtung (beschrieben durch die Funktion f(x-vt)) als auch in negativer x-Richtung (beschrieben durch die Funktion g(x+vt)) möglich.

VII.4 FELDER MIT HARMONISCHER ZEITABHÄNGIGKEIT

Betrachtet wird eine skalare physikalische Größe

$$\rho(x,\ y,\ z,\ t) = \hat{\rho}(x,\ y,\ z)\ \cos[\omega t + \phi(x,\ y,\ z)]$$

mit einer cosinusförmigen (harmonischen) Zeitabhängigkeit der Kreisfrequenz ω, dem Scheitelwert $\hat{\rho}(x,y,z)$ und mit dem Nullphasenwinkel $\phi(x,y,z)$. Die Größen $\hat{\rho}(x,y,z)$ und $\phi(x,y,z)$ haben eine beliebige (stückweise stetige) Abhängigkeit von den Raumkoordinaten x,y,z. Die hamonische Zeitabhängigkeit der Größe $\rho(x,y,z,t)$ kann auch durch eine Exponentialfunktion beschrieben werden:

$$\rho(x,\ y,\ z,\ t) = \mathrm{Re}\left\{\ \hat{\rho}\ e^{j\phi}\ e^{j\omega t}\ \right\}$$

geschrieben werden, wobei die Größen

$$\hat{\rho} = \hat{\rho}(x,\ y,\ z)\ , \qquad \phi = \phi(x,\ y,\ z)$$

nicht mehr von der Zeit abhängen, also reine Funktionen der Ortskoordinaten sind. Wird als

$$\underline{\rho}(x,\ y,\ z) = \hat{\rho}(x,\ y,\ z)\ e^{j\phi(x,\ y,\ z)}$$

eine komplexe Größe gekennzeichnet, so läßt sich die oben eingeführte Größe schließlich auch als

$$\rho(x,\ y,\ z,\ t) = \mathrm{Re}\left\{\ \underline{\rho}(x,\ y,\ z)\ e^{j\omega t}\ \right\} \tag{VII.4.1}$$

angeben. Werden demnach Größen behandelt, die eine harmonische Zeitabhängigkeit besitzen, so genügt zu ihrer Kennzeichnung alleine die Angabe der eingeführten, komplexen Größe $\underline{\rho}$, die auch als komplexer Zeiger der skalaren Größe $\rho(x,y,z,t)$ bezeichnet wird (vgl. komplexe Berechnung von Wechselstromschaltungen, z. B. [b.58]), falls die Kreisfrequenz ω bekannt ist.

Wird eine Vektorgröße $\vec{E}$ betrachet, deren drei Komponenten die gleiche Zeitabhängigkeit haben, wie die oben betrachtete skalare Funktion $\rho(x,y,z,t)$, so sind die Feldkomponenten demnach harmonische Funktionen der Zeit und sie lassen sie sich in der Form

$$\vec{E} = E_x \vec{e}_x + E_y \vec{e}_y + E_z \vec{e}_z = \vec{E}(x,\ y,\ z,\ t)\ ,$$

$$E_x = \mathrm{Re}\left\{ \underline{E}_x e^{j\omega t} \right\}\ ,\quad E_y = \mathrm{Re}\left\{ \underline{E}_y e^{j\omega t} \right\}\ ,\quad E_z = \mathrm{Re}\left\{ \underline{E}_z e^{j\omega t} \right\}$$

schreiben. Hierin sind $\underline{E}_x$, $\underline{E}_y$ und $\underline{E}_z$ die komplexen Zeiger der drei Feldkomponenten E_x, E_y und E_z. Diese drei komplexen Größen lassen sich wieder als Vektor schreiben, indem die drei Anteile in der Form

$$\underline{\vec{E}}(x,\ y,\ z) = \underline{E}_x \vec{e}_x + \underline{E}_y \vec{e}_y + \underline{E}_z \vec{e}_z$$

zusammengefaßt werden. Dieser komplexe Vektor hat zunächst keine physikalische Bedeutung, er ist nur eine Rechengröße. Der komplexe Vektor wird auch als komplexer Vektorzeiger bezeichnet. Aus ihm läßt sich der gesuchte, reelle, physikalische Vektor durch die Realteilbildung

$$\vec{E}(x,\ y,\ z,\ t) = \mathrm{Re}\left\{ \underline{E}(x,\ y,\ z)\ e^{j\omega t} \right\} =$$

$$= \mathrm{Re}\left\{ \underline{E}_x e^{j\omega t} \right\} \vec{e}_x + \mathrm{Re}\left\{ \underline{E}_y e^{j\omega t} \right\} \vec{e}_y + \mathrm{Re}\left\{ \underline{E}_z e^{j\omega t} \right\} \vec{e}_z$$

$$(\mathrm{VII}.4.2)$$

bestimmen.

Die Einführung der komplexen Feldgrößen erleichtert die Berechnung von Feldproblemen mit harmonischer Zeitabhängigkeit, weil die in den Maxwell'schen Gleichungen auftretenden Differentiationen nach der Zeit in eine einfache Multiplikation mit dem Faktor $j\omega$ übergehen. Da die Maxwell'schen Gleichungen linear sind und ferner die imaginäre Einheit j nicht explizit enthalten, kann geschlossen werden, daß der Real- und Imaginärteil einer komplexen Lösung der Maxwell'schen Gleichungen ebenfalls Lösungen der Maxwell'schen Gleichungen sind. Es wird daher kein Fehler gemacht, wenn zunächst ein komplexes Vektorfeld als Lösung der Maxwell'schen Gleichung bestimmt wird und hieraus als physikalisch interessante Lösung durch Realteilbildung wieder ein reelles Vektorfeld berechnet wird.

Die komplexen Feldkomponenten $\underline{E}_x$, $\underline{E}_y$ und $\underline{E}_z$ besitzen je einen Real- und Imaginärteil. Das bedeutet, auch der komplexe Gesamtvektor $\underline{\vec{E}}$ läßt sich in einen Real- und einen Imaginärteil aufspalten:

$$\underline{E}_x = E_{xr} + jE_{xi}, \qquad \underline{E}_y = E_{yr} + jE_{yi}, \qquad \underline{E}_z = E_{zr} + jE_{zi} \ ,$$

$$\underline{\vec{E}} = (E_{xr}\vec{e}_x + jE_{xi}\vec{e}_x + E_{yr}\vec{e}_y + jE_{yi}\vec{e}_y + E_{zr}\vec{e}_z + jE_{zi}\vec{e}_z) \ ,$$

$$\underline{\vec{E}} = \vec{E}_r + j\vec{E}_i \ .$$

Das heißt weiterhin, auch der komplexe Vektorzeiger $\underline{\vec{E}}$ kann eindeutig in einen Real- und einen Imaginärteil zerlegt werden, aus denen sich der reelle, physikalisch sinnvolle Vektor $\vec{E}$ als

$$\mathrm{Re}\left\{ (\vec{E}_r + j\vec{E}_i)e^{j\omega t} \right\} = \vec{E}_r \cos(\omega t) - \vec{E}_i \sin(\omega t) \qquad (\text{VII.4.3})$$

berechnet. Da $\vec{E}_r$ und $\vec{E}_i$ zwei beliebige, reelle Vektoren im Raum sind, besagt Gl.(VII.4.3), daß sich der Endpunkt des Vektors $\vec{E}$ immer auf einer Ellipse im Raum bewegt. Diese Eigenschaft des Feldvektors wird auch so ausgedrückt: Der Feldvektor $\vec{E}$ ist elliptisch polarisiert (dieser Begriff der Polarisation eines Vektorfeldes darf nicht mit dem Begriff der dielektrischen Polarisation, vgl. Kapitel III.7, Teil I, Gl.(III.7.6) verwechselt werden). Für den Spezialfall, daß $|\vec{E}_r| = |\vec{E}_i|$ ist und $\vec{E}_r$ senkrecht auf $\vec{E}_i$ steht, geht die elliptische Polarisation in eine zirkulare Polarisation über, der Endpunkt des Feldvektors bewegt sich immer auf einem Kreis. Ist $\vec{E}_r$ oder $\vec{E}_i$ gleich null, so bewegt sich der Endpunkt des Vektors in Abhängigkeit von der Zeit immer auf einer Geraden, der Feldvektor ist linear polarisiert (Abb.261).

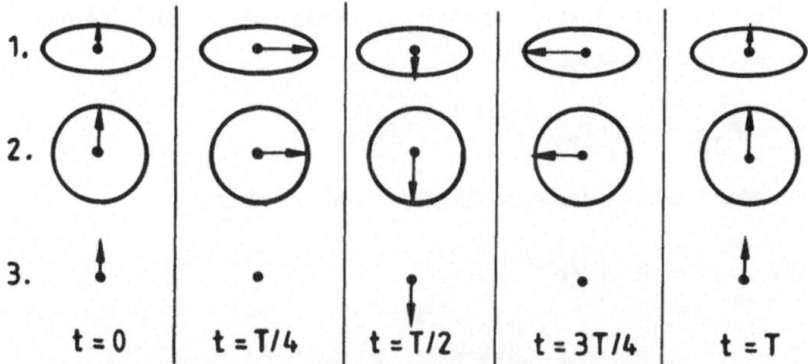

Abb.261: Elliptische (1), zirkulare (2) und lineare (3) Polarisation eines Feldvektors, T = Periodendauer = $2\pi/\omega$.

Für die komplexen Felder mit einer harmonischen Zeitabhängigkeit, beschrieben durch die Funktion $e^{j\omega t}$, nehmen die Differentialgleichungen für die elektrische Feldstärke und die magnetische Erregung die Form (vgl. Gl.(VII.3.2) und Gl.(VII.3.3)):

$$\Delta \underline{\vec{E}} - j\omega\mu\kappa\underline{\vec{E}} + \omega^2\epsilon\mu\underline{\vec{E}} = \vec{0} \, , \qquad \text{div } \underline{\vec{E}} = 0 \, ,$$

$$\Delta \underline{\vec{H}} - j\omega\mu\kappa\underline{\vec{H}} + \omega^2\epsilon\mu\underline{\vec{H}} = \vec{0} \, , \qquad \text{div } \underline{\vec{H}} = 0 \tag{VII.4.4}$$

an. In einem Material, das keine Leitfähigkeit besitzt, lauten die Gleichungen entsprechend:

$$\Delta \underline{\vec{E}} + \omega^2\epsilon\mu\underline{\vec{E}} = \vec{0} \, , \qquad \text{div } \underline{\vec{E}} = 0 \, ,$$

$$\Delta \underline{\vec{H}} + \omega^2\epsilon\mu\underline{\vec{H}} = \vec{0} \, , \qquad \text{div } \underline{\vec{H}} = 0 \, . \tag{VII.4.5}$$

Wird eine der Gl.(VII.3.6) entsprechende Lösung dieser Gleichungen gesucht, also eine Lösung in Form einer ebenen Welle, die nur von einer Ortskoordinate z. B. x und der Zeit t abhängt, so ergibt sich zunächst für den nur von den Ortskoordinaten abhängigen Vektorzeiger als Lösung von Gl.(VII.4.5) der Ausdruck

$$\underline{\vec{E}} = \underline{\vec{E}}_{01}e^{-jkx} + \underline{\vec{E}}_{02}e^{+jkx} \tag{VII.4.6}$$

und zur Beschreibung der Zeitabhängigkeit der Ausdruck

$$\vec{E}(x,y,z,t) = \text{Re}\left\{ \underline{\vec{E}}e^{j\omega t} \right\} =$$
$$= \text{Re}\left\{ \underline{\vec{E}}_{01}e^{j(\omega t - kx)} + \underline{\vec{E}}_{02}e^{j(\omega t + kx)} \right\}. \tag{VII.4.7}$$

Wird der Lösungsansatz (VII.4.6) für die elektrische Feldstärke in die Differentialgleichung (VII.4.5) eingesetzte, so kann die unbekannte Größe k zu

$$k = \omega \sqrt{\epsilon\mu} \tag{VII.4.8}$$

bestimmt werden. k wird als Wellenzahl bezeichnet.

Mit Hilfe der zweiten Maxwell'schen Gleichung für harmonische Zeitabhängigkeit der Felder (Induktionsgesetz),

$$\text{rot}\underline{\vec{E}} = -j\omega\mu\underline{\vec{H}} \, ,$$

kann auf demselben Weg, wie in Kapitel VII.3 beschrieben, ein der in Gl.(VII.4.7) berechneten elektrischen Feldstärke zugeordneter Vektorzeiger der magnetischen Erregung der Form

$$\underline{\vec{H}} = -\frac{1}{Z_F}\left(\underline{E}_{01z}e^{-jkx} - \underline{E}_{02z}e^{+jkx}\right)\vec{e}_y$$
$$+ \frac{1}{Z_F}\left(\underline{E}_{01y}e^{-jkx} - \underline{E}_{02y}e^{+jkx}\right)\vec{e}_z \tag{VII.4.9}$$

bestimmt werden. Dabei wurde wieder angenommen, wie bereits in Kapitel VII.3 bewiesen, daß die elektrische Feldstärke nur eine y- und z-Komponente der Form

$$\vec{\underline{E}} = (\underline{E}_{01y}e^{-jkx} + \underline{E}_{02y}e^{+jkx})\vec{e}_y + (\underline{E}_{01z}e^{-jkx} + \underline{E}_{02z}e^{+jkx})\vec{e}_z$$

$$(VII.4.10)$$

besitzt.

Die aus diesen Lösungen durch Realteilbildung abgeleiteten realen physikalischen Felder besitzen die Eigenschaften einer ebenen Welle mit harmonischer Zeitabhängigkeit, d. h. bei festem Wert von x ändern sich die Feldgrößen nach einer Sinus- oder Cosinusfunktion mit der Kreisfrequenz ω, bei festgehaltener Zeit haben die Felder eine harmonische Abhängigkeit von der x-Koordinate:

$$\vec{E}(x,t) = \mathrm{Re}\left\{ \vec{\underline{E}}e^{j\omega t} \right\},$$

$$\vec{E}(x,t) = \left[E_{01y}\cos(\omega t - kx + \phi_{01y}) + E_{02y}\cos(\omega t + kx + \phi_{02y}) \right]\vec{e}_y$$

$$+ \left[E_{01z}\cos(\omega t - kx + \phi_{01z}) + E_{02z}\cos(\omega t + kx + \phi_{02z}) \right]\vec{e}_z$$

$$\vec{H}(x,t) = \mathrm{Re}\left\{ \vec{\underline{H}}e^{j\omega t} \right\},$$

$$\vec{H}(x,t) = -\frac{1}{Z_F}\left[E_{01z}\cos(\omega t - kx + \phi_{01z}) - E_{02z}\cos(\omega t + kx + \phi_{02z}) \right]\vec{e}_y$$

$$+ \frac{1}{Z_F}\left[E_{01y}\cos(\omega t - kx + \phi_{01y}) - E_{02y}\cos(\omega t + kx + \phi_{02y}) \right]\vec{e}_z$$

$$(VII.4.11)$$

Die Periode der x-Abhängigkeit

$$\lambda = \frac{2\pi}{k}$$

$$(VII.4.12)$$

wird als Wellenlänge der auftretenden Wellenfelder bezeichnet. Eine Feldverteilung, die z. B. zur Zeit $t = 0$ an der Stelle $x = 0$ existiert, breitet sich, je nach Vorzeichen der Wellenzahl k, mit der in Gl.(VII.3.7) angegebenen Phasengeschwindigkeit in positiver x-Richtung (negatives Vorzeichen) oder in negativer x-Richtung (positives Vorzeichen) aus.

VII. 5   AUFGABEN ÜBER WELLEN

1. AUFGABE

Gegeben ist eine homogene, verlustfreie Zweidrahtleitung, die durch ihre Kapazität pro Längeneinheit C' und ihre Induktivität pro Längeneinheit L' charakterisiert ist. Wie lauten die Differentialgleichungen für die elektrische Spannung und die elektrische Stromstärke auf der Leitung in Abhängigkeit von der Ortskoordinate x und der Zeit t (Abb.262) und wie lautet eine Lösung dieser Differentialgleichungen in Form einer sich in x-Richtung ausbreitenden Welle? Zur Zeit $t = 0$ wird entlang der Leitung eine Spannungsverteilung $u_0(x)$ und die Stromstärke $i(t = 0) = 0$ gemessen. Wie kann hieraus die Spannungs- und Stromverteilung für Zeiten t größer als null $(t > 0)$ bestimmt werden?

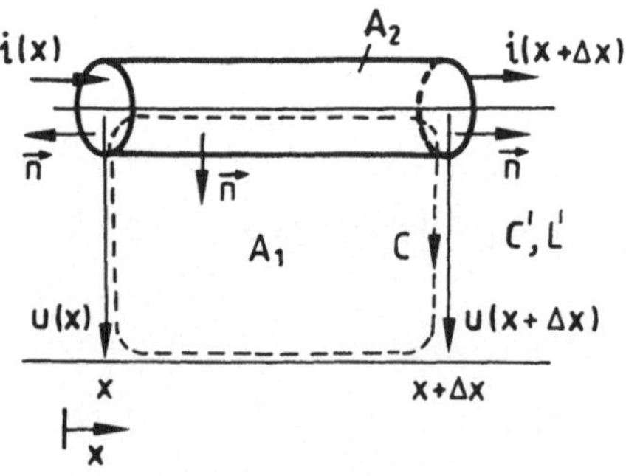

Abb.262: Leitungselement.

<u>Lösung</u>

Zur Berechnung der Bestimmungsgleichungen für die Stromstärke und die Spannung auf der Leitung wird von den Maxwell'schen Gleichungen für beliebige Zeitabhängigkeit ausgegangen. Wird die zweite Maxwell'sche Gleichung

$$\oint_C \vec{E}\cdot d\vec{s} = -\frac{d}{dt}\iint_{A_1}\vec{B}\cdot\vec{n}\ dA = -\frac{d\Psi}{dt}$$

auf den in Abb.262 eingezeichneten Integrationsweg C und die Fläche A_1 zwischen den Leitern angewendet, so gilt, da die Leitung als verlustfrei angesehen wird,

$$-u(x) + u(x + \Delta x) = -L'\Delta x\ \frac{\partial i}{\partial t}\ .$$

Hierin ist $\Psi = Li$ ersetzt worden und $L = L'\Delta x$ ist die Induktivität des betrachteten Leitungselements. i ist ein mittlerer Wert der Stromstärke im Bereich zwischen x und $x + \Delta x$. Wird entsprechend die erste Maxwell'sche Gleichung

$$\oint_C \vec{H}\cdot d\vec{s} = \iint_{A_2}\vec{S}\cdot\vec{n}\ dA + \frac{d}{dt}\iint_{A_2}\vec{D}\cdot\vec{n}\ dA$$

auf die in Abb.262 eingezeichnete, geschlossene Fläche A_2, die einen der Leiter der Zweidrahtleitung einhüllt, angewendet, so gilt, da der Berandungsweg der Fläche zu einem Punkt zusammenschrumpft (geschlossene Fläche) und damit das Linienintegral null wird:

$$\oiint_{A_2}\vec{S}\cdot\vec{n}\ dA = -\frac{d}{dt}\oiint_{A_2}\vec{D}\cdot\vec{n}\ dA = -\frac{dQ}{dt}\ .$$

Unter Berücksichtigung der Richtung des Flächennormalenvektors $\vec{n}$ auf der Fläche A_2 gilt dann:

$$i(x + \Delta x) - i(x) = - C'\Delta x \frac{\partial u}{\partial t} \ .$$

Q ist die im Bereich Δx der Leitung gespeicherte Ladung, die durch einen mittleren Wert der Spannung zwischen den Leitern und die Kapazität $C = C'\Delta x$ des Leitungselements ausgedrückt wird.

Werden die Gleichungen für die Stromstärke und die Spannung durch Δx dividiert und der Grenzübergang $\Delta x \longrightarrow 0$ durchgeführt, so gehen die Differenzengleichungen für Stromstärke und Spannung in Differentialgleichungen über. Beide Größen sind sowohl Funktionen der Zeit als auch Funktionen der Koordinate x:

$$1) \qquad \frac{\partial u(x,t)}{\partial x} = - L' \frac{\partial i(x,t)}{\partial t} \ ,$$

$$2) \qquad \frac{\partial i(x,t)}{\partial x} = - C' \frac{\partial u(x,t)}{\partial t} \ .$$

Damit ist ein Differentialgleichungssystem für Stromstärke und Spannung auf der Leitung abgeleitet. Wird die erste Gleichung nochmals nach der Zeit, die zweite Gleichung nochmals nach x partiell differenziert,

$$\frac{\partial^2 u(x,t)}{\partial x \, \partial t} = - L' \frac{\partial^2 i(x,t)}{\partial t^2} \ , \qquad \frac{\partial^2 i(x,t)}{\partial x^2} = - C' \frac{\partial^2 u(x,t)}{\partial t \, \partial x} \ ,$$

so kann wegen der Gleichheit der gemischten, partiellen Ableitungen der Spannung nach t und x eine Differentialgleichung für die Stromstärke $i(x,t)$ in der Form

$$\frac{\partial^2 i(x,t)}{\partial x^2} = L' \, C' \frac{\partial^2 i(x,t)}{\partial t^2}$$

abgeleitet werden. Entsprechend ergibt sich, wenn die erste Gleichung nach x, die zweite nach t partiell differenziert wird, eine Differentialgleichung zweiten Grades für die Spannung $u(x,t)$:

$$\frac{\partial^2 u(x,t)}{\partial x^2} = L' \, C' \frac{\partial^2 u(x,t)}{\partial t^2} \ .$$

Zur Berechnung der Spannung und der Stromstärke darf jeweils nur eine der beiden Gleichungen herangezogen werden, z. B. die Gleichung für die Spannung. Die zugehörige Stromstärke muß dann aus einer der Gleichungen des verkoppelten Gleichungssystems 1) oder 2) berechnet werden (vgl. auch Kapitel VII.3).

Zur Lösung der Differentialgleichung z. B. für die Spannung wird ein Lösungsansatz in der Form je einer Welle in positiver und negativer x-Richtung

$$u(x,t) = u_{01}f(x-vt) + u_{02}g(x+vt)$$

gemacht. Wird der Ansatz in die Differentialgleichung eingesetzt, so folgt (vgl. Kapitel VII.3) für die unbekannte Größe v des Ansatzes wegen

$$\frac{\partial^2 u}{\partial x^2} = u_{01}f''(x-vt) + u_{02}g''(x+vt) \; ,$$

$$\frac{\partial^2 u}{\partial t^2} = v^2 \left\{ u_{01}f''(x-vt) + u_{02}g''(x+vt) \right\}$$

(der Strich kennzeichnet die Ableitung nach dem gesamten Argument der Funktion) der Ausdruck:

$$v = \frac{1}{\sqrt{L' \; C'}} \; .$$

v ist wieder die Phasengeschwindigkeit der Wellen auf der Leitung.

Aus der Differentialgleichung 1) folgt für die der Spannung zugeordneten Stromstärke i zunächst:

$$\frac{\partial i}{\partial t} = - \frac{1}{L'} \left[u_{01}f'(x-vt) + u_{02}g'(x+vt) \right] \; .$$

Unter Vernachlässigung der auftretenden, zeitunabhängigen Integrationskonstanten (Gleichstromlösungen) kann dann für die Stromstärke der Wert

$$-i(x,t) = \sqrt{\frac{C'}{L'}} \left[u_{01}f(x-vt) - u_{02}g(x+vt) \right]$$

angegeben werden. Die Größe

$$Z = \sqrt{\frac{L'}{C'}}$$

wird als Wellenwiderstand (hier der Leitung) bezeichnet. Es ist zu beachten, daß hier, ebenso wie bei den ebenen Wellen im freien Raum (vgl. Kapitel VII.3), für Spannung und Stromstärke der in positiver und negativer x-Richtung fortschreitenden Wellen verschiedene Zusammenhänge gelten (Minuszeichen in der Gleichung für den in negativer x-Richtung fortschreitenden Stromanteil). Insgesamt kann die Lösung für die Spannung und die Stromstärke auf der Leitung in der Form:

$$u(x, t) = u_{01}f(x-vt) + u_{02}g(x+vt) \; ,$$

$$Zi(x, t) = u_{01}f(x-vt) - u_{02}g(x+vt)$$

geschrieben werden,

Ist zur Zeit $t=0$ die Spannung auf der Leitung bekannt, $u(t=0)=u_0(x)$, so gilt:

$$t = 0 : \quad u(x, t = 0) = u_0(x) = u_{01}f(x, 0) + u_{02}g(x, 0) \; .$$

Da im Zeitpunkt $t = 0$ die Stromstärke auf der Leitung null sein soll, gilt ferner:

$$t = 0 : \quad Zi(x, t = 0) = u_{01}f(x, 0) - u_{02}g(x, 0) = 0 \; .$$

Damit ist zur Zeit $t = 0$: $u_{01}f(x, 0) = u_{02}g(x, 0)$ und somit

$$u_0(x) = u_{01}f(x, 0) + u_{02}g(x, 0) = 2u_{01}f(x, 0) \; ,$$

$$u_{01}f(x, 0) = u_{02}g(x, 0) = \frac{u_0(x)}{2} \; .$$

Also kann die Spannung und die Stromstärke zur Zeit $t > 0$ als

$$u(x,\, t) = \frac{u_0(x - vt)}{2} + \frac{u_0(x + vt)}{2}\,,$$

$$Zi(x,\, t) = \frac{u_0(x - vt)}{2} - \frac{u_0(x + vt)}{2}$$

berechnet werden. Das heißt, die auf der Leitung im Zeitpunkt $t = 0$ gespeicherte Energie (Ladung) breitet sich in Form einer Welle in positiver und negativer x-Richtung auf der Leitung aus. Die äußere Form der Welle über der Koordinate x entspricht der Form der Spannungsverteilung $u_0(x)$, die Amplituden der Teilwellen in positiver und negativer x-Richtung sind jeweils halb so groß, wie die der ursprünglichen Spannung $u_0(x)$ (Abb.263).

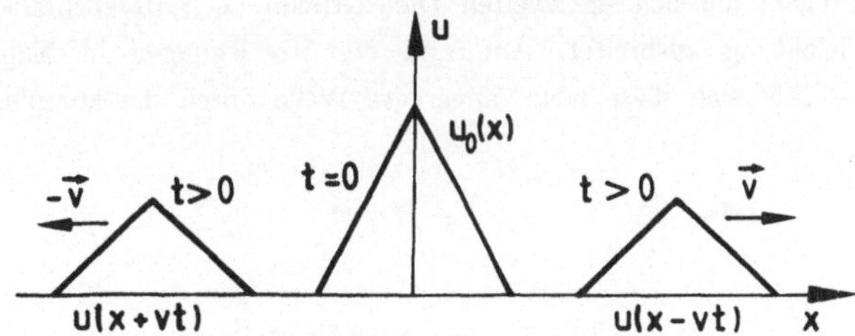

Abb.263: Wellen auf der Leitung.

2. AUFGABE

Wie in Kapitel VII.4 gezeigt wurde, beschreiben die komplexen Vektoren

$$\vec{\underline{E}} = \underline{A}\, e^{-jk_1 x}\, \vec{e}_y\,,$$

$$\vec{\underline{H}} = \sqrt{\frac{\epsilon_{r1}\, \epsilon_0}{\mu_0}}\, \underline{A}\, e^{-jk_1 x}\, \vec{e}_z = \frac{1}{Z_1}\, \underline{A}\, e^{-jk_1 x}\, \vec{e}_z$$

eine in positiver x-Richtung in einem nichtleitenden Dielektrikum ($\epsilon=\epsilon_{r1}\epsilon_0$, $\mu = \mu_0$) fortschreitende, linear polarisierte, ebene Welle mit der Wellenzahl k_1 und dem Feldwellenwiderstand Z_1. Diese Welle trifft an der Stelle $x = 0$ auf ein ebenfalls nichtleitendes Dielektrikum mit den Materialparametern $\epsilon = \epsilon_{r2}\epsilon_0$, $\mu = \mu_0$, das den gesamten Halbraum $x \geq 0$ ausfüllt. Wie groß sind die sich im Halbraum $x \leq 0$ und im Halbraum $x \geq 0$ ausbildenden elektromagnetischen Wellenfelder? ($\underline{A}$ ist eine komplexe vorgegebene Amplitudenkonstante.)

<u>Lösung</u>

Die in positiver x-Richtung fortschreitende Welle möge zur Zeit $t = 0$ auf die Grenzfläche an der Stelle $x = 0$ treffen. Sie wird an dieser Stelle eine Welle anregen, die sich im zweiten Dielektrikum ($x \geq 0$) ebenfalls in positiver x-Richtung ausbreitet. Aufgrund der Überlegungen in Kapitel VII.3 und VII.4 läßt sich diese neue, angeregte Welle durch die komplexen Vektorfelder

$$\vec{\underline{E}}_2 = \underline{C}\, e^{-jk_2 x}\, \vec{e}_y\ ,$$

$$\vec{\underline{H}}_2 = \sqrt{\frac{\epsilon_0\, \epsilon_{r2}}{\mu_0}}\ \underline{C}\, e^{-jk_2 x}\, \vec{e}_z = \frac{1}{Z_2}\, \underline{C}\, e^{-jk_2 x}\, \vec{e}_z$$

beschreiben. $\underline{C}$ ist wieder eine komplexe, noch zu bestimmende Amplitudenkonstante, k_2 ist die Wellenzahl

$$k_2 = \omega \sqrt{\epsilon_0\, \epsilon_{r2}\, \mu_0} \qquad \text{und} \qquad Z_2 = \sqrt{\frac{\mu_0}{\epsilon_{r2}\, \epsilon_0}}$$

der Feldwellenwiderstand des zweiten Dielektrikums. Da Wellenzahl und Feldwellenwiderstand des Dielektrikums von den entsprechenden Größen im ersten Dielektrikum ($x \leq 0$)

$$k_1 = \omega \sqrt{\epsilon_0\,\epsilon_{r1}\,\mu_0} \qquad \text{und} \qquad Z_1 = \sqrt{\frac{\mu_0}{\epsilon_{r1}\,\epsilon_0}}$$

verschieden sind, gilt folgende Überlegung: An der Grenzfläche $x = 0$ müssen die beiden Wellenfelder die Stetigkeitsbedingungen für die Tangentialkomponenten der elektrischen und magnetischen Felder erfüllen. Da in der dielektrischen Grenzschicht keine Flächenstromdichte auftreten kann, müssen die tangentialen Anteile der elektrischen Feldstärke und der magnetischen Erregung gleich groß sein. Da aber die Wellenfelder denselben Strukturgleichungen nur mit verschiedenen Kenngrößen k_1, Z_1 bzw. k_2, Z_2 gehorchen, ist sofort zu erkennen, daß diese Grenzbedingungen durch die zwei bisher berücksichtigten Wellenfelder alleine nicht erfüllt werden können. Das heißt mit anderen Worten: Die gesamte transportierte Energie der Wellen, die sich durch den Poyntingschen Vektor (vgl. Kapitel VII.2) charakterisieren läßt, hängt von den Materialkennwerten der Dielektrika ab und kann deshalb nicht für beide Wellenfelder gleich groß sein. Das wiederum bedeutet, daß ein Teil der Energie der in positiver x-Richtung auf die Grenzfläche auflaufenden Welle an der Grenzfläche reflektiert werden muß, damit der Satz über die Erhaltung der Energie erfüllt wird. Im Halbraum $x \leq 0$ muß also zusätzlich eine in negativer x-Richtung fortschreitende Welle als reflektierte Welle angesetzt werden, so daß der gesamte Lösungsansatz im Bereich $x \leq 0$ für die elektrische Feldstärke den Ausdruck

$$\vec{\underline{E}}_1 = \left[\underline{A}\, e^{-jk_1 x} + \underline{B}\, e^{+jk_1 x} \right] \vec{e}_y$$

annimmt.

Die zugehörige magnetische Erregung folgt aus der zweiten Maxwell'schen Gleichung für Felder mit harmonischer Zeitabhängigkeit:

$$\text{rot}\,\vec{\underline{E}}_1 = -\,j\omega\mu_0\vec{\underline{H}}_1 \;,$$

$$\vec{\underline{H}}_1 = -\,\frac{1}{j\omega\mu_0}\,\text{rot}\,\vec{\underline{E}}_1 = \sqrt{\frac{\epsilon_0\,\epsilon_{r1}}{\mu_0}}\left[\underline{A}\, e^{-jk_1 x} - \underline{B}\, e^{+jk_1 x} \right] \vec{e}_z \;.$$

Um die Grenzbedingungen an der Grenzfläche x = 0 zu erfüllen, müssen die elektrische Feldstärke und die magnetische Erregung, die an der Stelle x = 0 tangentiale Richtung (y- bzw. z-Richtung) zur Grenzfläche x = 0 besitzen, auf beiden Seiten der Grenzfläche gleich groß sein. Also muß gelten:

$$\vec{\underline{E}}_1(x = 0) = (\underline{A} + \underline{B})\vec{e}_y = \vec{\underline{E}}_2(x = 0) = \underline{C}\,\vec{e}_y$$

und

$$\vec{\underline{H}}_1(x = 0) = \frac{1}{Z_1}(\underline{A} - \underline{B})\vec{e}_z = \vec{\underline{H}}_2(x = 0) = \frac{1}{Z_2}\underline{C}\,\vec{e}_z\ .$$

Daraus folgen die Bestimmungsgleichungen:

$$\underline{A} + \underline{B} = \underline{C}\ ,$$

$$\frac{\underline{A}}{Z_1} - \frac{\underline{B}}{Z_1} = \frac{\underline{C}}{Z_2}$$

mit den Lösungen

$$\underline{B} = \frac{Z_2 - Z_1}{Z_2 + Z_1}\underline{A} \quad \text{und} \quad \underline{C} = \frac{2Z_2}{Z_2 + Z_1}\underline{A}\ .$$

Die Größe

$$r = \frac{Z_2 - Z_1}{Z_2 + Z_1}$$

wird als Reflexionsfaktor, die Größe

$$t = \frac{2Z_2}{Z_2 + Z_1}$$

als Transmissionsfaktor der dielektrischen Grenzschicht bezeichnet. Die Felder in den Bereichen $x \leq 0$ und $x \geq 0$ ergeben sich damit zu:

$$x \leq 0 : \quad \vec{\underline{E}}_1 = \underline{A} \left[e^{-jk_1 x} + \frac{Z_2 - Z_1}{Z_2 + Z_1} e^{+jk_1 x} \right] \vec{e}_y \, ,$$

$$\vec{\underline{H}}_1 = \frac{1}{Z_1} \underline{A} \left[e^{-jk_1 x} - \frac{Z_2 - Z_1}{Z_2 + Z_1} e^{+jk_1 x} \right] \vec{e}_z \, ,$$

$$x \geq 0 : \quad \vec{\underline{E}}_2 = \frac{2Z_2}{Z_2 + Z_1} \underline{A} \, e^{-jk_2 x} \, \vec{e}_y \, ,$$

$$\vec{\underline{H}}_2 = \frac{2}{Z_2 + Z_1} \underline{A} \, e^{-jk_2 x} \, \vec{e}_z \, .$$

Die wirklichen, physikalischen Felder lassen sich hieraus durch Realteilbildung nach Gl.(VII.4.2) errechnen, doch hat es sich eingebürgert, schon die hier angegebenen, komplexen Vektorfelder als Lösung zu betrachten, so daß auch hier auf die Realteilbildung verzichtet wird.

3. AUFGABE

Eine linear polarisierte, ebene Welle mit harmonischer Zeitabhängigkeit

$$\vec{\underline{E}} = \underline{A} \, e^{-jk_0 x} \, \vec{e}_y \, , \qquad k_0 = \omega \sqrt{\epsilon_0 \mu_0} \, ,$$

$$\vec{\underline{H}} = \frac{1}{Z_0} \underline{A} \, e^{-jk_0 x} \, \vec{e}_z, \quad Z_0 = \sqrt{\frac{\mu_0}{\epsilon_0}}$$

breitet sich im Vakuum (μ_0, ϵ_0) in positiver x-Richtung aus. An der Stelle $x = 0$ trifft sie auf ein unendlich gut leitendes Gebiet (Abb.264), das den gesamten Halbraum $x \geq 0$ ausfüllt. Wie berechnet sich das sich ausbildende Wellenfeld im Halbraum $x \leq 0$? Man skizziere den örtlichen Verlauf der elektrischen Feldstärke und der magnetischen Erregung zur Zeit $t = 0$, $t = T/8$ und $t = T/4$, wenn T die Periodendauer $T = 2\pi/\omega$ der harmonischen Zeitfunktion ist.

<u>Lösung</u>

Da das Gebiet $x \geq 0$ eine unendliche Leitfähigkeit besitzt, verschwinden die Felder hier identisch (vgl. Kapitel VII.1). Da an der Grenzfläche die elektrische, tangentiale Feldstärke stetig sein muß, muß dort das gesamte elektrische Feld der Welle, das tangential zur Grenzfläche $x = 0$ verläuft, verschwinden. Die magnetische Erregung muß nicht notwendig verschwinden, da in der leitenden Grenzschicht eine Flächenstromdichte auftreten kann (vgl. Gl.(V.3.3)). Die Welle kann nicht in das unendlich gut leitende Material eindringen, also muß sie an der Grenzschicht vollständig reflektiert werden. Damit gilt für das Gebiet $x \leq 0$ der folgende Lösungsansatz (vgl. Aufgabe 2 dieses Kapitels):

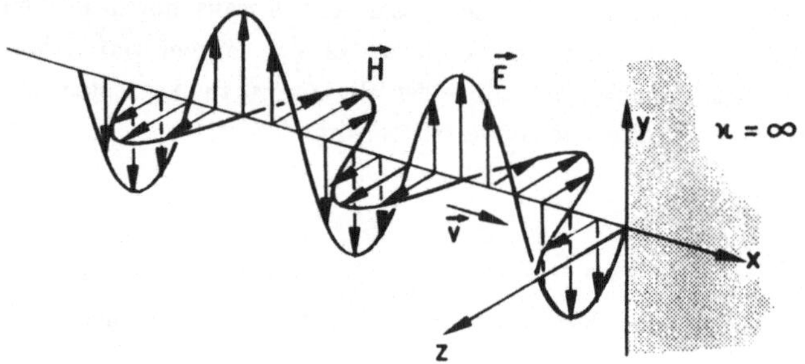

Abb.264: Linear polarisierte, ebene, stehende Welle zur Zeit $t = T/8$.

$$\vec{\underline{E}} = \left[\underline{A}\, e^{-jk_0 x} + \underline{B}\, e^{+jk_0 x} \right] \vec{e}_y \, ,$$

$$\vec{\underline{H}} = \frac{1}{Z_0} \left[\underline{A}\, e^{-jk_0 x} - \underline{B}\, e^{+jk_0 x} \right] \vec{e}_z \, .$$

An der Grenzfläche $x = 0$ muß die elektrische Feldstärke null werden. Damit gilt:

$$\vec{\underline{E}}(x = 0) = (\underline{A} + \underline{B})\vec{e}_y = \vec{0} \, ,$$

$$\underline{A} = -\underline{B} \, .$$

Daher haben die Felder im Bereich $x \leq 0$ den Verlauf

$$\vec{\underline{E}} = \underline{A} \left[e^{-jk_0x} - e^{+jk_0x} \right] \vec{e}_y \, ,$$

$$\vec{\underline{E}} = -2j\underline{A} \, \sin(k_0x)\vec{e}_y$$

und

$$\vec{\underline{H}} = \frac{A}{Z_0} \left[e^{-jk_0x} + e^{+jk_0x} \right] \vec{e}_z \, ,$$

$$\vec{\underline{H}} = \frac{2\underline{A}}{Z_0} \, \cos(k_0x)\vec{e}_z \, .$$

Die Gleichungen für die elektrische Feldstärke und die magnetische Erregung beschreiben stehende Wellen. Die in positiver und in negativer x-Richtung fortschreitenden Wellen überlagern sich gerade so, daß sich ein stehendes Feldbild ergibt. Ohne Einschränkung der Allgemeinheit soll im folgenden angenommen werden, daß die Amplitudenkonstante $\underline{A} = A$ rein reell ist. In Abb.265 ist der Verlauf der reellen elektrischen Feldstärke und der magnetischen Erregung

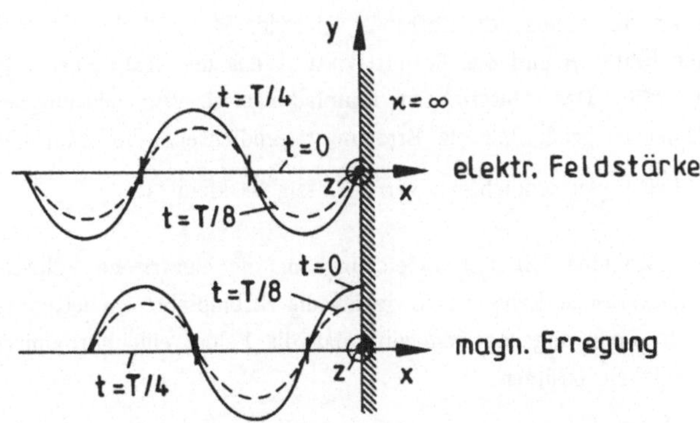

Abb.265: Verlauf der elektrischen Feldstärke und der magnetischen Erregung als Funktion der Zeit und des Orts.

$$\vec{E}(x,\,t) = \mathrm{Re}\left\{\,\underline{\vec{E}}\;e^{j\omega t}\,\right\} = 2A\,\sin(k_0 x)\,\sin(\omega t)\vec{e}_y\,,$$

$$\vec{H}(x,\,t) = \mathrm{Re}\left\{\,\underline{\vec{H}}\;e^{j\omega t}\,\right\} = \frac{2A}{Z_0}\,\cos(k_0 x)\,\cos(\omega t)\vec{e}_z\,,$$

für die Zeitpunkte $t = 0$, $t = T/8$ und $t = T/4$ unter dieser Bedingung aufgetragen. Es zeigt sich, daß die elektrische Feldstärke und die magnetische Erregung zueinander örtlich und zeitlich um neunzig Grad phasenverschoben sind.

In der unendlich gut leitenden Grenzschicht fließt nach Gl.(V.3.3) eine Flächenstromdichte der Größe

$$|\vec{S}_F| = |\vec{H}(x = 0)| = \frac{2A}{Z_0}\,\cos(\omega t)\,.$$

Die Flächenstromdichte ist ein reiner Wechselstrom, die Richtung der Flächenstromdichte ist die y-Richtung.

4. AUFGABE

Gegeben sei ein homogenes, isotropes, leitendes Material der Leitfähigkeit κ, der Permeabilität μ und der Permittivität ϵ, das den Halbraum $x \geq 0$ ausfüllt (Abb.266). Das Material ist raumladungsfrei. Die Leitfähigkeit κ des Materials ist so groß, daß die Erregungsstromdichte $\vec{S}_v$ im Material gegenüber der Leitungsstromdichte $\vec{S}$ vernachlässigbar klein ist.

a. Man leite eine Differentialgleichung für die elektrische Feldstärke und die magnetische Erregung sowie für die Stromdichte im leitenden Material ab, wenn angenommen wird, daß die Felder eine harmonische Zeitabhängigkeit besitzen.

b. Tangential zur Oberfläche des leitenden Materials sei im Raum $x \leq 0$, der die Leitfähigkeit $\kappa = 0$ besitzt, ein hochfrequentes, von der y-Koordinate unabhängiges Magnetfeld in y-Richtung angelegt, so daß in der Oberfläche die ebenfalls y-unabhängige Stromdichte $\vec{S}_0$ mit z-Richtung fließt. Wie groß ist die Stromdichte und die magnetische Erregung im gesamten Bereich $x \geq 0$?

c. Man berechne die Gesamtstromstärke, die durch einen Bereich $0 \leq y \leq b$, $0 \leq x \leq \infty$ des leitenden Materials tritt und definiere aus einer Leistungsbilanz einen äquivalenten Widerstand für den Fall, daß angenommen wird, daß die Stromdichte gleichmäßig verteilt in einem schmalen Bereich der Oberfläche fließt (Skineffekt).

Lösung

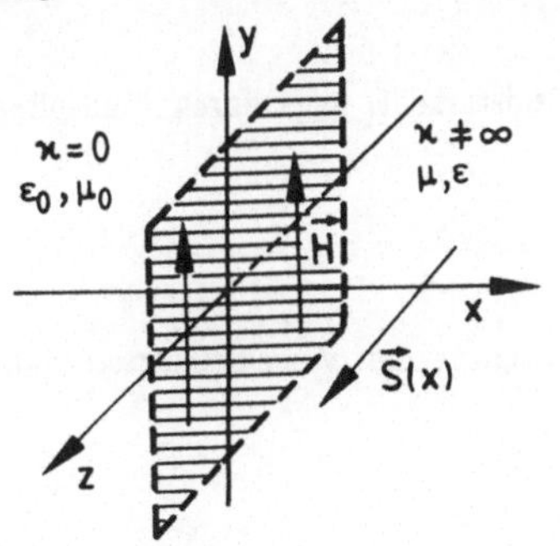

Abb.266:   Zur Berechnung der Stromdichte.

a. Es ist vorausgesetzt, daß die Leitfähigkeit des Materials so groß ist, daß die Erregungsstromdichte gegenüber der Leitungsstromdichte vernachlässigt werden kann. Dann gelten die Maxwell'schen Gleichungen für komplexe Vektorzeiger (harmonische Zeitabhängigkeit):

$$\mathrm{rot}\,\underline{\vec{H}} = \underline{\vec{S}} = \kappa\,\underline{\vec{E}}, \qquad \mathrm{div}\,\underline{\vec{H}} = 0 \; ,$$

$$\mathrm{rot}\,\underline{\vec{E}} = -\,j\omega\mu\,\underline{\vec{H}}, \qquad \mathrm{div}\,\underline{\vec{E}} = 0 \; .$$

11*

Die Maxwell'schen Gleichungen lassen sich, wie bereits in Kapitel VII.3 und Kapitel VII.4 gezeigt wurde, durch nochmalige Rotationsbildung auf zwei Differentialgleichungen für die elektrische Feldstärke und die magnetische Erregung zurückführen. Für die oben angegebenen Maxwell'schen Gleichungen folgt:

$$\text{rotrot}\underline{\vec{E}} = -\,j\omega\mu\,\text{rot}\underline{\vec{H}} = -\,j\omega\mu\kappa\underline{\vec{E}} \ .$$

Unter Verwendung der Vektoridentität Gl.(I.15.22), Teil I und unter Berücksichtigung der Divergenzfreiheit der elektrischen Feldstärke kann die Differentialgleichung für die elektrische Feldstärke in der Form

$$\Delta\underline{\vec{E}} - j\omega\mu\kappa\underline{\vec{E}} = \vec{0}$$

angegeben werden. Ebenso ergibt sich für $\underline{\vec{H}}$:

$$\Delta\underline{\vec{H}} - j\omega\mu\kappa\underline{\vec{H}} = \vec{0} \ .$$

Aus der Gleichung für die elektrische Feldstärke $\underline{\vec{E}}$ folgt durch Multiplikation mit κ:

$$\Delta\underline{\vec{S}} - j\omega\mu\kappa\underline{\vec{S}} = \vec{0}$$

(vgl. auch Gl.(VII.4.4) unter Vernachlässigung der Verschiebungsstromdichte).

b.   Die Felder des vorgegebenen Problems hängen aufgrund der Geometrie der Anordnung nur von der Koordinate x ab. Es wird also eine zu den ebenen Wellen im Dielektrikum äquivalente Lösung gesucht. Dann kann die Differentialgleichung für die Stromdichte in der Form

$$\frac{d^2}{dx^2}\,\underline{\vec{S}} - j\omega\mu\kappa\underline{\vec{S}} = \vec{0}$$

geschrieben werden. Im Bereich $x \leq 0$ ist ein hochrequentes Magnetfeld in y-Richtung vorgegeben. Hiermit ist nach dem Induktionsgesetz eine elektrische Feldstärke in z-Richtung verbunden, die in der Oberfläche des leitenden Bereichs ($x = 0$) eine Stromdichte mit z-Richtung $\underline{\vec{S}} = S_z \vec{e}_z$ erzeugt. Also wird auch im Innern des leitenden Materials ($x \geq 0$) eine Stromdichte $\underline{\vec{S}} = \underline{S}_z \vec{e}_z$, in z-Richtung existieren. Gesucht wird also die Lösung der Differentialgleichung:

$$\frac{d^2 \underline{S}_z}{dx^2} - j\omega\mu\kappa\underline{S}_z = 0 \ .$$

Ein Lösungsansatz in der Form

$$\underline{S}_z = \underline{A} \, e^{\underline{\lambda}x} + \underline{B} \, e^{-\underline{\lambda}x}$$

wird in die Differentialgleichung eingesetzt und führt auf die charakteristische Gleichung für den komplexen Eigenwert $\underline{\lambda}$:

$$\underline{\lambda}^2 - j\omega\mu\kappa = 0 \ ,$$

$$\underline{\lambda} = \sqrt{j} \, \sqrt{\omega\mu\kappa} = \sqrt{j} \, \sqrt{2\pi f\mu\kappa} \ ,$$

$$\underline{\lambda} = (1 + j) \sqrt{\pi f\mu\kappa} = \frac{1 + j}{a} \ .$$

Hierbei wurde berücksichtigt, daß $\sqrt{j} = \sqrt{0{,}5} \, (1 + j)$ ist. Die Größe a:

$$a = \frac{1}{\sqrt{\pi f\mu\kappa}}$$

wird aus später ersichtlichen, physikalischen Gründen als äquivalente Leitschichtdicke bezeichnet.

12 Wolff

Die Gesamtlösung für $\underline{S}_z$ lautet:

$$\underline{S}_z = \underline{A}\ e^{\frac{x}{a}(1+j)} + \underline{B}\ e^{-\frac{x}{a}(1+j)} .$$

Der erste Term der Lösung ist physikalisch für das vorliegende, in positiver x-Richtung unendlich ausgedehnte Problem nicht sinnvoll, da $\underline{S}_z$ für $x \longrightarrow \infty$ endliche Werte annehmen muß. Es wird also $\underline{A} = 0$ gewählt. Der dann verbleibende Ausdruck

$$\underline{S}_z = \underline{B}\ e^{-\frac{x}{a}(1+j)} = B\ e^{j\phi}\ e^{-\frac{x}{a}(1+j)}$$

beschreibt, wie durch Realteilbildung nach Gl.(VII.4.2) leicht überprüft werden kann:

$$S_z = \mathrm{Re}\left\{ \underline{S}_z\ e^{j\omega t} \right\} = B\ e^{-\frac{x}{a}} \cos\left(\omega t - \frac{x}{a} + \phi \right) ,$$

eine Welle, die sich in positiver x-Richtung ausbreitet, deren Amplitude aber nach einer Exponential-Funktion abklingt (gedämpfte Welle). ϕ ist der zeitlich und räumlich konstante Winkel der komplexen Amplitudenkonstante $\underline{B} = B\ e^{j\phi}$.

Die Integrationskonstante $\underline{B}$ kann bestimmt werden, wenn berücksichtigt wird, daß an der Stelle $x = 0$ die Stromdichte bekannt ist:

$$\underline{S}_z(x = 0) = \underline{B} = \underline{S}_0 , \qquad \vec{\underline{S}}_0 = \underline{S}_0\ \vec{e}_z .$$

Somit gilt also:

$$\underline{S}_z = \underline{S}_0\ e^{-\frac{x}{a}(1+j)} .$$

Aus der Maxwell'schen Gleichung (mit κ erweitertes Induktionsgesetz)

$$\underline{\vec{H}} = -\frac{1}{j\omega\mu\kappa}\ \mathrm{rot}\ \underline{\vec{S}} = \frac{1}{j\omega\mu\kappa}\ \frac{d\underline{S}_z}{dx}\ \vec{e}_y$$

kann die zugehörige magnetische Erregung im Bereich $x \geq 0$ zu

$$\vec{\underline{H}}(x) = -\frac{1}{j\omega\mu\kappa} \frac{(1+j)}{a} \underline{S}_0 \, e^{-\frac{x}{a}(1+j)} \, \vec{e}_y$$

berechnet werden.

c. Es wird ein Teilbereich des leitenden Materials $0 \leq y \leq b$, $0 \leq x \leq \infty$ betrachtet (Abb.267) und der komplexe Zeiger der durch diesen Bereich tretenden Stromstärke $\hat{\underline{i}}$ (Scheitelwertzeiger) berechnet:

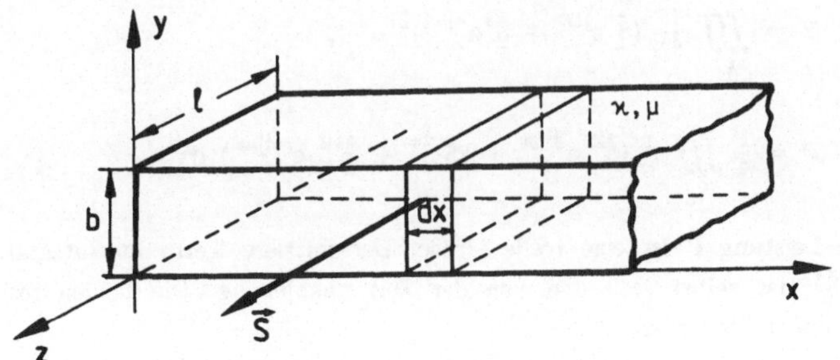

Abb.267: Zur Berechnung des Skineffektes.

$$\hat{\underline{i}} = \int_0^\infty \int_0^b \underline{S}_z \, dy \, dx = b \int_0^\infty \underline{S}_0 \, e^{-\frac{x}{a}(1+j)} \, dx \, ,$$

$$\hat{\underline{i}} = -\underline{S}_0 \, b \, \frac{a}{1+j} \, e^{-\frac{x}{a}(1+j)} \Big|_0^\infty = \underline{S}_0 \, b \, a \, \frac{1-j}{2} \, ,$$

$$\hat{\underline{i}} = \underline{S}_0 \, a \, b \, \frac{e^{-j\pi/4}}{\sqrt{2}} \, .$$

12*

Die im oben definierten Bereich in Wärme umgesetzte Leistung kann nach Gl.(IV.2.16) aus dem reellen Stromdichtevektor, der durch

$$\vec{S}(x,\ t) = \mathrm{Re}\ \{\ \underline{\vec{S}}\ e^{j\omega t}\ \} = \tfrac{1}{2}\ (\underline{\vec{S}}\ e^{j\omega t} + \underline{\vec{S}}^{*}e^{-j\omega t})$$

mit dem komplexen Vektorzeiger $\underline{\vec{S}}$ ($\underline{\vec{S}}^{*}$ ist der konjugiert komplexe Wert zu $\underline{\vec{S}}$) verknüpft ist, berechnet werden:

$$P = \iiint\limits_{V} \vec{E}\cdot\vec{S}\ dV = \iiint\limits_{V} \tfrac{1}{\kappa}\ \mathrm{Re}\ \{\underline{\vec{S}}\ e^{j\omega t}\}\cdot\mathrm{Re}\ \{\underline{\vec{S}}\ e^{j\omega t}\}\ dV\ ,$$

$$P = \iiint\limits_{V} \tfrac{1}{4\kappa}\ (\underline{\vec{S}}\ e^{j\omega t} + \underline{\vec{S}}^{*}e^{-j\omega t})^{2}\ dV\ ,$$

$$P = \tfrac{1}{4}\ \iiint\limits_{V} \tfrac{1}{\kappa}\ (\underline{\vec{S}}^{2}\ e^{2j\omega t} + 2\underline{\vec{S}}\cdot\underline{\vec{S}}^{*} + \underline{\vec{S}}^{*2}\ e^{-2j\omega t})\ dV$$

Die Leistung P ist eine reelle Größe. Der mittlere Term im Integral oben, $2\underline{\vec{S}}\cdot\underline{\vec{S}}^{*}$, ist selbst reell und von der Zeit unabhängig. Die beiden restlichen Anteile bilden nach

$$\underline{\vec{S}}^{2}\ e^{2j\omega t} + \underline{\vec{S}}^{*2}\ e^{-2j\omega t} = 2\mathrm{Re}\ \{\underline{\vec{S}}^{2}\ e^{2j\omega t}\} =$$

$$= 2\mathrm{Re}\ \{|\underline{\vec{S}}|^{2}\ e^{2j\phi}e^{2j\omega t}\} = 2|\underline{\vec{S}}|^{2}\ \cos(2\omega t + 2\phi)\ ,$$

mit ϕ dem Nullphasenwinkel der Stromdichtezeitfunktion, eine harmonische Zeitfunktion, die mit der Kreisfrequenz 2ω, also der doppelten Kreisfrequenz, mit der sich die Stromdichte zeitlich ändert, von der Zeit abhängig ist. Der zeitliche Mittelwert dieser Funktion über eine volle Periode $T = 2\pi/\omega$ ist null. Der zeitliche Mittelwert der Leistung P, gemittelt über eine volle Periode T, kann deshalb dann zu

$$\bar{P} = \tfrac{1}{2}\ \iiint\limits_{V} \tfrac{1}{\kappa}\ \underline{\vec{S}}\cdot\underline{\vec{S}}^{*}dV = \tfrac{1}{2}\ \iiint\limits_{V} \tfrac{1}{\kappa}\ |\underline{\vec{S}}|^{2}\ dV$$

berechnet werden. Damit kann unter Berücksichtigung der abgeleiteten Beziehungen für $\vec{\underline{S}}$ die im zeitlichen Mittel in dem skizzierten Volumenbereich
(Abb.267) umgesetzte Leistung zu

$$\bar{P} = \frac{1}{2\kappa} \iiint\limits_{V} |\underline{S}_0|^2 \, e^{-\frac{2x}{a}} \, dV = \frac{1}{2\kappa} \int\limits_{0}^{\infty} |\underline{S}_0|^2 \, \ell \, b \, e^{-\frac{2x}{a}} \, dx \, ,$$

$$\bar{P} = \frac{|\underline{S}_0|^2}{4\kappa} \, b \, \ell \, a$$

bestimmt werden. Wird der Betrag des Vektorzeigers der Stromdichte noch
durch den Betrag der oben abgeleiteten Stromstärke $\hat{\underline{i}}$ ersetzt, so gilt:

$$\bar{P} = \frac{|\hat{\underline{i}}|^2}{2} \, \frac{\ell}{\kappa a b} = \frac{1}{2} \, |\hat{\underline{i}}|^2 \, R_{\text{äqu.}} \, ,$$

wobei $|\hat{\underline{i}}|$ mit dem Schweitelwert der Stromstärke übereinstimmt. Das
heißt, die umgesetzte Leistung kann so berechnet werden, als ob eine
gleichmäßig über dem Querschnitt ab verteilte Stromstärke $\hat{\underline{i}}$ durch einen
äquivalenten ohmschen Widerstand der Größe

$$R_{\text{äqu.}} = \frac{\ell}{\kappa \, a \, b}$$

fließt. Aus dieser Interpretation wird auch der Begriff der äquivalenten
Leitschichtdicke a verständlich; denn der äquivalente, ohmsche Widerstand
kann so berechnet werden, als ob die Stromstärke $\hat{\underline{i}}$ nur im Bereich
$0 \leq x \leq a$ fließt. In Wirklichkeit ist sie aber, wenn auch mit in x-Richtung exponentiell abklingender Stromdichte, über den gesamten Bereich
$0 \leq x \leq \infty$ verteilt. Da die Stromdichte in positiver x-Richtung nach einer e-Funktion abklingt, fließt der größte Teil des Stromes im Bereich nahe
der Oberfläche des Leiters (Skin- oder Hauteffekt). Die äquivalente Leitschichtdicke gibt den Wert der Koordinate x an, bis zu der der Betrag des

Stromdichtevektors auf den 1/e-fachen Wert vom Betrag an der Oberfläche des Leiters abgefallen ist. Die äquivalente Leitschichtdicke wird mit wachsender Frequenz und wachsender Leitfähigkeit kleiner, d. h. für sehr hochfrequente Felder konzentriert sich die Stromdichte und damit auch die elektrische Feldstärke und die magnetische Erregung immer mehr im Bereich der Oberfläche. Das gleiche gilt für Materialien mit großer Leitfähigkeit. Für unendlich große Frequenzen bzw. unendlich große Leitfähigkeit wird $a = 0$, das Feld kann nicht mehr in das leitende Material eindringen, in der Oberfläche des Materials fließt eine Flächenstromdichte in einer unendlich dünnen Schicht.

5. AUFGABE

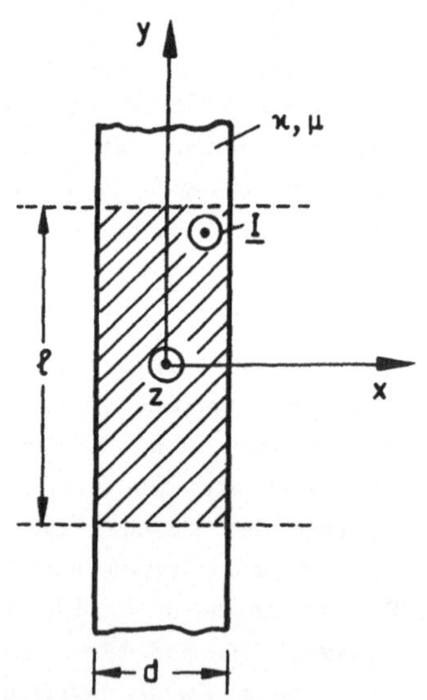

Abb.268:   Leitendes Blech der Dicke d im Vakuum.

Gegeben ist ein Blech der Leitfähigkeit κ, der Permeabilität μ und der Dicke d, das in y- und z-Richtung unendlich ausgedehnt ist (Abb.268). Das Blech befinde sich im Vakuum (ϵ_0, μ_0). Durch einen Querschnitt des Bleches der Länge ℓ (Abb.268, schraffiert) tritt eine Wechselstromstärke hamonischer Zeitabhängigkeit, deren Wert durch den Scheitelwertzeiger $\underline{\hat{I}}$ gekennzeichnet ist. Die Kreisfrequenz ω der harmonischen Zeitabhängigkeit ist klein, gleichzeitig ist die Leitfähigkeit des leitenden Materials sehr groß, so daß die Erregungsstromdichte $\underline{\vec{S}}_v = j\omega\underline{\vec{D}}$ sowohl im leitenden Material als auch außerhalb des Bleches vernachlässigt werden kann. Man berechne die Verteilung der Stromdichte $\underline{\vec{S}}$ und der magnetischen Erregung $\underline{\vec{H}}$ im Querschnitt des Leiters sowie den Widerstand pro Längeneinheit (in z-Richtung) des Leiters mit dem schraffierten Querschnitt (Abb.268, Querschnitt d × ℓ).

<u>Lösung</u>

Nach Aufgabe 4 dieses Kapitels genügt der komplexe Vektorzeiger $\underline{\vec{S}}$ der Stromdichte unter den gemachten Voraussetzungen im leitenden Material der Differentialgleichung (Skineffektgleichung):

$$\Delta\underline{\vec{S}} - j\omega\mu\kappa\underline{\vec{S}} = \vec{0} \;.$$

Da die leitende Struktur nach Abb.268 in y-Richtung und z-Richtung unendlich ausgedehnt ist, werden die sich ausbildenden elektromagnetischen Felder nicht von der y- und der z-Koordinate abhängen. Damit ist $\underline{\vec{S}}$ nur noch eine Funktion der Koordinate x: $\underline{\vec{S}} = \underline{\vec{S}}(x)$. Da die vorgegebene Stromstärke senkrecht zum in Abb.268 definierten Querschnitt auftritt, hat die Stromdichte nur eine Komponente in z-Richtung. Damit gilt:

$$\underline{\vec{S}} = \underline{\vec{S}}(x) = \underline{S}_z(x)\,\vec{e}_z \;,$$

und die gültige Differentialgleichung zur Bestimmung der Stromdichte kann zu

$$\frac{d^2\underline{S}_z(x)}{dx^2} - j\omega\mu\kappa\,\underline{S}_z(x) = 0$$

vereinfacht werden.

Wie bereits in Aufgabe 4 diskutiert, ist die Lösung dieser Differentialgleichung durch die Linearkombination zweier Exponentialfunktionen

$$\underline{S}_z(x) = \underline{A} \, e^{\underline{\lambda}x} + \underline{B} \, e^{-\underline{\lambda}x}$$

mit den komplexen Amplitudenkonstanten $\underline{A}$ und $\underline{B}$ und dem komplexen Eigenwert

$$\underline{\lambda} = \frac{1 + j}{a} \, , \qquad a = \frac{1}{\sqrt{\pi f \kappa \mu}}$$

gegeben. Im Gegensatz zum Problem in Aufgabe 4 liegt hier ein bezüglich der Ebene $x = 0$ symmetrisches Problem vor, für das eine Lösung im Bereich $- d/2 \leq x \leq + d/2$ gesucht wird. Deshalb ist es günstiger, von einem alternativen Lösungsansatz für die Stromdichte $\underline{S}_z(x)$ in der Form:

$$\underline{S}_z(x) = \underline{C} \, \cosh(\underline{\lambda}x) + \underline{D} \, \sinh(\underline{\lambda}x)$$

mit demselben Eigenwert λ wie oben, auszugehen. Es kann durch Einsetzen in die Differentialgleichung leicht überprüft werden, daß auch dieser Ansatz die Differentialgleichung erfüllt.

Zur Bestimmung der noch unbekannten Amplitudenkonstanten $\underline{C}$ und $\underline{D}$ wird von folgenden Überlegungen ausgegangen:

1) Aufgrund der Symmetrie der Anordnung (Abb.268) muß auch die Stromdichteverteilung symmetrisch (gerade Symmetrie) bezüglich der Ebene $x = 0$ sein. Damit wird die Amplitudenkonstante $\underline{D} = 0$, und als Lösung verbleibt:

$$\underline{S}_z(x) = \underline{C} \, \cosh(\underline{\lambda}x) \, .$$

2) $\underline{C}$ kann aus der vorgegebenen Stromstärke $\hat{\underline{i}}$ bestimmt werden, wenn die Stromdichte $\underline{S}_z(x)$ über den in Abb.268 schraffierten Querschnitt integriert wird:

$$\hat{\underline{i}} = \int\limits_{-d/2}^{+d/2} \int\limits_{-\ell/2}^{+\ell/2} \underline{S}_z(x)\,dx\ dy = \ell \int\limits_{-d/2}^{+d/2} \underline{C}\ \cosh(\underline{\lambda}x)\,dx\ ,$$

$$\hat{\underline{i}} = \underline{C}\ \ell\ \frac{1}{\underline{\lambda}}\ \sinh(\underline{\lambda}x)\Bigg|_{-d/2}^{+d/2} = 2\ \underline{C}\ \frac{\ell}{\underline{\lambda}}\ \sinh\!\left[\ \underline{\lambda}\ \frac{d}{2}\ \right]\ .$$

Die Integration über die y-Koordinate ergibt lediglich eine Multiplikation mit der Länge ℓ, die Integration über die x-Richtung ist elementar. Damit gilt für $\underline{C}$:

$$\underline{C} = \frac{\hat{\underline{i}}\ \underline{\lambda}}{2\ell\ \sinh\!\left[\ \underline{\lambda}\ \frac{d}{2}\ \right]} = \frac{1+j}{2\ell a\ \sinh\!\left\{\ \frac{(1+j)d}{2a}\ \right\}}\ \hat{\underline{i}}\ .$$

Die Stromdichteverteilung über dem Querschnitt des Bleches bestimmt sich demnach zu:

$$\underline{\vec{S}}(x) = \underline{S}_z(x)\ \vec{e}_z = \frac{1+j}{2\ell a\ \sinh\!\left\{\ \frac{(1+j)d}{2a}\ \right\}}\ \hat{\underline{i}}\ \cosh\!\left[\ \frac{1+j}{a}\ x\ \right]\ \vec{e}_z\ .$$

Die Verteilung der Stromdichte ist in Abb.269 qualitativ skizziert. Außerhalb des leitenden Bleches ist die Stromdichte null.

Die Verteilung der magnetischen Erregung im Bereich des Bleches, $-d/2 \leq x \leq +d/2$, ergibt sich (ebenfalls nach Aufgabe 4) zu:

$$\underline{\vec{H}} = -\ \frac{1}{j\omega\mu\kappa}\ \mathrm{rot}\underline{\vec{S}} = \frac{1}{j\omega\mu\kappa}\ \frac{d\ \underline{S}_z(x)}{dx}\ \vec{e}_y\ ,$$

$$\underline{\vec{H}} = \frac{1+j}{j}\ \frac{1}{2\pi\hat{i}\kappa\mu}\ \frac{\hat{\underline{i}}}{2\ell a\ \sinh\!\left\{\ \frac{(1+j)d}{2a}\ \right\}}\ \frac{1+j}{a}\ \sinh\!\left[\ \frac{1+j}{a}\ x\ \right]\ \vec{e}_y\ .$$

bzw.:

$$\underline{\vec{H}} = \frac{\hat{\underline{i}}}{2\ell\ \sinh\!\left\{\ \frac{(1+j)d}{2a}\ \right\}}\ \sinh\!\left[\ \frac{1+j}{a}\ x\ \right]\ \vec{e}_y\ .$$

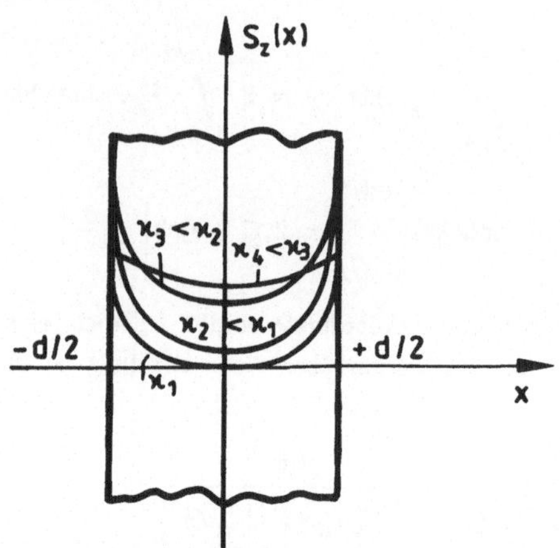

Abb.269: Qualitative Verteilung des Betrags der Stromdichte über dem Querschnitt des Leiters für verschiedene Leitfähigkeiten.

Im Bereich $|x| > \frac{d}{2}$ genügt die magnetische Erregung $\vec{\underline{H}} = \underline{H}_y\,\vec{e}_y$ der Differentialgleichung

$$\Delta\vec{\underline{H}} = \frac{d^2\,\underline{H}_y}{dx^2}\,\vec{e}_y = \vec{0}\ ,$$

mit der Lösung:

$$\underline{H}_y(x) = \underline{E}x + \underline{F}$$

mit $\underline{E}$ und $\underline{F}$ noch zu bestimmenden Amplitudenkonstanten. Im unendlich Fernen ($x \longrightarrow \pm\,\infty$) muß die magnetische Erregung $\vec{\underline{H}}$ endlich bleiben, also gilt $\underline{E} = 0$. Damit ist $\vec{\underline{H}}$ im Bereich außerhalb des leitenden Materials jeweils konstant.

Im Bereich des leitenden Materials hat die magnetische Erregung y-Richtung, ist also parallel zur Oberfläche des Bleches. Da an der Oberfläche des leitenden Materials die tangentiale magnetische Erregung stetig ist, gilt an den Stellen $x = \pm d/2$:

$$\underline{H}_y\left(x = \pm \frac{d}{2}\right) = \pm \frac{\hat{\underline{i}}}{2\ell\,\sinh\left\{\frac{(1+j)d}{2a}\right\}}\,\sinh\left[\frac{1+j}{a}\frac{d}{2}\right] = \pm \frac{\hat{\underline{i}}}{2\ell} = \underline{F} \; .$$

Also:

$$\vec{\underline{H}}(x) = \pm \frac{\hat{\underline{i}}}{2\ell}\,\vec{e}_z \; .$$

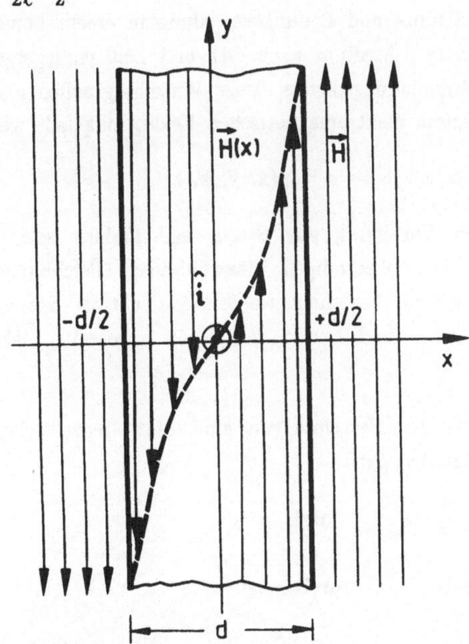

Abb.270: Qualitative Darstellung der magnetischen Erregung inner- und außerhalb des Bleches.

Das positive Vorzeichen für $\underline{F}$ gilt an der Stelle $x = +d/2$, entsprechend das negative Vorzeichen für $x = -d/2$. Damit ist das Feld der magnetischen Erregung im Bereich $x > d/2$ in positiver y-Richtung, im Bereich $x < -d/2$ in negativer y-Richtung gerichtet. Abb.270 zeigt eine qualitative Darstellung des Feldes in Form von Feldvektoren.

VII.6   DIE ELEKTROMAGNETISCHEN POTENTIALE

Es sei eine Strom- und Ladungsverteilung in einem homogenen, isotropen, dispersionsfreien[1] Medium nach Ort und Zeit vorgegeben. Die Stromdichte und die Raumladungsdichte dieser Verteilung sollen als Quellen eines von ihnen angeregten, elektromagnetischen Feldes aufgefaßt werden:

$$\vec{S} = \vec{S}(x,\ y,\ z,\ t)\ , \qquad \rho = \rho(x,\ y,\ z,\ t)\ .$$

Zu der bekannten Verteilung von Strom und Ladung soll demnach unter Berücksichtigung der vollständigen Maxwell'schen Gleichungen das erzeugte elektromagnetische Feld berechnet werden. Gesucht ist das von der zeitlich veränderlichen Strom- und Ladungsverteilung angeregte, elektromagnetische Feld.

Ausgangspunkt der Berechnungen sind die Maxwell'schen Gleichungen für beliebige Zeitabhängigkeit:

$$\mathrm{rot}\vec{H} = \vec{S} + \frac{\partial}{\partial t}\,\vec{D}\ , \qquad \mathrm{div}\vec{B} = 0\ ,$$

$$\mathrm{rot}\vec{E} = -\frac{\partial}{\partial t}\,\vec{B}\ , \qquad \mathrm{div}\vec{D} = \rho\ .$$

---

[1]   Ein Medium wird dispersionsfrei genannt, wenn seine Materialparameter sich nicht mit der Frequenz ändern.

Aus der Divergenzfreiheit der magnetischen Flußdichte $\vec{B}$ folgt, daß sie sich durch ein Vektorpotential $\vec{A}$ darstellen läßt (vgl. Kapitel V.2, Gl.(V.2.10)):

$$\vec{B} = \operatorname{rot}\vec{A} \ . \tag{VII.6.1}$$

Damit läßt sich die zweite Maxwell'sche Gleichung nach Vertauschen der Differentiationen als

$$\operatorname{rot}\vec{E} = - \frac{\partial}{\partial t}\,\vec{B} = - \operatorname{rot}\frac{\partial}{\partial t}\,\vec{A}$$

schreiben. Das bedeutet nichts anderes, als daß die Summe aus elektrischer Feldstärke $\vec{E}$ und dem nach der Zeit abgeleiteten Vektorpotential $\vec{A}$ rotationsfrei ist,

$$\operatorname{rot}(\vec{E} + \frac{\partial}{\partial t}\,\vec{A}) = \vec{0} \ , \tag{VII.6.2}$$

und demnach (unter Vernachlässigung eines ortskonstanten Anteils) durch eine skalare Potentialfunktion

$$\vec{E} + \frac{\partial}{\partial t}\,\vec{A} = - \operatorname{grad}\varphi$$

beschrieben werden kann. Das heißt, die elektrische Feldstärke eines zeitlich schnell veränderlichen Feldes läßt sich nicht mehr allein aus der skalaren Potentialfunktion φ berechnen, sondern muß aus der skalaren Potentialfunktion φ und dem Vektorpotential $\vec{A}$ mit Hilfe der Beziehung

$$\vec{E} = - \frac{\partial}{\partial t}\,\vec{A} - \operatorname{grad}\varphi \tag{VII.6.3}$$

bestimmt werden.

Aus der ersten Maxwell'schen Gleichung

$$\operatorname{rot}\vec{H} = \vec{S} + \frac{\partial}{\partial t}\,\vec{D}$$

kann mit Hilfe der Materialgleichungen $\vec{B} = \mu\vec{H}$, $\vec{D} = \epsilon\vec{E}$ und des eingeführten Vektorpotentials $\vec{A}$ nach Gl.(VII.6.1) für die Rotation der magnetischen Erregung der Ausdruck

$$\mathrm{rot}\vec{H} = \frac{1}{\mu}\,\mathrm{rotrot}\vec{A} = \vec{S} + \frac{\partial}{\partial t}\,\epsilon\,\vec{E}$$

und mit Hilfe der Vektoridentität Gl.(I.15.22), Teil I, sowie unter Verwendung von Gl.(VII.6.3) die Beziehung

$$\mathrm{graddiv}\vec{A} - \Delta\vec{A} = \mu\vec{S} - \frac{\partial^2}{\partial t^2}\,\epsilon\mu\vec{A} - \frac{\partial}{\partial t}\,\epsilon\mu\,\mathrm{grad}\varphi\ ,$$

$$\Delta\vec{A} - \frac{\partial^2}{\partial t^2}\,\epsilon\mu\vec{A} = -\,\mu\vec{S} + \mathrm{grad}(\mathrm{div}\,\vec{A} + \frac{\partial}{\partial t}\,\epsilon\mu\varphi) \qquad (VII.6.4)$$

berechnet werden. Wie bereits in Kapitel V.2 diskutiert wurde, ist das Vektorpotential $\vec{A}$ durch die Definition seiner Rotation nach Gl.(VII.6.1) nicht eindeutig bestimmt, da ein Vektorfeld nur eindeutig durch die Angabe seiner Wirbel und Quellen definiert wird. Es ist also möglich, noch über die Divergenz des Vektorfeldes frei zu verfügen. In Kapitel V.2 wurde bei der Behandlung der stationären Felder dem Vektorpotential die Zusatzbedingung $\mathrm{div}\vec{A} = 0$ auferlegt (Gl.(V.2.12)), diese Bedingung wurde als Coulombeichung bezeichnet. Hier wird über die Divergenz so verfügt, daß

$$\mathrm{div}\vec{A} + \frac{\partial}{\partial t}\,\epsilon\mu\varphi = 0\ ,$$

$$\mathrm{div}\vec{A} = -\,\frac{\partial}{\partial t}\,\epsilon\mu\varphi \qquad (VII.6.5)$$

wird. Diese Bedingung für die Divergenz des Vektorfeldes bezeichnet man als "Lorentzeichung". Für stationäre Felder ($\partial/\partial t\ \varphi = 0$) geht sie in die "Coulombeichung" über. Die Lorentzeichung verstößt nicht, wie sich zeigen läßt, gegen die Maxwell'schen Gleichungen. Mit Hilfe der nach Gl.(VII.6.5) eingeführten Lorentzeichung folgt für das Vektorpotential $\vec{A}$ die Differentialgleichung:

$$\Delta\,\vec{A} - \frac{\partial^2}{\partial t^2}\,\epsilon\mu\,\vec{A} = -\,\mu\,\vec{S}\ . \qquad (VII.6.6)$$

Um eine entsprechende Bestimmungsgleichung für das skalare Potential φ zu erhalten, kann von der Divergenzbeziehung für die elektrische Erregung $\vec{D}$ und Gl.(VII.6.3) Gebrauch gemacht werden:

$$\text{div}(\epsilon\vec{E}) = \epsilon\text{div}(-\frac{\partial}{\partial t}\vec{A} - \text{grad}\varphi) = \rho \ ,$$

$$\Delta\varphi + \frac{\partial}{\partial t}\text{div}\vec{A} = -\frac{\rho}{\epsilon} \ .$$

Wird hierin die Divergenz des Vektorpotential noch durch die Lorentzeichung Gl.(VII.6.5) ersetzt, so gilt für φ die Differentialgleichung:

$$\Delta\varphi - \frac{\partial^2}{\partial t^2}\epsilon\mu\varphi = -\frac{\rho}{\epsilon} \ . \tag{VII.6.7}$$

Die Differentialgleichungen (VII.6.6) und (VII.6.7) haben die Form einer inhomogenen Wellengleichung (vgl. Gl.(VII.3.4) bzw. Gl.(VII.3.5)). Lösungen dieser Wellengleichungen im Aufpunkt P zur Zeit t in Abhängigkeit von den Quellengrößen $\rho(P', t')$ und $\vec{S}(P', t')$ im Quellpunkt P', die zur Zeit t' betrachtet werden, können (hier ohne Beweis) in der Form:

$$\varphi(P, t) = \frac{1}{4\pi\epsilon} \iiint\limits_{V'} \frac{\rho\left[P', t - \frac{R_{P'P}}{v}\right]}{R_{P'P}} \, dV' \ , \tag{VII.6.8}$$

$$\vec{A}(P, t) = \frac{\mu}{4\pi} \iiint\limits_{V'} \frac{\vec{S}\left[P', t - \frac{R_{P'P}}{v}\right]}{R_{P'P}} \, dV' \tag{VII.6.9}$$

angegeben werden.

Die beiden Potentiale werden durch ähnliche Gleichungen bestimmt, wie die entsprechenden Potentiale für zeitunabhängige Felder (Gl.(III.6.1), Teil I und Gl.(V.4.2)). Der wesentliche Unterschied liegt darin, daß sich die Potentiale im Aufpunkt P nicht aus den augenblicklichen Ladungs- und Stromverteilungen, wie sie im Integrationspunkt P' zur Zeit t auftreten ergeben, sondern aus den Werten, die zu einer früheren Zeit t' im Integrationspunkt (Quellpunkt) bestanden haben. Der Zeitunterschied zwischen t und t' ist gleich der Zeit, die eine elektromagnetische Welle braucht, um den Weg $R_{P'P}$ vom Integrationspunkt P' zum Aufpunkt P mit der jeweils zugeordneten Phasengeschwindigkeit (vgl. Gl.(VII.3.7)) zurückzulegen. φ und $\vec{A}$ werden deshalb auch als retardierte Potentiale bezeichnet. Die Gleichungen (VII.6.8) und (VII.6.9) bringen zum Ausdruck, daß eine Änderung der Strom- und Ladungsverteilung im Integrationspunkt erst nach einer gewissen Zeit $\tau = R_{P'P}/v$ zu einer Änderung der Felder im Aufpunkt führt. Aus den Potentialen lassen sich die elektrische Feldstärke und die magnetische Flußdichte mit Hilfe der Gln.(VII.6.3) bzw. (VII.6.1) berechnen.

ANHANG

LITERATURVERZEICHNIS

Dieses Literaturverzeichnis enthält in Teil a. und b. die gesamte, zur Ausarbeitung der beiden Bände verwendete Literatur. Dabei wurde insbesondere auch die ältere Literatur des Fachgebietes berücksichtigt. Darüber hinaus wurden solche Bücher mit aufgenommen, von denen der Autor glaubt, daß sie zum Weiterstudium geeignet sind. In Teil c. wurden neue Bücher zur Maxwell'schen Theorie bzw. Theoretischen Elektrotechnik der letzten Jahre, die insbesondere gut zum Studium geeignet sind, aufgeführt.

a. Mathematische Grundlagen

1. ATHEN, H.: Vektorrechnung. Wolfenbütteler Verlagsanstalt, GmbH, Wolfelnbüttel, Hannover, 1948.

2. COFFIN, J.G.: Vector Analysis. John Wiley & Sons, Inc., New York, Chapman & Hall Ltd., 1947.

3. DUSCHEK, A., HOCHRAINER, A.: Tensorrechnung in analytischer Darstellung, Bd.I, II. III. Springer Verlag, Wien, 1960.

4. GANS, R.: Vektoranalysis. B.G. Teubner Verlagsgesellschaft, Leipzig, 1950.

5. GRÖBNER, W., HOFREITER, N.: Integraltafel, Teil I. Springer Verlag Wien, Innsbruck, 1957.

6. JAHNKE, EMDE, LÖSCH: Tafeln höherer Funktionen. B.G. Teubner Verlagsgesellschaft, Stuttgart, 1960.

7. KLINGBEIL, E.: Tensorrechnung für Ingenieure. BI Hochschultaschenbuch 197/197a, Bibliographisches Institut Mannheim, 1966.

8. LAGALLY, M.: Vorlesungen über Vektorrechnung. Akademische Verlagsgesellschaft, Geest & Portig, Leipzig, 1964.

9. McQUISTAN, R.B.: Scalar and Vector Fields. John Wiley & Sons, Inc., New York, London, Sydney, 1965.

10. OLLENDORFF, F.: Die Welt der Vektoren. Springer Verlag,
      Wien, 1950.

11. PACH, K., FREY, T.: Vector and Tensor Analysis, Terra,
      Budapest, 1964.

12. SCHOUTEN, J.A.,: Grundlagen der Vektor- und Affinoranalysis.
      Verlag B.G. Teubner, Leipzig, Berlin, 1914.

13. SPIEGEL, M.R.: Vector Analysis. Schaum Publishing Company,
      New York, 1959.

14. VALENTINER, S.: Vektoren und Matrizen. Walter de Gruyter
      & Co., Berlin, 1963. Göschen Bd. 354/354a.

b. Maxwellsche Theorie

1.   BATYGIN, U.V., TOPTYGIN, I.N.: Problems in Electrodynamics.
      Academic Press, London, New York, Infosearch,
      London, 1964.

2.   BECKER, R., SAUTER, F.: Theorie der Elektrizität, Bd.I. B.G.
      Teubner Verlagsgesellschaft, Stuttgart, 1957.

3.   BINNS, K.J., LAWRENSON, P.J.: Analysis and Computation of
      Electric and Magnetic Field Problems, Pergamon
      Press, Oxford, London, New York, Paris, 1963.

4.   BOHN, E.V.: Introduction to Electromagnetic Fields and Waves.
      Addison-Wesley Publishing Comp., Reading,
      Massachusetts, Menlo Park, California, London,
      Do Mills, Ontario.

5.   BOOKER, H.G.: An Approach to Electrical Science. Mc Graw Hill
      Book Comp., Inc., New York, Toronto, London, 1959.

6.   BUCHHOLZ, H.: Elektrische und magnetische Potentialfelder.
      Springer Verlag, Berlin, Göttingen, Heidelberg, 1957.

7.   COHN, E.: Das elektromagnetische Feld, Vorlesungen über die
      Maxwellsche Theorie. Verlag von S. Hirzel, Leipzig,
      1900.

8.   DÖRING, W.: Einführung in die theoretische Physik, Bd. II,
      Das elektromagnetische Feld. W. de Gruyter & Co.,
      Berlin, 1962, Göschen Bd. 77.

9.   ENGL, W.: Vorlesungen über theoretische Elektrotechnik an der
     Technischen Hochschule Aachen.

10. FANO, R.M., CHU, L.J., ADLER, R.B.: Electromagnetic Fields,
     Energy, and Forces. John Wiley & Sons, Inc.,
     New York, London, 1960.

11. FEYNMAN, R.P., LEIGHTON, R.B., SANDS, M.: Lectures on
     Physics, Vol. II. Addison-Wesley, Reading,
     Massachusetts.

12. FISCHER, J.: Einführung in die klassische Elektrodynamik.
     Verlag von Julius Springer, Berlin, 1936.

13. FLÜGGE, S.: Lehrbuch der theoretischen Physik, Bd. III,
     Klassische Physik II, Das Maxwellsche Feld.
     Springer Verlag, Berlin, Göttingen, Heidelberg, 1961.

14. FRENKEL, J.: Lehrbuch der Elektrodynamik, erster Band,
     allgemeine Mechanik der Elektrizität. Verlag Julius
     Springer, Berlin, 1926.

15. HALLEN, E.: Electromagnetic Theory. Chapman & Hall, London,
     1962.

16. HAYT, W.H.: Engineering Electromagnetics. McGraw Hill Comp.,
     New York, St. Louis, San Francisco, Toronto, London,
     Sydney, 1958, 1967.

17. v. HELMHOLTZ, H.: Vorlesungen über Elektrodynamik und Theorie
     des Magnetismus. Verlag Johann Ambrosius Barth,
     Leipzig, 1907.

18. HIPPEL, A.R.: Dielectrics and Waves. John Wiley & Sons, Inc.,
     New York, Chapman & Hall, Ltd., London, 1954.

19. HUND, F.: Theoretische Physik, Bd. II. B.G. Teubner
     Verlagsgesellschaft, Stuttgart, 1957.

20. JACKSON, J.D.: Classical Electrodynamics. John Wiley & Sons,
     Inc., London, 1962.

21. JAVID, M., BROWN, P.M.: Field Analysis and Electromagnetics.
     McGraw Hill Comp., Inc., New York, San Francisco,
     Toronto, London, 1963.

22. JEANS, J.H.: The Mathematical Theory of Electricity and
     Magnetism. Cambridge at the University Press, 1923.

23. JOHNSON, C.C.: Field and Wave Electrodynamics. McGraw Hill
    Book Comp., New York, St. Louis, San Francisco,
    Toronto, London, Sydney, 1965.

24. JONES, C.: An Introduction to Advanced Electrical Engineering.
    The English University Press, Ltd., London, 1962.

25. KOOY, C.: Theoretische Elektrotechnik IV. Technische Hochschule
    Eindhoven, 1969.

26. KRATZER, A.: Vorlesungen über Elektrodynamik. Aschendorffsche
    Verlagsbuchhandlung, Münster, 1959.

27. KÜPFMÜLLER, K.: Einführung in die theoretische Elektrotechnik.
    Springer Verlag, Berlin, Göttingen, Heidelberg, 1959.

28. LANGMUIR, R.V.: Electromagnetic Fields and Waves.
    McGraw Hill Book Comp., Inc., New York, Toronto,
    London, 1961.

29. LORENTZ, H.A.: Vorlesungen über theoretische Physik an der
    Universität Leiden, Bd. V., Die Maxwellsche Theorie
    (1900-1902), bearbeitet von K. Bremekamp. Akademi-
    sche Verlagsgesellschaft mbH., Leipzig, 1931.

30. MACKE, W.: Elektromagnetische Felder. Akademische Verlagsge-
    sellschaft, Geest & Protig, Leipzig, 1960.

31. MAXWELL, J.C.: Lehrbuch der Elektrizität und des Magnetismus,
    Bd. I, II. Verlag Julius Springer, Berlin, 1883.

32. MEIXNER, J.: Vorlesungen über Maxwellsche Theorie. Augustinus
    Buchhandlung, Aachen, 1960.

33. MIERDEL, G., WAGNER, S.: Aufgaben zur theoretischen
    Elektrotechnik. VEB Verlag Technik, Berlin, 1959

34. MORRISON, R.: Grounding and Shielding in Instrumentation.
    John Wiley & Sons, Inc., New York, London, Sydney,
    1967.

35. NUSSBAUM, A.: Electromagnetic Theory for Engineers and
    Scientists. Prentice-Hall, Inc., Englewood Cliffs,
    New Jersey, 1965.

36. NUSSBAUM, A.: Electromagnetic and Quantum Properties of
    Materials. Prentice-Hall, Inc., Englewood Cliffs,
    New Jersey, 1966.

37. NUSSBAUM, A.: Field Theory. Charles E. Merril Books, Inc.,
    Columbus, Ohio, 1966.

38. OBERDORFER, G.: Lehrbuch der Elektrotechnik, Bd. I, Die
    wissenschaftlichen Grundlagen der Elektrotechnik.
    Verlag R. Oldenbourg, München, Berlin, 1939.

39. OBERDORFER, G.: Lehrbuch der Elektrotechnik, Bd. II,
    Rechenverfahren und allgemeine Theorien der
    Elektrotechnik. Verlag R. Oldenbourg, München,
    Berlin, 1940.

40. OLLENDORFF, F.: Potentialfelder der Elektrotechnik. Verlag Julius
    Springer, Berlin, 1932.

41. OLLENDORFF, F.: Elektronik des Einzelelektrons. Springer Verlag
    Wien, 1955.

42. PAULI, W.: Vorlesung über Elektrodynamik. Boring hieri, Torino,
    1962.

43. PHILLIPOV, E.: Grundlagen der Elektrotechnik. Akademische
    Verlagsgesellschaft, Geest & Portig, Leipzig, 1967.

44. PLONSEY, R., COLLIN, R.E.: Principles and Applications of
    Electromagnetic Fields. McGraw Hill Book Comp.,
    Inc., New York, Toronto, London, 1961.

45. RAMO, S., WHINNERY, J.R.: Fields and Waves in Modern
    Radio. John Wiley & Sons, Inc., New York,
    Chapman & Hall, Ltd., London, 1953.

46. ROGERS, W.E.: Introduction to Electric Fields. McGraw Hill
    Book Comp., Inc., New York, Toronto, London, 1954.

47. SCHAEFER, C.: Einführung in die Maxwellsche Theorie der
    Elektrizität und des Magnetismus.
    Walter de Gruyter & Co., Berlin, 1949.

48. SCHAEFER, C.: Einführung in die theoretische Physik, dritter
    Band, erster Teil, Elektrodynamik und Optik.
    Walter de Gruyter & Co., Berlin, 1950.

49. SCHILT, H.: Elektrizitätslehre. Birkhäuser Verlag, Basel, Stuttgart,
    1959.

50. SCHÖNFELD, H.: Die wissenschaftlichen Grundlagen der
    Elektrotechnik. Springer Verlag, Berlin, Göttingen,
    Heidelberg, 1960.

51. SEARS, F.W., ZEMANSKY, M.W.: University Physics.
        Addison-Wesley Publ. Comp., Reading, Massachusetts,
        Palo Alto, London, 1964.

52. SEELY, S.: Introduction to Electromagnetic Fields. McGraw Hill
        Book Comp., New York, Toronto, London, 1958.

53. SIMONYI, K.: Grundgesetze des elektromagnetischen Felds.
        VEB Deutscher Verlag der Wissenschaften, Berlin,
        1963.

54. SIMONYI, K.: Theoretische Elektrotechnik. VEB Deutscher Verlag
        der Wissenschaften, Berlin, 1956.

55. SOMMERFELD, A.: Vorlesungen über theoretische Physik, Bd. I,
        Mechanik. Dieterichsche Verlagsbuchhandlung,
        W. Klemm, Wiesbaden.

56. SOMMERFELD, A.: Vorlesungen über theoretische Physik, Bd. III,
        Elektrodynamik, revidiert von F. Bopp und
        J. Meixner. Akademische Verlagsgesellschaft,
        Geest & Portig, Leipzig, 1964.

57. THOMSON, J.J.: Elemente der mathematischen Theorie der
        Elektrizität und des Magnetismus. F. Vieweg und
        Sohn, Braunschweig, 1897.

58. WEEKS, W.L.: Electromagnetic Theory for Engineering
        Applications. John Wiley & Sons, Inc., New York,
        London, Sydney, 1964.

59. WEISS, A. v.: Allgemeine Elektrotechnik. C.F. Wintersche
        Verlagshandlung, Prien, 1966.

60. WEISS, A. v.: Übersicht über die theoretische Elektrotechnik,
        Teil I, Die physikalisch-mathematischen Grundlagen.
        C. F. Wintersche Verlagshandlung, Füssen, 1954.

61. WEISS, A. v., KLEINWAECHTER, H.: Übersicht über die theore-
        tische Elektrotechnik, Teil II, Ausgewählte Kapitel und
        Aufgaben. C. F. Wintersche Verlagshandlung, Füssen,
        1956.

62. WEIZEL, W.: Lehrbuch der theoretischen Physik, Bd. I,
        C. Springer Verlag, Berlin, Göttingen, Heidelberg,
        1963.

c. Neue Literatur zum Studium

63. BLUME, S.: Theorie elektromagnetischer Felder, 3. Auflage.
    Hüthig, Heidelberg, 1991.

64. BRANDT, S., DAHMEN, H.D.: Eine Einführung in Experiment und
    Theorie, Band 2. Springer Verlag, Berlin, 1980.

65. FISCHER, J.: Elektrodynamik. Springer Verlag, Berlin, 1976.

66. GREINER, W.: Theoretische Physik, Band 3, Klassische
    Elektrodynamik. Harri Deutsch, Thun, 1982.

67. HAUS, H.A., MELCHER, J.R.: Electromagnetic Fields and Energy.
    Prentice Hall, New Jersey, 1989.

68. HEBER, G.: Mathematische Hilfsmittel der Physik. Zimmermann-
    Neufang, Ulmen, 1987.

69. KRÖGER, R., UNBEHAUEN, R.: Elektrodynamik. B.G. Teubner
    Verlagsgesellschaft, Stuttgart, 1990.

70. LEHNER, G.: Elektromagnetische Feldtheorie. Springer Verlag,
    Berlin, 1990.

71. NOLTING, W.: Grundkurs: Theoretische Physik, Band 3,
    Elektrodynamik. Zimmermann-Neufang, Ulmen, 1990.

72. SCHILLING, H.: Elektromagnetische Felder und Wellen. Harri
    Deutsch, Thun, 1975.

73. SCHWAB, A.J.: Begriffswelt der Feldtheorie, 3. Auflage. Springer
    Verlag, Berlin, 1990.

74. WUNSCH, G., SCHULZ, H.-G.: Elektromagnetische Felder. Verlag
    Technik, Berlin, 1989.

75. ZAHN, M.: Electromagnetic Field Theory. John Wiley & Sons,
    Inc., New York, 1979.